关联数据

万维网上的结构化数据

Linked Data
Structured data on the Web

U0285069

大卫·伍德（David Wood）
玛莎·扎伊德曼（Marsha Zaidman）　著
卢克·鲁思（Luke Ruth）
迈克尔·豪森布拉斯（Michael Hausenblas）

蒋楠　译

人民邮电出版社

北　京

图书在版编目（CIP）数据

关联数据：万维网上的结构化数据 /（美）大卫·
伍德（David Wood）等著；蒋楠译. -- 北京：人民邮
电出版社，2018.1
　ISBN 978-7-115-47264-9

　Ⅰ. ①关… Ⅱ. ①大… ②蒋… Ⅲ. ①数据管理
Ⅳ. ①TP274

中国版本图书馆CIP数据核字(2017)第286206号

版权声明

- ◆ 著　　　大卫·伍德（David Wood）
　　　　　　玛莎·扎伊德曼（Marsha Zaidman）
　　　　　　卢克·鲁思（Luke Ruth）
　　　　　　迈克尔·豪森布拉斯（Michael Hausenblas）
　　译　　　蒋　楠
　　责任编辑　傅道坤
　　责任印制　焦志炜
- ◆ 人民邮电出版社出版发行　　北京市丰台区成寿寺路 11 号
　　邮编　100164　电子邮件　315@ptpress.com.cn
　　网址　http://www.ptpress.com.cn
　　北京鑫正大印刷有限公司印刷
- ◆ 开本：800×1000　1/16
　　印张：17
　　字数：372 千字　　　　　　2018 年 1 月第 1 版
　　印数：1 – 2 000 册　　　　2018 年 1 月北京第 1 次印刷
　　著作权合同登记号　图字：01-2013-8993 号

定价：69.00 元
读者服务热线：**(010)81055410**　印装质量热线：**(010)81055316**
反盗版热线：**(010)81055315**
广告经营许可证：京东工商广登字 20170147 号

内容提要

关联数据（linked data）是在万维网上表示和链接结构化数据的一系列技术，最早在 2007 年 5 月提出，旨在构建一张计算机能够理解的语义数据网络，而不仅仅是人能读懂的文档网络，以便在此之上构建更智能的应用。

本书分为 4 个部分，第 1 部分主要介绍了关联数据的基础知识、RDF（资源描述框架）数据模型，以及表示关联数据的通用标准序列化格式，旨在引导读者识别并使用万维网上的关联数据；第 2 部分重点讨论了开发和发布关联数据所用的技术，以及聚合数据所用的高级搜索技术；第 3 部分则讨论了如何使用 RDFa（属性中的资源描述框架）对网页进行 SEO、RDF 数据库与传统的关系数据库的区别、在万维网上共享用户数据集和项目的最佳方式，以及对语义网搜索结果中包含的项目和数据集进行优化；第 4 部分则将之前的内容进行了汇总，使用一个开源的关联数据应用服务器开发一个复杂的应用程序，并总结了从准备到发布关联数据的全过程。

本书适合具备 HTML、URI、HTTP 等基本的 Web 技术基础，并且想要了解、使用和发布关联数据的应用程序开发人员阅读。

序

本书正是一本我们所需要的关联数据技术指南。对于如何在万维网上使用和发布结构化数据，本书作了有益的介绍。

关联数据体现了我对万维网的最初设想，它是未来万维网的重要组成部分。万维网作为一种超链接文档的集合，虽然适合人类用户使用，却无法有效地用作数据。

实际上，大部分万维网都是数据驱动的，数据隐藏在服务器内部的文件中。1994 年，我在第一届国际万维网大会（International Conference of World Wide Web）总结发言的幻灯片中指出，文档在描述人物和事物（比如房屋产权地契）时，并未采用便于处理的方式捕获数据（实际所有权）。随着万维网的发展，其数据驱动的特质越来越明显。遗憾的是，无法将变化和隐藏的数据展示给用户。而发布遵循关联数据标准的数据有助于人类阅读和机器处理，从而让之前隐藏的数据流得以显现。

关联数据或许不像超文本万维网那样广为人知，但它能在很大程度上提高商业、科研等各个领域的工作效率。与万维网上其他形式的数据相比，机器可以更有效地读取、跟踪与组合关联数据。

一直以来，机器都被定位于从技术层面协助人们进行交流；如今，机器开始积极参与到这种交流之中。藉由关联数据，机器在人们的日常生活中发挥了越来越大的作用。

最近几年来，关联数据的应用已进入成熟期。在过去两年中，Google 宣布推出知识图谱服务，并在 Gmail 中采用 JSON-LD 序列化格式，还为 Schema.org 贡献了大量通用术语；IBM 宣布将 DB2 数据库升级为关联数据服务器；Facebook 则通过图谱 API 向外界公开关联数据。其他大型企业和政府机构也纷纷跟进。为了向刚刚涉足这个领域的程序员介绍关联数据开发，我们需要一本与本书类似的图书。本书将解答读者关心的问题——即便它无法提供所有问题的答案。对于希望了解、使用和发布关联数据的开发人员而言，本书是一本很好的教程。

我和本书作者 Dave Wood 认识已有十年，他开始为万维网联盟工作时我们就已相识。之后，我们共同从事一项研究。从 20 世纪 90 年代末以来，Dave 一直在为开发语义网和关联数据框架而不懈努力。作为一名开发人员，Dave 很好地展示了他的工作能力。

序

关联数据并非一个全新的概念。1989年，我在欧洲核子研究中心（CERN）工作时，撰写的万维网原始建议[1]中就包括带有语义的超链接。建议中提到，"我们需要的系统类似于一个由圆圈和箭头组成的图表，这些圆圈和箭头可以代表任何内容"。这是我当时的愿景。实际上，我在1980年开发的Enquire程序已能捕获图谱中各种事物之间的关系。如今，通过增加计算机可以处理的含义，关联数据正在让这一愿景逐步成为现实。

众所周知，在基本的超文本万维网中，所有箭头都指向同一件事："这里的信息很有趣！"关联数据支持使用箭头表示可以通过URI命名的任何事物，从而扩展了"文档万维网"的范畴。超链接可以获得所需的语义，并会在这个过程中变得更加有用。

功能强大的关联数据网是对超文本链接文档网的有益补充。之所以"链接"，是因为网页的价值在很大程度上取决于所链接的内容，以及网页中信息的内在价值。关联数据的语义网同样如此，可能更甚。数据本身的价值已然不菲，与其他数据的链接让这种价值再次提升。

我认为，无论国籍、语言、经济动因或兴趣如何，万维网的发展应遵循为所有人服务的宗旨。关联数据只是发展浪潮中的一分子，它并非结束，而是另一个开始。仍有大量工作等着我们去做，欢迎大家投身于下一代万维网的发展之中！

Tim Berners-Lee[2]

万维网联盟主席

2016年度图灵奖得主

麻省理工学院工程系教授

南安普顿大学电子与计算机科学系教授

---

[1] 这份名为《关于信息管理的建议》（*Information Management: A Proposal*）涉及Enquire，并提出了一个更为精巧的信息管理系统，后者基于嵌入到可读文本的链接。原文参见 https://www.w3.org/History/1989/proposal.html。
——译者注

[2] Tim Berners-Lee，1955—，英国计算机科学家，万维网发明者，被称为"万维网之父"，曾入选《时代》周刊"20世纪最重要的100位人物"。Tim放弃了申请万维网的专利，将这项技术无偿推向全世界，极大地改变了人类的生活方式。2017年4月，Tim因"发明万维网、第一个Web浏览器以及支持万维网扩展的基础协议和算法"而获得2016年度图灵奖。图灵奖是计算机领域的最高荣誉，有"计算机界的诺贝尔奖"之称。——译者注

译者序

从 2010 年 8 月起，全球最大的图书馆之一——大英图书馆开始通过关联数据规范发布书目信息，并向研究人员免费开放全部馆藏书目。借由英国国家书目关联数据平台（BNB Linked Data Platform），公众可以自由访问采用关联开放数据规范发布的英国国家书目信息。而在大英图书馆之前，瑞典皇家图书馆、匈牙利国家图书馆、德国国家图书馆已相继将书目数据发布为关联数据。

2016 年 10 月，英国教育和研究领域数字解决方案提供商 Jisc 提出了国家书目知识库（NBK）的设想，旨在满足高等教育社区的学习和研究需求，并对实体资源与数字资源的获取方式进行改进，以实现构建英国国家数字图书馆的愿景。这个为期两年的项目于 2017 年初正式启动，Jisc、大英图书馆以及其他组织密切合作，共同致力于这一有可能在未来英国信息基础设施中扮演关键角色的国家级项目。在 2012 年《大英百科全书》停止印刷版发行，全面转向数字化之后，摆脱实体存在的图书馆或许将是未来的趋势。

在图情领域，关联数据和大数据之间也逐渐呈现出一种"你中有我，我中有你"的态势。

随着 RDF 数据量的迅速增长，不少关联数据应用开始寻求大数据解决方案。由于关系数据库并非存储大规模 RDF 数据的最佳方式，采用 NoSQL 这样的非关系数据库逐渐成为当前的研究热点。这种利用大数据解决方案实现的关联数据应用，不妨称之为"大"关联数据应用。

而相当一部分大数据应用也开始采用 RDF 数据模型对信息进行描述和编码，使数据包含可以被机器识别的语义，不仅能丰富大数据的语义，也让数据具备更好的互操作性。这种引入关联数据技术的大数据应用，不妨称之为"关联的"大数据应用。

无论"大"关联数据应用还是"关联的"大数据应用，都是为了实现数据的有效管理。虽然基于 NoSQL 的 RDF 存储和查询研究目前尚处于初级阶段，但是关联数据与大数据的结合或许将为图情领域带来一场技术变革。

作为第一种可行的语义网实现方式，关联数据在智能化搜索中也得到了应用。从 2012 年 5 月 Google 发布知识图谱（Knowledge Graph）服务以来，各大搜索引擎相继跟进，纷纷推出了自己的知识图谱类产品。借由知识图谱，搜索引擎将围绕搜索请求产生的零散知识内容聚合在一起，以提供条理性更强的信息，以便用户发现意想不到的知识。

译者序

以 Tim Berners-Lee 作为关键字在 Google 中进行查询，除常规的搜索结果外，页面右侧将显示 Tim Berners-Lee 的个人信息（见图 1）。而对于"特朗普女儿的丈夫的身高"（Trump's daughter's husband's height）这种相对复杂的查询，知识图谱同样可以直接给出答案（见图 2）。

图 1　　　　　　　　　　　　　　　图 2

百度在 2013 年推出的知识图谱类产品"知心"，是这家互联网巨擘在构建知识集群方面的一种尝试。如果能在垂直领域提供更为精细的搜索结果，使用户可以在搜索框内一次性完成所有搜索需求，就有助于搜索引擎为广告客户提供定制化服务，驱动在线营销从粗放型向精细型转变。而实现"搜索即答案"，也是下一代搜索引擎追求的目标之一。

在加州长滩举行的 TED2009 上，万维网之父 Tim Berners-Lee 表示，关联数据有助于摆脱信息孤岛。他以研究老年痴呆症的科研团队为例，阐述了关联数据在探索跨学科问题中的应用。团队在一个数据库中建立了基因图组，在另一个数据库中建立了蛋白质数据，并将基因图组和蛋白质数据发布为关联数据。科学家们或许希望了解，哪些蛋白质参与了信号转导并与锥体神经元相关？如果在 Google 上搜索这个问题，返回的 22.3 万个结果并无太大意义，因为之前没有人问过类似的问题。不过，如果检索关联数据，则可以获得 32 个精准的结果，每个结果都是与特征相关的蛋白质。Tim Berners-Lee 强调，破除信息孤岛对于解决人类面临的重大问题至关重要。

关联数据并非只和大企业有关，它关乎我们每个人的生活，本书对此作了详细论述。这本面向 Web 开发人员的教程保持了 Manning Publications 一贯的高水准，有助于初涉该领域的开发人员了解关联数据的前因后果。Manning Publications 以出版技术类图书著称，其"服饰书"系列与 O'Reilly Media 的"动物书"系列备受开发人员的推崇。

非常感谢人民邮电出版社的傅道坤编辑给予译者翻译本书的机会，他为本书中文版面世所作的努力以及专业和严谨的态度，给译者留下了深刻印象。虽然译者尽力而为，但水平有限，疏漏之处在所难免。恳请读者不吝赐教，提出宝贵的意见和建议。译者的联系方式：milesjiang314@gmail.com。

蒋楠

2017 年 12 月

前言

我们热爱万维网，也欣赏它的发展方式。20 世纪 90 年代初，万维网还只是一个将文档链接在一起的简单网络；如今，它已成为全球信息的框架。显然，如何表达万维网上的数据是下一步需要解决的问题，但这个问题并不简单。

本书几名作者接触万维网的方式各不相同，但因为关联数据而走到一起。David 最初是一名程序员，之后投身商界；Marsha 是一名教育工作者；Luke 是一名学生。Marsha 和 David 接触计算机时，穿孔卡与纸带还是主要的输入设备。万维网本质上是对 1 和 0 的一种抽象，自面世以来深受人们的青睐。

David 于 1993 年进入 DEC，在加利福尼亚州富有传奇色彩的 Western Research Lab 工作，并从那时起开始接触万维网。这段经历让 David 大开眼界。他接触的第一个大型网站展示了梵蒂冈数千件艺术品的照片。另一个网站则显示了 DEC 的在研项目列表，这份列表与所有研究人员的 Web 服务器相连，便于研究人员获取每个项目的详细文档。David 被这个网站深深吸引，这是他遇到的最有意思的项目网站：只要能链接到数据库和电子表格，就能链接到相应的文档。

Marsha 同样在很早的时候就已接触万维网。那时候，Gopher 还是主要的信息检索工具[①]，Web 浏览器还需要依靠终端来工作。Marsha 紧跟万维网快速发展的步伐，为培养新一代计算机人才尽心竭力。在漫长的职业生涯中，Marsha 见证了电子表格和数据库的诞生，以及它们为决策过程所带来的惊人变化，这激发了人们将数据迁移到万维网的兴趣。

在关联开放数据项目启动时，Marsha 介绍 David 前往玛丽华盛顿大学任教。2011 年，Luke 参加了 David 为美国本科生开设的第一门关联数据课程，并在 David 的指导下进行独立的研究和实习。他最终被 David 聘用，参与到关联数据项目中。

Luke 和 David 是 Callimachus 项目的积极贡献者。Callimachus 是一个开源的关联数据平台（详见第 9 章），我们利用它为美国政府机构、制药公司、出版社、医疗保健企业等领域的客户开发应用程序。这些项目都涉及关联数据的创建、操作和使用。

[①] 一种在互联网上分发、搜索和检索文档的 TCP/IP 协议，由美国明尼苏达大学开发。在万维网出现之前，Gopher 是最主要的信息检索工具，但目前已很少有人使用。——译者注

前言

本书作者决定为 Web 开发人员编写一本介绍关联数据的图书，因为这方面的资料相当匮乏。我们研究了各种关联数据规范，并阅读了相关的学术论文。尽管也可以找到其他介绍关联数据的图书（David 参与了其中两本书的编辑工作），但没有一本书专门面向开发人员。在写作过程中，我们将一线开发经验和教学经验相结合，致力于打造一本实用的教程，希望读者能认可作者的努力。

本书作者有幸与万维网联盟合作，这个松散的国际性组织致力于研究和规范万维网上的数据应用。希望读者能阅读本书，并与我们一起为万维网的发展添砖加瓦。对于万维网的未来，我们拭目以待。

致谢

作者谨向最初的关联开放数据项目团队成员表示感谢，本书引用了不少他们的工作成果。作者对 Michael Stephens、Jeff Bleiel、Ozren Harlovic、Maureen Spencer、Mary Piergies、Linda Recktenwald、Elizabeth Martin、Janet Vail 以及 Manning Publications 的其他工作人员表示感谢，他们的辛勤工作让本书得以付梓。

作者还要对以下审校人员表示感谢，他们在多个审校阶段阅读了书稿，并提出许多宝贵的意见和建议：Alain Buferne、Artur Nowak、Craig Taverner、Cristofer Weber、Curt Tilmes、Daniel Ayers、Gary Ewan Park、Glenn McDonald、Innes Fisher、Luka Raljevic´、M. Edward Borasky、Michael Brunnbauer、Michael Pendleton、Michael Piscatello、Mike Westaway、Owen Stephens、Paulo Schreiner、Philip Poots、Robert Crowther、Ron Sher、Thomas Baker、Thomas Gängler 以及 Thomas Horton。

特别感谢本书的技术校对 Zachary Whitley，他在本书付印前仔细审定了最终书稿。同时感谢 Tim Berners-Lee 为本书作序。

Author Online 论坛、公共 LOD 邮件列表以及万维网联盟 RDF 工作组的专业人士提出的意见和建议，极大提高了本书的质量。衷心感谢参与 Manning 抢先体验计划（Manning Early Access Program，MEAP）的读者，他们在 Author Online 反馈的意见对最终书稿的质量产生了很大影响。最后，感谢美国剑桥、纽约、华盛顿、北弗吉尼亚州、马里兰州中部等地的语义网 Meet-up 的组织者给予作者介绍本书的机会。

David 对 Bernadette 表示感谢，她的支持让 David 能心无旁骛地投入到每个项目中。David 还要感谢本书的其他作者，正是由于大家的共同努力，本书才得以面世。

Marsha 对她的丈夫 Steven 表示衷心感谢，他的信任和鼓励让 Marsha 满怀信心开始一段新的征程。Marsha 特别感谢 David 的邀请，并相信她可以将之前的教学经验应用到本书写作中。感谢两位合著者 Luke 和 David，与他们的合作是一段难忘而有益的经历。

Luke 感谢 David 和 Marsha 邀请他参与本书的编写工作。无论技术层面还是社会层面，Luke 都从两位合著者身上受益良多。Luke 还要感谢父母 Rick 和 Tania 使他认识到教育和尝试新事物的重要性，以及妻子 Laura 始终如一的支持。

关于本书

关联数据（Linked Data）是在万维网上表示和连接结构化数据的一系列技术。本书将向读者介绍如何访问、创建并使用关联数据。关联数据的一个神奇之处在于，它很容易就能与其他关联数据进行组合，从而构成新的知识。

关联数据让万维网成为一个全球性数据库，我们称之为数据网（Web of Data）。开发人员可以利用 SPARQL 查询语言同时查询多个信息源的关联数据，并动态合并查询结果，这是传统数据管理技术很难或根本无法做到的。书中的示例取自公共信息源，不过所介绍的技术很容易就能用于私有数据。读者或许对书中使用的某些资源不太了解，但它们都不难从万维网上找到。如果在实际中遇到这些资源，读者不妨认真研究一下。如果书中的截图和引用的 URL 与读者在浏览这些网站时所看到的实际内容不一致，我们提前对此表示歉意。万维网始终处于快速变化之中，任何印刷品都无法绝对精确地反映所有变化。但我们承诺，所有截图和 URL 在本书付印时都是正确的。

藉由关联数据技术，我们更容易和他人共享数据。理论上说，可以采用关联数据描述任何内容。万维网上的关联数据可以被发现、共享并与其他用户的数据进行合并。与传统的数据管理系统不同，关联数据将信息从专有容器（proprietary container）中释放出来，任何人都能使用这些信息。与其他数据一样，关联数据的质量和效用由数据使用者负责评估。人们只信任可靠的数据源。

本书读者对象

对于希望了解、使用和发布关联数据的应用程序开发人员而言，本书值得一读。本书假定读者对 HTML、URI、HTTP 等基本的 Web 技术已有所了解。本书将介绍关联数据并在各种背景下讨论其应用，并论述指导关联数据使用的 4 项原则。此外，本书还将讨论如何在万维网上查找、使用和发布关联数据，并通过复杂性逐步增加的一些实际应用加以说明。

路线图

本书总共 11 章，分为 4 个部分，并包括两个附录和一个词汇表。

第 1 部分"关联数据网"将介绍关联数据的基础知识，论述 RDF（资源描述框架）数据模型，并讨论表示关联数据的通用标准序列化格式。这部分内容将引导读者识别并使用万维网上的关联数据。

- 第 1 章将介绍关联数据，在各种背景下讨论其应用，论述指导关联数据使用的 4 个原则，并通过一个应用程序展示关联数据的使用。
- 第 2 章将介绍 RDF 以及它与关联数据的关系。我们将论述 RDF 数据模型，并讨论实际中可能用到的一些关联数据重要概念。在这一章最后，我们将讨论文件类型和 Web 服务器遇到的常见问题，并给出解决这些问题的方法。
- 第 3 章将讨论万维网的分布式特性，并介绍数据和文档相互连接的方法。读者将了解文档网（Web of Documents）和数据网之间的关系，以及如何在万维网上查找并使用关联数据。

第 2 部分"关联数据进阶"将重点讨论开发和发布关联数据所用的技术，并介绍聚合数据所用的高级搜索技术。我们利用 SPARQL 查询语言来搜索相关的关联数据数据集，并将搜索结果加以聚合。

- 第 4 章将介绍如何利用 FOAF 词表和 Relationship 词表在万维网上创建、链接与发布关联数据。
- 第 5 章将介绍 RDF 所用的 SPARQL 查询语言，后者可以像查询数据库一样查询数据网——尽管数据网是一个非常庞大的、由大量分布式数据集构成的数据库。

第 3 部分"关联数据实战"将讨论如何使用 RDFa（属性中的资源描述框架）对网页进行 SEO（搜索引擎优化）。我们将介绍 RDF 数据库，并讨论它与传统的关系数据库之间的区别。我们还将介绍在万维网上共享用户数据集和项目的最佳方式，并对语义网搜索结果中包含的项目和数据集进行优化。

- 第 6 章将介绍如何利用 RDFa 强化 HTML 网页，从而获得更准确的搜索结果。我们将介绍面向业务的 GoodRelations 词表以及其他使用 schema.org 的技术。
- 第 7 章将介绍 RDF 数据库，并讨论 RDF 数据库较之关系数据库的差异和优势。一般来说，集成 RDF 格式的信息相对不难，但用户所需的信息通常存储在非 RDF 数据中，需要进行转换以便处理。这一章将介绍如何将非 RDF 数据转换为 RDF 格式，以便集成到其他应用程序中。
- 第 8 章将介绍如何描述新创建的关联数据，并将其链接到更大的关联数据系统中。我们将讨论并应用 DOAP 词表（用于描述项目）、VoID（用于描述数据集）以及语义站点地图（用于描述网站中的关联数据产品）。此外，这一章还将介绍在 LOD 云上发布数据时需要遵循的规则。

第 4 部分"归纳与整合"将把之前讨论的所有知识点串联在一起。本章将使用开源的关联数据应用服务器开发一个复杂的应用程序，并总结从准备到发布关联数据的全过程。

- 第 9 章将介绍 Callimachus，这是一个开源的关联数据应用服务器。我们将讨论 Callimachus 的基本用法以及利用 RDF 数据生成网页，并展示如何通过 Callimachus 构建应用程序。
- 第 10 章将总结从准备到公开发布关联数据的全过程，并对构建 URI、自定义词表等容易忽视的环节进行说明。

■ 第 11 章将讨论语义网目前的发展状态,以及关联数据在其中所扮演的角色。我们将介绍几个有趣的关联数据应用程序,并尝试对语义网和关联数据今后的发展方向进行预测。

正文后的附录将提供一些补充信息。

■ 附录 A 将介绍如何设置本书所用工具的开发环境。

■ 附录 B 将介绍常用的 SPARQL 查询结果格式。

■ 词汇表将列出并定义本书所用的术语。

本书用法

为充分利用本书,建议读者按顺序阅读每个章节,下载和执行示例应用程序,并尝试修改这些示例以加强对概念的理解。如果程序中需要使用某些软件,我们将提供相应资源的链接。希望本书能为读者了解、使用和发布万维网上的关联数据打下坚实的基础。

目录

第 1 部分　关联数据网

第 1 章　关联数据简介　2
1.1　关联数据定义　3
1.2　关联数据并非万能　4
1.3　关联数据实战　5
　1.3.1　释放数据　6
　1.3.2　关联数据在 Google 富摘要和 Facebook "点赞" 中的应用　6
　1.3.3　关联数据拯救了 BBC　7
1.4　关联数据原则　9
　1.4.1　第 1 原则：使用 URI 命名事物　10
　1.4.2　第 2 原则：使用 HTTP URI 以便于用户查找事物名称　10
　1.4.3　第 3 原则：在用户查找 URI 时提供有用的信息　11
　1.4.4　第 4 原则：包含指向其他 URI 的链接　12
1.5　关联开放数据（LOD）项目　12
1.6　数据描述　13
1.7　RDF：关联数据所用的数据模型　16
1.8　关联数据应用程序剖析　18
　1.8.1　获取设施的关联数据　19
　1.8.2　通过关联数据创建 UI　21
1.9　小结　24

第 2 章　RDF：关联数据所用的数据模型　25
2.1　关联数据原则让 RDF 得以扩展　26
2.2　RDF 数据模型　30
　2.2.1　三元组　31
　2.2.2　空节点　32
　2.2.3　类　33
　2.2.4　类型字面量　34
2.3　RDF 词表　35
　2.3.1　通用词表　36
　2.3.2　自定义词表　39
2.4　关联数据所用的 RDF 格式　40
　2.4.1　Turtle：人类可读的 RDF　41
　2.4.2　RDF/XML：企业所用的 RDF　44
　2.4.3　RDFa：嵌入 HTML 网页的 RDF　46
　2.4.4　JSON-LD：JavaScript 开发者所用的 RDF　49
2.5　与 Web 服务器和关联数据发布有关的问题　52
2.6　文件类型与 Web 服务器　54
2.7　对 Apache 服务器的控制有限时如何处理　55

2.8　关联数据平台　56
2.9　小结　56

3　第 3 章　使用关联数据　57

3.1　像万维网一样思考　57
3.2　如何使用关联数据　58
3.3　查找分布式关联数据的
　　工具　60
　　3.3.1　Sindice　60
　　3.3.2　SameAs.org　61
　　3.3.3　Data Hub　62
3.4　聚合关联数据　63
　　3.4.1　聚合已知数据集中的
　　　　关联数据　63
　　3.4.2　使用浏览器插件获取网页中
　　　　的关联数据和 RDF　67
3.5　关联数据网的抓取与
　　数据的聚合　69
　　3.5.1　使用 Python 抓取关联
　　　　数据网　69
　　3.5.2　利用聚合后的 RDF 输出
　　　　HTML　72
3.6　小结　72

第 2 部分　关联数据进阶

4　第 4 章　利用 FOAF 创建关联
　　数据　74

4.1　创建个人 FOAF 配置
　　文件　75
　　4.1.1　FOAF 词表简介　76
　　4.1.2　方法 I：手动创建基本的
　　　　FOAF 配置文件　77
　　4.1.3　改进基本的 FOAF 配置
　　　　文件　78
　　4.1.4　方法 II：自动生成
　　　　FOAF 配置文件　80
4.2　为 FOAF 配置文件添加更多
　　内容　83
4.3　发布 FOAF 配置文件　85
4.4　FOAF 配置文件的
　　可视化　86

4.5　应用程序：采用自定义词表
　　链接 RDF 文档　87
　　4.5.1　创建愿望清单词表　87
　　4.5.2　创建、发布并链接愿望清单
　　　　文档　88
　　4.5.3　为愿望清单文档添加
　　　　内容　89
　　4.5.4　小书签程序初探　91
4.6　小结　92

5　第 5 章　SPARQL：查询关联
　　数据网　93

5.1　典型 SPARQL 查询
　　概述　94
5.2　采用 SPARQL 查询扁平
　　RDF 文件　95
　　5.2.1　查询单个 RDF 文件　95
　　5.2.2　查询多个 RDF 文件　98
　　5.2.3　查询万维网上的 RDF
　　　　文件　100
5.3　查询 SPARQL 端点　100
5.4　SPARQL 查询类型　102
　　5.4.1　SELECT 查询　102
　　5.4.2　ASK 查询　104
　　5.4.3　DESCRIBE 查询　105
　　5.4.4　CONSTRUCT 查询　105
　　5.4.5　SPARQL 1.1 Update　106
5.5　SPARQL 结果格式（XML
　　与 JSON）　107
5.6　利用 SPARQL 查询创建
　　网页　108
　　5.6.1　创建 SPARQL 查询　109
　　5.6.2　创建 HTML 页面　110
　　5.6.3　创建 JavaScript 表格　111
　　5.6.4　创建 JavaScript 地图　112
5.7　小结　115

第 3 部分　关联数据实战

6　第 6 章　强化搜索引擎的
　　结果　118

6.1　通过嵌入 RDFa 以强化
　　HTML　119

6.1.1 利用 FOAF 词表添加 RDFa
标记 122

6.1.2 在 HTML span 属性中使用
RDFa 125

6.1.3 从包含 FOAF 的 HTML 文档
中提取关联数据 126

6.2 采用 GoodRelations 词表嵌
入 RDFa 127

6.2.1 GoodRelations 概述 127

6.2.2 利用 GoodRelations 强化嵌入
RDFa 的 HTML 130

6.2.3 对选择 RDFa GoodRelations 的
进一步观察 136

6.2.4 从包含 GoodRelations 的
HTML 文档中提取关联
数据 138

6.3 采用 Schema.org 词表嵌入
RDFa 141

6.3.1 Schema.org 概述 141

6.3.2 通过 Schema.org 强化使用
RDFa Lite 的 HTML 143

6.3.3 对利用 Schema.org 选择
RDFa Lite 的进一步
观察 145

6.3.4 从包含 Schema.org 的
HTML 文档中提取关联
数据 147

6.4 选择 Schema.org 还是
GoodRelations 148

6.5 从 HTML 中提取 RDFa 并
执行 SPARQL 查询 149

6.6 小结 150

第 7 章 RDF 数据库基础 151

7.1 RDF 数据库分类 151

7.1.1 RDF 数据库的选择 153

7.1.2 RDF 数据库与关系数据库的
比较 153

7.1.3 RDF 数据库的优点 158

7.2 将电子表格数据转换为
RDF 159

7.2.1 将 MS Excel 转换为 RDF 的
简单示例 159

7.2.2 将 MS Excel 转换为关联
数据 161

7.2.3 选择 RDF 转换工具 163

7.3 应用程序：在 RDF 数据库
中收集关联数据 163

7.3.1 过程概述 163

7.3.2 利用 Python 聚合
数据源 164

7.3.3 理解输出 167

7.4 小结 169

第 8 章 数据集 170

8.1 DOAP 词表 171

8.1.1 创建 DOAP 文件 172

8.1.2 使用 DOAP 词表 174

8.2 利用 VoID 记录
数据集 178

8.2.1 VoID 概述 178

8.2.2 准备 VoID 文件 179

8.3 站点地图 181

8.3.1 非语义站点地图 182

8.3.2 语义站点地图 183

8.3.3 启用站点发现 185

8.4 链接到其他用户的
数据 187

8.5 示例：利用 owl:sameAs
实现数据集之间的
互联 193

8.6 加入 Data Hub 195

8.7 从 DBpedia 请求指向用户
数据集的出站链接 197

8.8 小结 198

第 4 部分 归纳与整合

第 9 章 Callimachus：关联数据管
理系统 200

9.1 Callimachus 入门 202

9.2 使用 RDF 类创建
网页 202

9.2.1 为 Callimachus 添加
数据 203

9.2.2 向 Callimachus 通告
OWL 类 204

9.2.3 将 Callimachus 视图模板与用
户的类相互关联 205

9.3 创建并编辑类实例 207
　　9.3.1 新建笔记 208
　　9.3.2 为笔记创建视图模板 210
　　9.3.3 为笔记创建编辑模板 211
9.4 应用程序：利用多个数据源
　　创建网页 212
　　9.4.1 利用 NOAA 和 EPA 创建并查
　　询关联数据 213
　　9.4.2 创建包含应用程序的
　　网页 214
　　9.4.3 创建用于检索和显示关联数
　　据的 JavaScript 217
　　9.4.4 将代码段整合在一起 219
9.5 小结 222

第 10 章 回顾发布关联数据 223
10.1 准备数据 224
10.2 构建 URI 225
10.3 选择词表 225
10.4 自定义词表 226
10.5 用户数据与其他
　　数据集的互联 227

10.6 发布数据 227
10.7 小结 227

第 11 章 不断发展的
　　　　万维网 228
11.1 关联数据和语义网
　　之间的关系 228
11.2 未来展望 233
　　11.2.1 Google 扩展富摘要 234
　　11.2.2 数字问责和透明度
　　立法 234
　　11.2.3 广告的影响 234
　　11.2.4 强化的搜索 234
　　11.2.5 巨头的参与 235
11.3 小结 235

附录 A 开发环境 236

附录 B SPARQL 结果格式 239

词汇表 245

第 1 部分

关联数据网

什么是关联数据？什么是 RDF（资源描述框架）？RDF 和关联数据之间存在何种关系？如何利用 RDF 表达数据？发布五星关联数据有哪些好处？用户可以从哪里找到关联数据，并用于自己的应用程序？

前 3 章将探讨上述问题以及其他相关问题。我们将向读者介绍关联数据，在各种背景下讨论其应用，论述指导关联数据使用的 4 项原则，并通过一个应用程序展示关联数据的用法。第 1 部分将从各个层面探讨关联数据在万维网中的应用。我们不仅会讨论手动查找关联数据的方法，也将介绍某些专门工具的用法。我们还将介绍一个关联数据程序的开发全过程，该程序从某个数据源检索关联数据，并使用这些结果从另一个数据源检索其他数据。

第1章 关联数据简介

本章内容

- 关联数据概述
- 关联数据原则
- 关联数据基础
- 对关联数据应用程序的剖析

如果上司要求你每天为 1500 个包含多种语言和字符集的电视和广播节目制作网页，但无法配备足够的人手时，你该怎么办？如果需要为每支乐队和他们录制的歌曲发布 Web 内容并每天更新时，你该怎么办？如果需要为每个动物物种及其栖息地（包括它们的濒危状态）创建网页，但企业并不掌握这些信息时，你又该怎么办？

在预算被削减时，英国广播公司（BBC）的开发团队就同时面临这三项挑战。我们很快将讨论他们如何通过关联数据（Linked Data）解决了上述所有问题。

关联数据让万维网成为一个全球性数据库，我们称之为数据网（Web of Data）。开发人员可以同时查询多个数据源的关联数据，并动态合并查询结果，这是传统数据管理技术很难或根本无法做到的。设想一下，藉由关联数据，只需一步就能收集任何所需的数据——这听起来似乎不可思议。诚然，采用传统技术的确难以做到这一点，但关联数据则有所不同，本章将对此进行介绍。

在学习这一章之前，读者应对 HTML、URI、HTTP 等基本的 Web 技术有所了解。我们将向读者介绍关联数据，在各种背景下讨论其应用，论述指导关联数据使用的 4 项原则，并通过第一个应用程序展示关联数据的用法。

我们可能会引用某些读者尚不熟悉的资源，如 MusicBrainz（一种开放的音乐百科全书）。不过无需担心，我们会提供相关链接，以便读者了解相应的背景信息。

1.1　关联数据定义

万维网充斥着海量数据，数据以 PDF、TIFF（标签图像文件格式）、CSV（逗号分隔值）、Excel 电子表格、Word 文档中的嵌入表格以及各种纯文本格式发布。这些文件与 HTML 和其他文档之间存在链接关系。从某种意义上说，它们是可以链接到的数据。不过这种数据存在一定的局限性，因为它们采用适合人类用户使用的格式，一般需要专门工具进行读取，导致自动化进程难以访问、搜索或重用。人们通常需要对这些数据作进一步处理，以便将它们导入新项目，或根据数据作出决策。

我们希望能有一种通用的机制，使得任何人都能读取和重用万维网上的数据。用户不仅需要链接到数据所在的文件，也需要链接到相关的数据。用户希望自己的数据能与其他相关数据链接起来，从未谋面的用户也可以重用数据。

本书将向读者介绍在万维网上使用、重用与发布数据的新机制，以便企业防火墙两侧的自动化进程都能对数据进行重用。这套机制称为关联数据，它是在万维网上发布和连接结构化数据的最佳实践，遵循万维网联盟（World Wide Web Consortium，W3C）制订的国际标准。

如果读者对 HTTP、URI、超链接等概念已有所了解，那么对关联数据所用的某些技术应该不会陌生。我们希望在万维网上发布数据，并使用 URI 来标识数据元素以及元素之间的关系。与网页之间的超链接类似，关联数据可以通过 URI 将数据元素链接在一起。关联数据是万维网上的数据，它本质上仍是数据，其结构与万维网并无二致。这些概念被归纳为关联数据原则（Linked Data principles），1.4 节将对此作进一步讨论。

关联数据的质量高低取决于在多大程度上遵循这些原则。关联数据的五星评分系统如下。

★　数据以任何格式存在并可用（如扫描图像）。

★★　数据可作为机器可读的结构化数据（如 Excel 电子表格）。

★★★　数据以非专有的格式存在并可用（如 CSV）。

★★★★　数据采用 W3C 制订的开放数据标准发布。

★★★★★　上述几条规则均适用，数据还能链接到其他用户的数据。

五星评分系统是逐步累积的。每增加一颗星，表示数据符合前一步的标准。开发人员对于创建能达到五星标准的关联数据深感自豪。反之，如果没有达到标准，意味着有更多的工作要做，比如将数据转换为五星格式、增加更多的链接或请求数据源提供质量更高的数据。通过创建五星关联数据，可以更好地利用万维网上的数据。

W3C 负责制订各种万维网标准，包括开放数据模型以及适用于该模型的数据格式。本章将讨论 RDF（Resource Description Framework，资源描述框架），RDF 用于获取最高质量的关联数据。

图 1.1 所示的 W3C 咖啡杯给出了五星系统的释义。

这里再重复一遍关联数据的定义：它是在万维网上使用标准格式和接口发布数据的一系列技术。遵循相关标准的数据称为关联数据。

例如，可以将维基百科（Wikipedia）上的大部分内容视为结构化数据。维基百科的文章页面右上方有一个文本框，包含名称、日期、地点以及指向其他内容的链接。DBpedia 项目[1]从维基百科的文章中提取出结构化数据，并发布到万维网上。遵循关联数据原则发布的数据即为关联数据，可以被有权访问数据的其他用户所使用。

图 1.1　五星关联数据马克杯，可从 cafepress.com 上订购。用户既可以订购印有 "Open"（开放）和 "Open License"（开放许可）字样的马克杯，也可以订购没有上述标记的马克杯。前者是关联开放数据（ Linked Open Data ）马克杯，后者是关联数据（ Linked Data ）马克杯。马克杯的销售收入用于支持 W3C 的工作

关联数据的一个神奇之处在于，它很容易就能与其他关联数据组合在一起，从而构成新的知识，这也是探索并使用关联数据的最好理由。传统的数据管理技术使得大部分用户数据被封闭在不易重组的孤岛（ silo ）[2]中。在执行指定任务之前，用户需要编写程序以查找、访问、转换与合并孤岛中的数据。而关联数据有助于将数据从孤岛中解放出来，因为合并不同数据源的关联数据并非难事。

关联数据的另一个有用之处在于，它是自文档化的（ self-documenting ）：只要在万维网上解析某个术语，就能立即了解它的含义。这使得关联数据成为数据共享中一种奇妙的新技术。

设想从各种来源采集数据，以执行分析或混聚（mash-up）操作。我们可以从 DBpedia 和万维网的其他关联数据中抓取数据，将它们组合在一起，从而获得所需的数据集（dataset）。

接下来，我们将介绍源自公共万维网的编程思想，但并非所有关联数据都需要公开。关联数据技术也被广泛部署在专用网络的企业防火墙之后。本书介绍的所有内容都可以采用公共数据、私有数据或二者的混合进行部署。

1.2　关联数据并非万能

读者可能有所疑虑，关联数据的功能是否太过强大而难以实现？答案是否定的。关联数据以万维网为基础构建，具有和万维网相同的优点和不足。

关联数据并非灵丹妙药，它无法解决数据质量或服务故障所引起的问题，也无法提高分布式查询的效率。改变模式术语（schema term）的定义同样如此。如果术语含义发生变化，开发时数

---

[1] 参见 http://wiki.dbpedia.org/（原链接跳转至此）。DBpedia 项目始于 2007 年，Tim Berners-Lee 曾将其称为去中心化关联数据最知名的尝试之一。——译者注
[2] 功能无法互通、信息无法共享的系统，是一种普遍的现象。——译者注

据可能更难理解。

但是，关联数据确实提供了多种新的手段，以应对现有数据管理遇到的挑战。

数据质量是所有数据管理系统都要面对的问题。关系数据库或网站中的脏数据（dirty data）很快就会变为脏关联数据（dirty Linked Data）。关联数据通常不会以特定于应用程序的方式发布，这可能会暴露之前并不透明的数据清洗（data cleanliness）问题，同时让问题更容易被发现。许多网站对关联数据的结构进行调整，以便在重用前对这些数据进行审查甚至加工（curation），我们将在后面的 BBC 示例中加以说明。其他人无法忍受脏数据。一如既往，决定权掌握在用户手中。

在使用 Web 服务的关联数据时，如果出现服务关闭或暂时不可用的情况，应该如何处理呢？基于可靠性和效率的考虑，大部分用户不会在生产环境中构建需要实时查询分布式数据的服务。我们可以将某些远程数据的本地副本视为一种缓存。远程服务出现故障，仅仅意味着在服务恢复正常或启用替代服务之前，数据可能不是最新的。

那么，改变模式术语意味着什么？由于关联数据模式术语通过 HTTP URI 进行标识，如果某个术语的含义发生变化，那么将其迁移到另一个 URI 相对容易一些。即便不更改术语的 URI，通常也可以（并应该）将术语定义的时间和位置记录下来。此外，我们甚至还能对等效术语进行检查。关联数据具备不同层次的灵活性，有助于用户调整模式。

我们可以将这些挑战置于万维网的背景下进行思考。由于早期的超文本系统只部署在一台设备上，所以能确保所有链接都被解析为有效的资源。被链接的资源（或意识到被链接的资源）可以计算链接的数量，并自动链接回去。大部分超文本的研究人员之所以不喜欢早期的万维网，正是因为后者无法提供这些方便的功能。当链接无法解析时，万维网会频繁显示 404 错误消息。不过，万维网也有一些超文本系统所不具备的重要特性，特别是可扩展性和分布式作者身份（distributed authorship）。对用户而言，这些特性比链接管理更重要。

与之类似，关联数据并未解决分布式数据管理长期以来存在的问题，甚至会引入新的问题。例如，至少一部分数据元素需要采用复杂的网址来命名，导致数据格式难以读写。但和万维网一样，关联数据的优点远远超过它的缺点，本书将对此予以说明。具体而言，我们将介绍如何利用关联数据来维护通过其他机制发布数据时经常丢失的上下文。我们甚至可以在事后将上下文重新放回数据，使得从未谋面的用户也能通过新方法使用数据。与万维网类似，一旦掌握关联数据，就会对它爱不释手。

1.3　关联数据实战

对于"如何与他人分享我们的知识"这个由来已久的问题，关联数据技术给出了一个新的答案。关联数据是一个通用的概念，理论上说，它可以用于描述任何内容。

关联数据将结构化数据置于万维网上，这些数据可以被发现、共享并与其他用户的数据进行合并。关联数据将结构化数据从专有容器（proprietary container）中释放出来，使得任何用户都可以使用它。

1.3.1　释放数据

纵观历史，人们经常混淆信息和承载它的容器。虽然人们真正关心的是容器内的信息，但仍然建立了专门的机构来保护容器（而非信息本身）。历史上最早的图书馆致力于保护卷轴和图书，而不是其中的文字。图书管理员限制读者借阅图书，以便图书能保存更长的时间。

最终，人们将图书内容转换为可以在互联网上传播的信息比特，从而让内容得以释放。这样做的优点很多，不过人们也认识到，不能将图书馆和书店混为一谈。本书写作期间，正值美国最大的连锁书店企业之一 Borders Group（博德斯集团）宣告破产，并关闭了数百家实体书店[①]。图书馆的藏品已经发生了翻天覆地的变化，读者现在不仅能借阅图书和访问互联网，也能借阅音乐、视频和有声读物。图书馆还举办各类课程并向俱乐部出租场地，在面对 Google、Apple、Amazon 等互联网巨擘的冲击时努力保持自己的尊严。

音乐经历了同样的转变，从最初销售磁带和 CD，发展到销售可以在 iPod、计算机、家庭音响等各种设备上播放的信息比特。所有这一切都是拜万维网所赐。

在网络时代，用户数据（比如几年前的图书和音乐）保存在哪里呢？大部分用户数据保存在关系数据库、电子表格等专有容器中，一般通过创建数据的容器（无论是关系数据库还是电子表格程序）进行读取。用户数据是分层的，支持数据的系统同样如此。BBC 开发团队采用一种崭新的方式解决了这个问题，他们从万维网中提取信息并进行加工，以确保信息的准确性。

然而，合并分层数据并非易事，在这个过程中可能会产生信息孤岛。如果手动将信息置于不同的容器中，那么在使用多个来源的数据时，必须先在脑海中将它们组合在一起，但这通常会导致信息的来源难以追踪。

某些情况下，我们希望将数据保存在专有容器中以防窥探，个人财务信息就是一个很好的例子。不过，我们仍然希望通过网络保持财务往来。如果银行采用通用格式处理用户数据就比较容易实现这一点，就像使用 HTTP 来处理网页一样。而其他时候，我们则希望数据是开放和免费的。例如，我们想确定住所附近有哪些工厂正在排污，或者哪位艺术家又创作了一首新的热门歌曲。

我们如何像释放图书和音乐内容那样释放数据呢？一种方案是将数据迁移到万维网。正如万维网可以链接相关文档那样，它也可以将相关数据链接起来，特别是当所有人都采用通用的数据格式和访问方法时。

1.3.2　关联数据在 Google 富摘要和 Facebook "点赞" 中的应用

即便读者可能还未觉察到关联数据在幕后所起的作用，但也可以看到它的优势所在。无论 Facebook 的 "点赞"（Like）按钮[②]、Google 的增强型搜索结果还是 BBC 的美丽野生动物和音乐

---

① Borders 成立于 1971 年，曾是全美第二大连锁书店。随着 Amazon 的兴起，消费者对实体书店的兴趣日益减小，导致 Borders 的财务状况不断恶化。Borders 于 2011 年 2 月正式申请破产保护。——译者注
② 参见 Facebook 开发者 "点赞" 按钮插件：https://developers.facebook.com/docs/plugins/like-button（原链接跳转至此）。

网页，都是关联数据在实际中的应用。

如图 1.2 所示，Google 在 2009 年引入了富摘要（rich snippets）①，以强化搜索结果。

Salad - **Thai** Green **Mango Salad** Recipe
★★★★★ 5 reviews - Total cook time: 20 mins
You asked for a one-page printable version of my step-by-step Green **Mango Salad** recipe, so here it is! This salad will blow you away with its ...
thaifood.about.com/od/thaisnacks/r/greenmangosalad.htm -
<u>Cached</u> - <u>Similar</u>

图 1.2　Google 富摘要提供格式美观的搜索结果，能将用户点击率提高 15%～30%

富摘要程序由 RDFa（Resource Description Framework in Attributes，属性中的资源描述框架）提供支持。RDFa 是一种用于网页编码的关联数据格式，后面的章节将对此作详细介绍。例如，用户可以识别网页中的电话号码，而通过浏览器显示中隐藏的 HTML 属性对其进行标记，搜索引擎也可以识别电话号码，并利用这些信息构建针对性更强的搜索结果。大型消费电子产品零售商 Best Buy 发布的数据显示，藉由 RDFa 的应用，其 Google 搜索结果的点击率提高了 15%～30%。

Facebook 于 2010 年 4 月引入了"点赞"按钮。当用户点击网页中的"点赞"按钮时，该用户的 Facebook 资料将随之更新，以反映用户喜欢网页中讨论的内容，这些内容可以是文章、电影或餐厅。"点赞"按钮（如图 1.3 所示）同样由 RDFa 提供支持。

👍 Like　❙f❙　Joanne Spear, Mark West and 91 others like this.

图 1.3　Facebook "点赞"按钮可以被嵌入到任何网页中，Facebook 使用这个功能
将外部页面与 Facebook 的社交图谱连接在一起

RDFa 属于描述结构化数据的一系列标准，这些标准统称为 RDF。RDF 并非数据格式，它定义了一种简单的方法来表示任意数据元素之间的关系，这些元素可以通过各种标准格式进行序列化。RDF 为关联数据提供了一个通用的数据模型，特别适合表示万维网上的数据。关联数据采用 RDF 作为数据模型，并以某种语法表示。此外，关联数据还使用一种名为 SPARQL 的标准查询语言。本章稍后将介绍 RDF 数据模型，第 2 章将对此作进一步探讨。后续章节将介绍如何在关联数据项目中使用这些数据格式以及查询语言。

1.3.3　关联数据拯救了 BBC

接下来，我们将注意力转向 BBC，讨论开发团队如何利用关联数据从万维网采集信息并确保其准确性，以及通过重用信息来自动创建深层次的复杂网站。

BBC 所需的数据散落于万维网的各种公共服务中。开发团队意识到，可以收集并重新利用某些数据，以加快新网站的开发速度。

---

① 参见 Google Webmaster Tools 的 *About rich snippets and structured data*（2013 年 6 月 5 日）：
https://developers.google.com/search/docs/guides/intro-structured-data（原链接跳转至此）。

BBC 采用关联数据为 3 种 Web 属性生成相应的 Web 存在（Web presence），它们是 BBC Programmes[①]、BBC Music[②]以及 Wildlife Finder[③]。仅 BBC Programmes 本身，每天就会产生 1500 多个电视和广播的 Web 存在。为完成这个高难度的任务，开发团队使用万维网上已经存在的公共数据。

BBC 对世界野生动物基金会（WWF）、MusicBrainz[④]、DBpedia 等各种来源的关联数据进行收集、过滤和重用。如图 1.4 所示，DBpedia 从维基百科（用户在维基百科页面右上角看到的内容）提取结构化数据，并将其转换为关联数据。藉由这些关联数据，BBC 进一步丰富了广播节目中讨论的音乐艺人和野生物种的信息。BBC 采用类似的方式管理从其他网站收集的关联数据。由于所有关联数据共享同一个数据模型（将在第 2 章讨论），这些网站的数据可以立即合并。

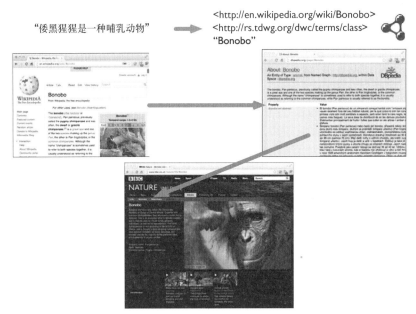

图 1.4　DBpedia 将从维基百科信息框中提取的结构化信息转换为关联数据，BBC 利用来自 DBpedia 和其他关联数据源的内容创建了 3 种 Web 属性。图 1.4 显示了其中一种 Web 属性：BBC Wildlife Finder

在使用关联数据时，BBC 摒弃了脑海中传统的内容管理观念。如果 BBC 的编辑发现某个数据有误，他们通常会在第三方网站（而不是 BBC 自己的网站）进行修改。编辑们对第三方网站的内容进行加工，以使 BBC 的网站信息更加准确，同时也让公共知识资源的质量得以提高。当然，BBC 的编辑之所以能这样做，是因为他们拥有某些网站（如维基百科）的读写权限。

---

① 参见 http://www.bbc.co.uk/programmes。
② 参见 http://www.bbc.co.uk/music。
③ 参见 http://www.bbc.co.uk/nature/wildlife。
④ 参见 https://musicbrainz.org/。

BBC 采用数据网既是一种创新，对听众来说也非常有用。在 BBC Programmes 开始使用关联数据之前，只有少数几个最受欢迎的广播节目才有 Web 存在。

通过访问和重用 BBC 发布的关联数据，其他开发人员也能从中受益。如果用户希望利用从多个网页中收集的信息创建一个新网页，可以使用关联数据提供的标准方式。

关联数据是自描述性的（self-descriptive），具有许多积极的副作用，其中不那么明显的一个是偶发性重用（serendipitous reuse）。关联数据的发布者可能会带着某种目的将数据公之于众，但如何使用这些数据取决于用户。

负责运营维基百科的维基媒体基金会（Wikimedia Foundation）并不清楚 BBC 希望使用他们的数据。维基百科的志愿者编辑在创建有关倭黑猩猩（bonobo）①的词条时，也没有将 BBC 考虑在内。BBC 并未与 DBpedia 协商要使用后者的数据，创建 DBpedia 的学者也未曾与维基百科协商过。从某种意义上说，关联数据实现了无协同合作（cooperation without coordination）。

为了在万维网上查找所需的数据，BBC 可能使用了传统的全文搜索引擎（如 Google），也可能使用了语义搜索引擎（如 Sindice②）。一旦获得所需的信息，关联数据就能在一定程度上简化开发团队的工作。

无论何种规模的企业和组织，都能利用关联数据强化自己的内容、集成其他网站的数据并支持他人重用自己的数据。后面的章节将对此进行讨论。

1.4　关联数据原则

关联数据使用 RDF 数据模型并遵循与 RDF 相关的其他标准，如同使用 HTTP 一样。尽管关联数据以 RDF 为基础构建，但并不等同于 RDF。关联数据遵循以下 4 条原则，这是它有别于 RDF 之处。

- 使用 URI 命名事物。
- 使用 HTTP URI 以便于用户查找事物名称。
- 当用户查找 URI 时，通过 RDF*③、SPARQL 等标准提供有用的信息。
- 包含指向其他 URI 的链接，以便于用户发现更多的内容。

注意　万维网之父、关联开放数据项目的先驱 Tim Berners-Lee 提出了上述 4 条关联数据原则。如果希望深入了解他的思想，可以阅读他在 2006 年发表的 *Linked Data* 一文④。

接下来，我们按顺序讨论这 4 条原则。

---

① 倭黑猩猩与人类共享 98.7% 的 DNA，是与人类关系最密切的灵长类动物。倭黑猩猩在本书中会频繁出现。——译者注
② 2014 年 5 月，创始团队宣布停止对 Sindice 提供支持，Sindice.com 目前已无法访问。——译者注
③ 术语 "RDF*" 有时用于指代整个 RDF 标准家族。
④ 参见 https://www.w3.org/DesignIssues/LinkedData.html。

1.4.1　第 1 原则：使用 URI 命名事物

关联数据第 1 原则旨在处理事物的标识。因为如果无法标识事物，其他一切都无从谈起。读者或许对标识事物所用的底层技术已有所了解，它的全名为通用资源标识符（Universal Resource Identifier，URI）。URI 用于在关联数据中命名事物，它是 URL（统一资源定位符）的一种广义形式，而 URL 的作用是在浏览器中查找网页。换言之，所有 URL 都是 URI，反之则不成立。URI 是一种通用的唯一名称，而 URL 是在万维网上解析网页的一种特殊类型的 URI。

读者对 HTTP URL 肯定不会感到陌生，它是万维网上最常见的 URL 类型。在浏览器的地址栏中输入某个 URL，就能跳转到相应的页面。浏览器也可以处理其他类型的 URL。例如，FTP（文件传输协议），其 URL 以 ftp:// 开头，而 file: URL 用于访问保存在本地磁盘上的文件。

URL 可以无歧义地定位网页所在的位置，同一个 URL 指向的是同一份文档。与之类似，关联数据利用 URI 来无歧义地命名事物。

> **注意**　在阅读 URI 规范（RFC 3986[1]）时，读者可能好奇文档为何将 URI 称为 "Uniform Resource Identifier（统一资源标识符）"，而不是 "Universal Resources Identifier（通用资源标识符）"。这是一个历史遗留问题，感兴趣的读者可以参考 Tim Berners-Lee 于 1998 年发表的设计文档 *Web Architecture from 50,000 feet*[2]。

总而言之，为了讨论事物，首先必须能标识它们，URI 的作用就是在关联数据中标识事物。"事物"既可以是具象的（如图书、人或基因），也可以是抽象的（如爱情或战争），还可以是其他形式的数据表示（如 CSV 文件中的某一行或关系数据中的表）。

实际上，确实存在指向"爱情"和"战争"的 URL。DBpedia 项目修改了维基百科条目的 URL，创建了描述这两个概念的页面[3]。单击页面底部的链接，将跳转到相应的维基百科词条，后者包含描述"爱情"和"战争"的链接数据。

1.4.2　第 2 原则：使用 HTTP URI 以便于用户查找事物名称

能在世界范围内没有歧义地讨论事物固然可喜，不过我们也可以采用其他标识方式来命名事物。例如，一般通过国际标准书号（ISBN）对图书进行标识。以英国作家 Charles Dickens 的长篇小说 *The Old Curiosity Shop* 为例，其 ISBN 是 0140437428。我们可以创建一个类似于 isbn:0140437428 这样的 URI，然后将其复制到浏览器并观察结果。不过，浏览器无法处理这样的 URI，因为它并非标准的 URI 格式。这就是关联数据第 2 原则所处理的问题。HTTP URI 可以在万维网上解析，也可能无法解析。

---

① 参见 https://tools.ietf.org/html/rfc3986。

② 参见 https://www.w3.org/DesignIssues/Architecture.html。

③ 参见 http://dbpedia.org/page/Love（"爱情"）和 http://dbpedia.org/page/War（"战争"）。

1.4.3　第 3 原则：在用户查找 URI 时提供有用的信息

　　我们可以在 Web 浏览器中输入任何 HTTP URI，由浏览器负责处理。浏览器通过解析 URI 来查找所用的主机和端口号，并尝试建立 HTTP 连接。浏览器请求由 URI 的路径部分所标识的资源。如果远程服务器通过返回某个资源表示（如网页）来肯定地作出响应，则这个 URI 也是 URL，它在万维网上是可以解析的。根据关联数据第 3 原则，应尽量保证标识符可以在万维网上解析。创建一个用于命名事物的 URI 时，应让它指向现有的 Web 资源或用户自己构建的资源。无论哪种情况，我们都希望 URI 能解析为指向命名事物的有用描述。

　　我们以位于爱尔兰的戈尔韦机场（Galway Airport）为例进行讨论。清单 1.1 列出了该机场在 DBpedia 中的 URI[①]。在 Web 浏览器中输入该 URI，浏览器将重定向到一个描述戈尔韦机场且人类可读的 RDF 文档。滑动到页面底部并单击指向维基百科的链接[②]，将跳转到相应的维基百科词条。后者包含和 DBpedia 相同的信息，但页面布局效果更好。

清单 1.1　图 1.6 所示电子表格的示例模式（Turtle 格式）

```
@prefix rdf: <http://www.w3.org/1999/02/22-rdf-syntax-ns#> .     前缀信息（用于缩
@prefix rdfs: <http://www.w3.org/2000/01/rdf-schema#> .          写较长的 URI）
@prefix dc: <http://purl.org/dc/terms/> .
@prefix loc: <http://www.daml.org/2001/10/html/airport-ont#> .
@prefix eg: <http://example.com/> .
@prefix qb: <http://purl.org/linked-data/cube#> .
@prefix xsd: <http://www.w3.org/2001/XMLSchema#> .
@prefix sdmxa: <http://purl.org/linked-data/sdmx/2009/attribute#> .
@prefix sdmx-measure: <http://purl.org/linked-data/sdmx/2009/measure#> .
```

```
                                                                  符合人类阅读
<http://example.com/my_temperature_data>  ←── 电子表格的 URL    习惯的短标记
  rdfs:label "Temperature observations";
  rdfs:comment "Temperature observations at Galway Airport";      符合人类阅读
  loc:location <http://dbpedia.org/resource/Galway_Airport>;      习惯的较长注
  dc:creator "Michael Hausenblas".                                释（用于描述
                                                                  资源）
            作者或创建
            者的姓名
eg:day a rdf:Property, qb:MeasureProperty;
  rdfs:label "day"@en;
  rdfs:subPropertyOf sdmx-measure:obsValue;
  sdmxa:unitMeasure <http://dbpedia.org/resource/Day> ;
  rdfs:range xsd:date .

eg:temperature a rdf:Property, qb:MeasureProperty;               "temperature"
  rdfs:label "temperature"@en;                                   的精确定义
  rdfs:subPropertyOf sdmx-measure:obsValue;
  sdmxa:unitMeasure <http://dbpedia.org/resource/Celsius> ;
  rdfs:range xsd:decimal .
```

位置（戈尔韦机场）

"day"的精确定义

---

① 参见 http://dbpedia.org/page/Galway_Airport。

② 参见 https://en.wikipedia.org/wiki/Galway_Airport。

DBpedia 项目将维基百科中的结构化数据转换为 RDF，后面的章节将讨论如何访问 RDF。我们暂时采用 HTTP URI 来命名机场，它解析为机场所在位置的可读描述。

1.4.4　第 4 原则：包含指向其他 URI 的链接

关联数据为什么是"关联"的？如果包含指向相关信息的超链接，网页将更为有用。与之类似，如果链接到相关数据、文档和描述，数据也将更为有用。关联数据第 4 原则明确了这一概念：当用户数据链接到相关资源时，它就成为关联数据。如果用户采用可解析的 HTTP URI 来发布数据，则其他用户也可以链接到这些数据。循着这些链接，我们能有效利用数据网，如同在文档网（Web of Documents）上尽情冲浪一样。

清单 1.1 显示了第 4 原则在实际中的应用。该清单包括指向描述戈尔韦机场的 DBpedia 页面的链接和天数的度量单位。

1.5　关联开放数据（LOD）项目

本书使用的大部分数据都可以从万维网上免费获取。一个神奇之处在于，百科全书和词典、政务统计数据、生化收集品和濒危物种信息、书目数据、音乐艺术家及其歌曲信息、学术研究论文等各种开放内容项目都使用相同的数据格式，可以通过相同的 API 获取。这一切都是因为关联开放数据（Linked Open Data，LOD）项目。

LOD 项目[①]始于 2007 年，是一个由 W3C 语义网教育和拓展兴趣组（Semantic Web Education and Outreach Interest Group）[②]发起的社区性活动，旨在"为所有人提供免费的数据"。

万维网上发布的关联数据集合称为 LOD 云（LOD cloud）。最近一次将 LOD 云可视化的尝试如图 1.5 所示。

注意　发音时，一般将"LOD"的每个字母读出来："ell oh dee"。

以下是有关 LOD 云的一些信息。

- 从 2007 年起，LOD 云的规模每隔 10 个月就会增长一倍。截至本书写作时，LOD 云已拥有超过 300 个来自各个领域的数据集[③]，这些数据全部向开发人员开放使用。
- 截至 2011 年年底，LOD 云拥有超过 295 个来自地理、媒体、政府、生命科学等各个领域的数据集。整个 LOD 云包含超过 310 亿个数据项以及这些数据之间的大约 5 亿个链接。
- 由于 LOD 云的规模过于庞大，2012 年没有进行将其可视化的尝试。
- 在 LOD 云中，超过 40% 的关联数据由政府（主要来自英国和美国）提供，其次是地理数据（22%）和生命科学数据（约 10%）。

---

① 参见 Linked Data—Connect Distributed Data across the Web：http://linkeddata.org/。

② 参见 https://www.w3.org/wiki/SweoIG。

③ 参见 http://lod-cloud.net/state/。

- 生命科学（包括一些大型制药企业）贡献了数据集之间超过 50%的链接。来自出版领域（如图书、期刊）的数据贡献了 19%的链接，来自媒体领域（如 BBC、《纽约时报》）的数据贡献了 12%的链接。
- 在 LOD 云中，原始数据所有者发布的数据占总量的 33%，第三方发布的数据占总量的 67%。例如，许多大学采用关联数据格式重新发布政务数据，并在此过程中对数据描述进行调整。

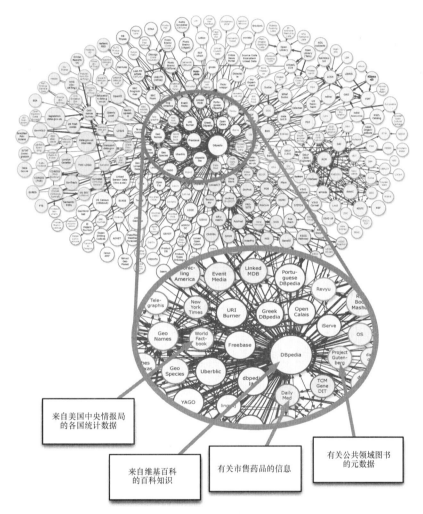

图 1.5　2011 年年底的 LOD 云。圆圈表示可以免费使用的数据集，箭头表示数据集之间的链接

1.6　数据描述

LOD 云并非数据孤岛的集合。关联数据提供了关系数据库或内容管理系统所不具备的一种

特性：可发现性（discoverability）。假设客户为我们提供了一个包含某些数据的电子表格，为了在应用程序中使用这些数据，我们需要了解每一列的含义。一般来说，可以通过查看列标题了解相关信息，如图1.6所示。

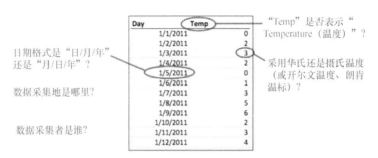

图 1.6 某电子表格中的 Web 数据示例，描述了一段时期内的温度

图 1.6 所示的数据存在一定问题：如果创建者没有提供进一步的信息，我们就无法了解数据的真正含义。

我们可以给客户打电话询问温度是否采用摄氏度，或根据温度值的范围进行猜测。不过大部分情况下，我们难以获得所需的信息，这些信息要么丢失，要么找不到创建者。描述性的列标题虽然有一定帮助，但仍然无法提供所需的全部信息，比如数据采集地和数据采集者。相比之下，图 1.7 所示的模式信息（schema information）更为实用。

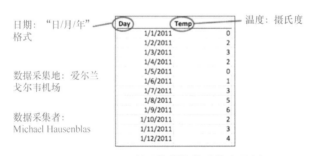

图 1.7 图 1.6 所示数据的模式信息示例

图 1.6 指出了大部分电子表格数据存在的一个问题，即缺乏理解数据所需的上下文环境。图 1.7 通过注释解决了这个问题，注释可以提供足够的背景信息，有助于新用户了解数据创建者的意图。

关联数据不仅能为电子表格提供必要的模式信息，也支持采用开放和可扩展的格式发布数据本身。关联数据还提供了一种明确的方式，帮助用户链接到万维网上任何位置的相关数据。可参引标识符（dereferenceable identifier）和网址用于模式信息和数据资源，网址用于获取模式文档和相关数据。用户只需循着链接而行，就能找到所需的信息。这就是可发现性在实际中的应用。

如果遵循以下万维网规则，就能更好地使用关联数据：采用 HTTP URI 命名数据元素，这些

URI 可以被解析，从而发现更多的相关信息。重要且值得反复强调的一点是，关联数据应包含指向万维网上其他信息的链接。我们已在 1.4 节详细讨论了关联数据的 4 条原则。

关联数据原则为万维网上的数据提供了一种通用的 API。较之由 Flickr、Twitter、Amazon 等主要网站发布的独立（且设计不同的）API，这种 API 能为开发人员提供更多的方便。

清单 1.1 显示了如何利用关联数据为图 1.6 所示的电子表格数据创建模式。无需担心，这段代码其实非常简单，我们将解释如何创建并读取模式。熟悉之后就会发现，它比 XML 或其他用户的代码更容易理解，我们只需遵循一些简单的规则即可。

除非确有必要，否则读者无需逐字逐句地研究清单 1.1 的内容。我们采用一种简单的方式（以文件的形式或保存在数据库中，两种方式都可以通过 SPARQL 查询语言进行查询）展示关联数据及其发布方式。

接下来，我们对代码进行深入讨论。前面曾经提到过，关联数据使用 RDF 作为数据模型。单条 RDF 陈述（statement）描述了两个事物以及它们之间的关系。严格来说，应该将其称为实体-属性-值（Entity-Attribute-Value，EAV）数据模型。不过在关联数据中，通常将陈述中的 3 个元素称为主体（subject）、谓词（predicate）、客体（object），三者与实体、属性、值一一对应。例如，本书名为《关联数据：万维网上的结构化数据》，我们可以通过本书的 URI、定义书名属性的已知关系、书名的字面量字符串等 3 个元素将其转换为 RDF，其过程如图 1.8 所示。

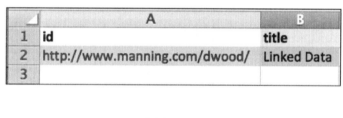

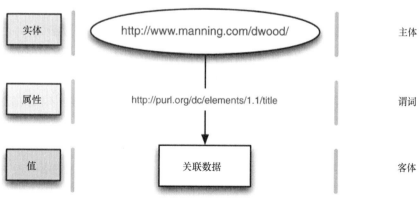

图 1.8　RDF 陈述示例

实体（或主体）可以是任何由 URI 命名的事物，比如一个人、一本书、一辆车或一个网页。在本例中，主体是唯一标识本书的 URI。实体的属性（或谓词）将主体和另一个实体联系起来，或描述实体本身的信息（我们称之为主体的属性）。在本例中，我们采用书名的关系作为谓词，书名作为客体。关系和属性是 RDF 陈述的客体。藉由这种标准化的数据模型，我们创建了一个对所有关联数据源一致的 API。换言之，用户在掌握关联数据模型之后，就能使用任何遵循该模型的数据源。用户可以随时在 Web 浏览器中输入某个谓词的 URI，以查看它的含义。

下面这条从清单 1.1 中提取的陈述是一个简单的"三元组（triple）"，也称为 RDF 陈述：

```
<http://example.com/my_temperature_data> rdfs:label "Temperature observations";
```

其中，`<http://example.com/my_temperature_data>`是一个 URI，它表示并可能指向示例电子表格，它构成了 RDF 陈述的实体（主体）。`rdfs:label "Temperature observations";`中的两个组件分别是 RDF 陈述的属性（谓词）和值[①]（客体）。在本例中，我们为电子表格添加了一个人类可读的标记`"Temperature observations"`。

`rdfs:comment "Temperature observations at Galway Airport";`为同一主体提供了另一个属性，它构成了另一条 RDF 陈述。我们可以继续为电子表格添加相关信息，直到完成为止。

RDF 并未对可以链接或描述的内容作任何限制，这是 RDF 之所以成为一种描述资源的框架的原因。RDF 陈述往往会创建元数据的图谱，也就是说，它们不需要构成层次关系。有鉴于此，读者将经常接触到 RDF 图谱（RDF graph）这个术语。

1.7　RDF：关联数据所用的数据模型

关联数据是一种结构化数据。更准确地说，这里讨论的结构化数据基于由 W3C[②]定义的 RDF 数据模型。根据惯例，我们采用 HTTP URI 标识事物，然后在解析 HTTP URI 时提供事物的相关信息。

与"普通"的万维网（我们倾向于将文档网从数据网中剥离出来）类似，解析 HTTP URI 通常意味着对其执行 HTTP GET 请求，后者是客户端使用 HTTP 所能执行的最简单的操作。GET 请求由客户端发送给服务器，要求后者返回任何收到的 URI。我们可以采用 Web 浏览器或命令行 Web 客户端工具（如 cURL[③]，它是 "Client for URLs" 的缩写）执行上述操作。DBpedia 中采用 HTML 格式显示"倭黑猩猩"词条[④]，后者基于维基百科的同一词条。通过将 DBpedia 链接中的 "page" 改为 "data" 并添加合适的文件扩展名，用户可以下载有关倭黑猩猩的关联数据：

```
$ curl -L http://dbpedia.org/data/Bonobo.n3
```

在本例中，.n3 是用于关联数据的一种文件扩展名。URI 的发布者有权根据自己的喜好创建

---

① 【勘误】原文错误。主体、谓词、客体分别对应实体、属性、值。

② 参见 https://www.w3.org/。

③ 通过以下链接下载跨平台命令行 Web 客户端工具 cURL：https://curl.haxx.se/dlwiz/。

④ 参见 http://dbpedia.org/page/Bonobo。

URI，只需遵守 HTTP 规范中有关合法字符的规定即可。在前面所示的代码段中，DBpedia 采用 dbpedia.org 作为自己的服务器名称，输入"www.dbpedia.org"将重定向到 DBpedia 的主页 dbpedia.org。DBpedia 将所有 HTML 条目置于 page/path 下，并为每个条目分配在维基百科中使用的相同标识符（如本例中的"Bonobo"）。DBpedia 还选择了某种约定以构建其关联数据 URL。

curl 命令表示"解析 URI，并将服务器返回的任何信息以标准方式输出（-L 表示遵循遇到的任何 HTTP 重定向）"。在控制台执行该命令时，将在名为 N3 的序列化中打印描述倭黑猩猩的 RDF 数据。这是因为所给定的 URI 标识了倭黑猩猩的概念，当解析该 URI 时，我们希望返回关于倭黑猩猩的关联数据描述。

本书涉及大量关联数据，几乎所有关联数据都采用 Turtle 格式。Turtle 是表示 RDF 数据模型的最简语法，旨在提供易于阅读的关联数据。由于 Turtle 是 N3 的一个子集，因此 DBpedia 选择使用.n3 作为两种格式的文件扩展名。第 2 章将详细讨论 RDF 数据格式。

由于整个数据转储过于庞大，本书不对此作深入介绍。不过读者可以从清单 1.2 显示的摘要中窥知一二。请注意，由于执行给定 curl 命令后所返回的数据量较大，读者可能需要在其中找到本例所示的代码。

清单 1.2 关于倭黑猩猩的关联数据摘录（Turtle 格式）

```
@prefix dbpedia:        <http://dbpedia.org/resource/> .
@prefix dbpedia-owl:    <http://dbpedia.org/ontology/> .
@prefix foaf:           <http://xmlns.com/foaf/0.1/> .

dbpedia:Bonobo   rdf:type      dbpedia-owl:Eukaryote ,
                 dbpedia-owl:Mammal ,
                 dbpedia-owl:Animal .
                                          动物的英文名称(倭黑猩猩名
                                          为 Bonobo )
dbpedia:Bonobo   foaf:name     "Bonobo"@en ;  ←
                 foaf:depiction <http://upload.wikimedia.org/wikipedia/
   commons/a/a6/Bonobo-04.jpg> ;
```

如果读者熟悉键—值结构化数据（可以在配置文件中找到），或许已经猜到上述代码的作用。

清单 1.2 中包括一个名为 dbpedia:Bonobo 的元素，它有一个英文名（bonobo）、一张来自 Wikimedia.org 的图片链接（depiction）以及若干类型：动物（Animal）、哺乳动物（Mammal）和真核生物（Eukaryote）。

在清单 1.2 中，前 3 行的前缀旨在缩短 URI 以方便阅读。

另一种表示该 RDF 数据段的方法是采用图表形式，如图 1.9 所示。RDF 既支持字面值（如动物名称），也支持指向另一个事物的链接（如图片）。

这一节讨论的核心问题很简单：在查找某个关联数据资源的 HTTP URI 时，我们希望获取以某种 RDF 序列化格式表示的结构化数据。由于 Turtle 格式易于阅读，本书将采用这种 RDF 序列化格式表示数据。

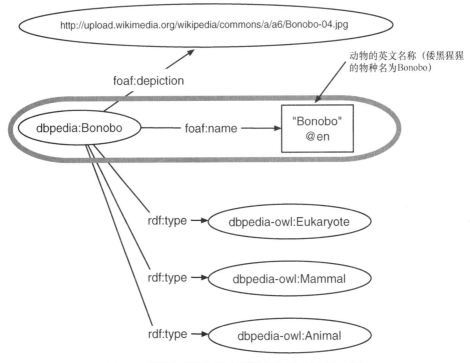

图 1.9　关于倭黑猩猩的关联数据摘录（图表形式）

1.8　关联数据应用程序剖析

前面的章节介绍了关联数据的 4 条原则，并对 RDF 进行了初步讨论。接下来，我们将探讨关联数据应用程序。我们将对万维网上一个现有的关联数据应用程序进行剖析，并讨论 HTTP 端点、HTML 源代码、相关联的 JavaScript 等可公开访问的信息。

这个应用程序是美国国家环保局（U.S. Environmental Protection Agency，EPA）的关联数据服务。截至本书写作时，EPA 已发布了全美大约 290 万个设施以及 10 万种化学物质的数据作为关联数据。约有 1%的设施提交了超过 25 年的年度污染评估，这些信息也可作为关联数据。图 1.10 显示了一个典型设施的页面①，该设施是位于美国阿拉巴马州迪凯特（Decatur）附近的 Browns Ferry 核电站。

注意　在 2015 年时，这一节讨论的关联数据应用程序经过了质量控制测试。EPA 关联数据网站的部分内容已被复制到 LinkedDataDeveloper.com，以便用户了解其创建过程。

首先需要注意的是，底层数据来自多个不同的系统。维基百科收集了 Browns Ferry 核电站等许多大型设施的图片和摘要信息，EPA 自己并不保存这些信息。该页面还包括核电站的一般信息，

① 图 1.10 的来源参见 http://linkeddatadeveloper.com/facilities/110000589355?view。

如通信地址和生成的污染报告。通信地址和污染信息保存在不同的 EPA 数据库中，且无法互通。关联数据作为一种通用的数据语言（lingua franca），能促进信息之间的整合。

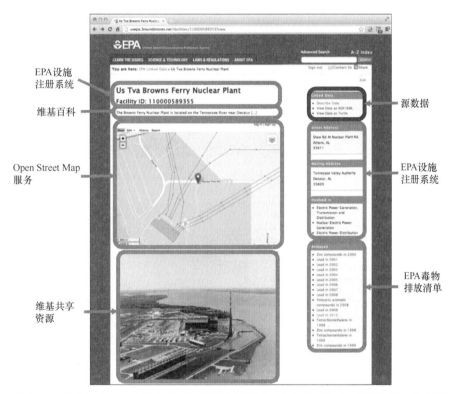

图 1.10　美国国家环保局（EPA）发布的关联数据应用程序，页面显示了位于阿拉巴马州迪凯特附近的 Browns Ferry 核电站的信息。所用的数据来自不同的数据源

1.8.1　获取设施的关联数据

接下来，请读者单击核电站页面右上方 Linked Data 模块中的 3 个链接。三者均指向创建页面所用的数据，每个链接使用不同的关联数据格式。

第 1 个链接标记为 Describe Data，单击后将跳转到原始数据的 HTML 视图。后者虽然美观，但并非标准的关联数据机制，因此可不予考虑。第 1 个链接的信息来自一个 Callimachus 关联数据服务器，后者将在第 9 章的示例中使用。第 2 个和第 3 个链接分别指向访问底层关联数据的两种常用标准格式：RDF/XML 和 Turtle。毫无疑问，RDF/XML 是一种 XML 格式，而 Turtle 是一种相当简洁的语法，更便于用户阅读。

观察 Browns Ferry 核电站页面的 HTML 源代码，可以看到关联数据的访问方式。清单 1.3 显示了相关的 HTML 代码，清单 1.4 显示了 JavaScript 的单击函数处理程序。

清单 1.3　图 1.10 所示的关联数据元素的 HTML 代码

```html
<h3>Linked Data</h3>
<ul>
    <li><a href="?describe">Describe Data</a></li>
    <li><a href="#" id="rdfxml">View Data as RDF/XML</a></li>
    <li><a href="#" id="turtle">View Data as Turtle</a></li>
</ul>
```

链接到"Describe Data"函数

链接到 RDF/XML 单击函数处理程序

链接到 Turtle 单击函数处理程序

清单 1.4　清单 1.3 所示的 HTML 元素的 JavaScript 点击函数处理程序

```javascript
jQuery(function($) {
    $('#rdfxml').click(function(event) {
        event.preventDefault();
        var request = $.ajax({
          url: '?describe',
          headers: { Accept : "application/rdf+xml" }
        });

        request.done(function() {
            var win = window.open('', document.URL);
            win.document.write('<pre>\n' + request.responseText.replace(/</g,
➥ '&lt;').replace(/>/g, '&gt;') + '\n</pre>');
        });

        request.fail(function() {
            alert("We're sorry, the request could not be completed at this
➥ time. Please try again shortly.");
        });
    });
$("#turtle").click(function(event) {
    event.preventDefault();
    var request = $.ajax({
        url: '?describe',
        headers: { Accept : "text/turtle" }
    });

    request.done(function() {
        var win = window.open('', document.URL);
        win.document.write('<pre>\n' + request.responseText.replace(/</g,
➥ '&lt;').replace(/>/g, '&gt;') + '\n</pre>');
    });

    request.fail(function() {
        alert("We're sorry, the request could not be completed at this
➥ time. Please try again shortly.");
```

为 RDF/XMF 格式设置 HTTP 请求标头

为 Turtle 格式设置 HTTP 请求标头

```
      });
  });
});
```

仔细观察清单 1.4 的程序不难发现，可以使用同一个 URL 来访问 Browns Ferry 核电站页面的关联数据。这个 URL 与渲染页面的默认 HTML 的 URL 几乎相同（注意代码中添加的 HTTP 查询字符串?describe），且与特定服务器的实现细节有关。URL 构造的细节并不重要，因为不同网站的 URL 可能有所不同。

3 个请求使用了不同的 HTTP Accept 标头：

- HTML：使用 Accept: text/html；
- RDF/XML：使用 Accept: application/rdf+xml；
- Turtle：使用 Accept: text/turtle。

Accept 标头用于通知服务器 Web 客户端可以接收的格式类型。这就是所谓的 HTTP 内容协商（content negotiation），也称为 conneg。并非所有的关联数据网站都通过内容协商支持数据访问，但相当一部分网站是这样处理的。

内容协商允许用户直接请求数据，而不是依靠网页作者来创建链接。通过对 URL 执行 HTTP GET 操作并使用 Turtle 的 Accept 标头，可以获得 Browns Ferry 核电站页面的关联数据（Turtle 格式）：

```
$ curl -L -H 'Accept: text/turtle'
➥ http://linkeddatadeveloper.com/facilities/110000589355?describe
```

能否获得创建网页所需的底层数据，是关联数据应用程序区别于其他应用的一个标志。大部分关联数据应用程序都会公开数据以供进一步重用。关联数据网站的用户如果不喜欢现有的信息展示方式，也可以抓取并创建自己的数据，甚至将数据与其他网站或应用程序的数据进行合并，以构建更为复杂的应用。关联数据将数据从应用程序的 UI 中释放出来。

1.8.2 通过关联数据创建 UI

可以说，Browns Ferry 核电站页面是完全基于关联数据构建的，仅用少量关联数据就能证明这一点。接下来，我们观察如何创建 UI。清单 1.5 显示了摘录的部分关联数据，包括用于创建地图、显示核电站图片、显示获取街道地址 URI 的信息。需要再次强调的是，由于执行给定 curl 命令后所返回的数据量较大，读者可能需要在其中找寻本例所示的代码。

清单 1.5 Browns Ferry 核电站关联数据摘录

```
@prefix foaf: <http://xmlns.com/foaf/0.1/> .
@prefix place: <http://purl.org/ontology/places#> .
@prefix vcard: <http://www.w3.org/2006/vcard/ns#> .

<http://linkeddatadeveloper.com/facilities/110000589355> place:point_on_map
➥ "34.710917,-87.112"^^place:latlong ;
```

设施的
经纬度 ←

```
foaf:depiction
<http://upload.wikimedia.org/wikipedia/commons/a/ab/Browns_ferry_NPP.jpg> ;
vcard:adr
<http://linkeddatadeveloper.com/addresses/
➥ shawrdatnuclearplantrdathensal35611usa> .
```

维基共享资
源中设施图
片的 URI

街道地址
的 URI

Browns Ferry 核电站页面采用 OpenStreetMap（OSM）[①]绘制地图。OpenStreetMap API 使用经纬度来创建某个点的地图。由于关联数据中包括经纬度信息，这使得调用 OpenStreetMap API 变得很容易。

此外，关联数据也提供了所需图片的 URL，因此不难在页面中插入图片。只要在 `src` 属性中添加使用该 URL 的 HTML `image` 标记，就能很容易地插入图片。

一个有趣的问题是，如何显示核电站的地址？从地图中可以看到，核电站位于 Shaw Road 和 Nuclear Plant Road 交界处，不过关联数据只提供了街道地址的 URL。那么，怎样才能获得详细的地址信息呢？答案很简单，解析地址的 URL 即可。执行以下命令：

```
$ curl -L -H 'Accept: text/turtle' http://linkeddatadeveloper.com/addresses/
    shawrdatnuclearplantrdathensal35611usa
```

解析地址 URL 将返回和该地址有关的所有数据，包括尚未在 UI 中使用的数据。这是使用关联数据的又一佐证：我们通常可以获得比特定接口所用数据更多的数据。较之其他结构化数据技术，关联数据能更方便地查找和使用额外的信息。

清单 1.6 显示了完整的街道地址信息。请注意，地址包括县名（Limestone）、国家名（USA）以及其他我们之前所不了解的信息。

清单 1.6　Browns Ferry 核电站街道地址的关联数据

```
@prefix rdf: <http://www.w3.org/1999/02/22-rdf-syntax-ns#> .
@prefix foaf: <http://xmlns.com/foaf/0.1/> .
@prefix vcard: <http://www.w3.org/2006/vcard/ns#> .
@prefix frs: <http://linkeddatadeveloper.com/id/us/fed/agency/epa/frs/schema#> .

<http://linkeddatadeveloper.com/addresses/
    shawrdatnuclearplantrdathensal35611usa> a vcard:Address ;
    vcard:street-address "Shaw Rd At Nuclear Plant Rd." ;
    vcard:locality "Athens" ;
    vcard:region "Alabama" ;
    frs:county_name "Limestone" ;          ←—— 县名
    frs:fips_county_code "01083" ;
    frs:state_code "AL" ;
    frs:state <http://linkeddatadeveloper.com/states/AL> ;
    vcard:postal-code "35611" ;
    vcard:country-name "USA" ;             ←—— 国家名
    foaf:based_near <zip:35611> , <zip:35611> .
```

[①] 参见 http://www.openstreetmap.org/。OSM 是一个开源地图项目，旨在提供内容自由、所有用户都能编辑的地图服务，有"地图领域的维基百科"之称。——译者注

接下来，我们讨论如何将关联数据应用程序分发到多个服务器。有不少方法可以将数据和应用程序分段，最简单的一种是使用不那么引人注目的超链接。

Browns Ferry 核电站页面右下方的 Released 模块列出了历年的污染报告。单击名为 Lead in 2001 的链接，可以看到核电站在 2001 年提交的铅污染报告。报告的结果页面如图 1.11 所示。

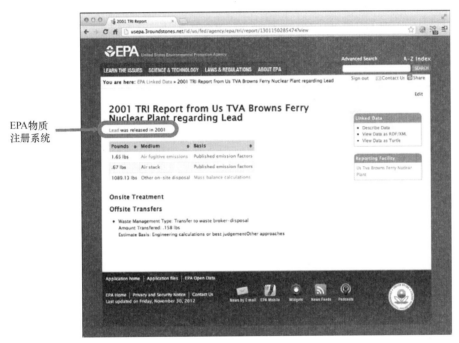

图 1.11　Browns Ferry 核电站提交的 2001 年铅污染报告的 HTML 渲染

图 1.11 总结了 Browns Ferry 核电站在 2001 年排放的铅污染量。单击页面左上方红圈内的 Lead 超链接，将跳转到一个描述铅的化学性质和化学名称同义词的页面。化学信息来自完全不同的数据集，由此形成了一个自然的分割点。

这里存在一个微妙且难以发现的问题：和铅有关的页面可以位于任何服务器上。尽管 Web 超链接并不引人注目，但它能以用户所希望的任何方式对数据和关联数据应用程序进行分段。这些数据和应用既可以位于同一台服务器上，也可以分布在成百上千台服务器上，用户只需链接到合适的位置即可。我们可以直接使用网页中关联数据的超链接，也可以通过关联数据 URI 构建新的链接对它们进行重定向。所有标准的 Web 工具和技术都能用于创建关联数据应用程序。

1.9   小结

关联数据是在万维网上发布和使用结构化数据的一系列技术。它以 RDF（资源描述框架）作为数据模型，采用 RDF 序列化格式表达数据。但是，关联数据和 RDF 并不能划等号。链接在关联数据中扮演了重要角色，关联数据应该（也必须）链接到万维网上的其他关联数据。

关联数据通过 HTTP URI 标识事物，采用 HTTP 将事物描述从数据集发送给关联数据用户（如浏览器或应用程序）。

关联数据是一个通用的概念，理论上说，它可以用于描述任何内容。这一章介绍了大型机构在万维网上使用关联数据的一些示例，并讨论了实际关联数据应用程序的组件。此外，关联数据也可以用于私有设置。

采用关联数据开发应用程序并不比采用原生 JSON 或 XML 数据源复杂。关联数据的灵活性更强，且无需掌握过多的 API。

第 2 章　RDF：关联数据所用的数据模型

本章内容

- RDF 简介
- 作为关联数据数据模型的 RDF
- 与关联数据相关的 RDF 格式
- 关联数据词表

　　如果没有一个一致的底层数据模型，关联数据将无从立足。这个数据模型就是 RDF（Resource Description Framework，资源描述框架）。某些用户对 RDF 的印象不佳，他们认为这种数据模型过于复杂。这些负面印象主要是在 RDF 发展初期形成的，与 RDF 的第一种序列化格式有关。第一种序列化格式基于 XML，其原理相当复杂。不过通过本章的学习，读者会发现 RDF 其实很简单，各种不同的序列化格式让当前的 RDF 变得易于使用。

　　第 1 章简要介绍了 RDF，并提到单条 RDF 陈述（statement）描述了两个事物以及它们之间的关系。多条 RDF 陈述可以连接在一起形成信息图谱（graph），而不只是分层信息。唯一让 RDF 看起来复杂的原因或许在于，大部分事物以及它们之间的关系采用 URI 命名[①]。如果 URI 较长，未经处理的 RDF 陈述可能确实难以阅读。好在不少 RDF 序列化格式都能处理较长的 URL，并可以对 URL 进行缩写。

　　这一章将介绍 RDF 数据模型以及它与关联数据之间的关系。我们首先将再次讨论指导关联数据使用的 4 条原则，它们不仅是关联数据的基础，也对 RDF 的应用作出了规定。接下来，我

---

① 2013 年，RDF 规范 1.1 将统一资源标识符（Uniform Resource Identifier，URI）调整为国际化资源标识符（Internationalized Resource Identifier，IRI）。在本书中，当提到 URI 或 IRI 时，它们通常表示相同的含义，二者的区别可以忽略不计。如果读者有疑问，请记住，当前的 RDF 和关联数据采用 IRI 这个术语。

们将深入探讨 RDF 数据模型，包括如何查找、使用并创建 RDF 词表（vocabulary）。RDF 词表提供了 RDF 数据的模式信息，类似于关系数据库中的模式（schema）。最后，我们将介绍关联数据最常用的 4 种 RDF 序列化格式。完成这一章的学习之后，读者将掌握编写关联数据的方法，并开始理解如何编写自己的关联数据。

注意 有关 RDF 规范的详细信息，请参考 W3C 网站[①]。

2.1 关联数据原则让 RDF 得以扩展

首先，我们回顾第 1 章所讨论的关联数据原则，以便读者了解 RDF 数据模型的用法，以及这些原则对 RDF 数据模型在万维网上的应用所作的规定。

关联数据第 1 原则是"使用 URI 命名事物"。RDF 支持在客体位置采用 URI 或字面量（literal）来命名事物，例如<http://www.manning.com/dwood/> dc:creator "David Wood"。相比之下，采用 URI 更为灵活，因为它对链接和扩展的支持更好，而字面量（如字符串、数字或日期）则无法作为主体。

图 2.1 显示了 3 条 RDF 陈述，它们使用相同的主体（<http://www.manning.com/dwood/>）和谓词（dc:creator）。其中两条陈述以字面量客体（David Wood 和 Marsha Zaidman）结尾，第 3 条陈述在客体位置使用以下 URI：http://lukeruth.co/me.ttl#Me。在万维网上，这个 URI 解析为一份描述 Luke Ruth 的 RDF 文档，并为 Luke 提供了一个唯一、全球性、无歧义的 Web 标识符。

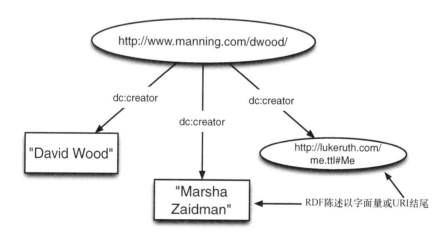

图 2.1 RDF 陈述中的客体既可以是字面量，也可以是 URI

对于较长的 URI：http://purl.org/dc/elements/1.1/creator，谓词 dc:creator 是它的缩略形式。2.4

---

① 参见 https://www.w3.org/standards/techs/rdf#w3c_all（原链接跳转至此）。

节将详细介绍各种 RDF 序列化格式以及它们简化 URI 的方法。目前，为了简化 URI，可以将其分解为前缀（如 http://purl.org/dc/elements/1.1/）和后缀（creator），然后为前缀分配一个短名称（本例是 dc:），从而使 dc:creator 与 http://purl.org/dc/elements/1.1/creator 具备相同的含义。在之后的示例中，我们将继续使用两种 URI（长 URI 和前缀 URI），以便读者逐渐习惯它们的用法。与之类似，也可以为任何 URI 分配一个短前缀。本章其余示例将使用表 2.1 列出的前缀。

表 2.1　除非另行指定，本章示例均使用以下 URI 前缀

前　　缀	命名空间 URI
dc:	http://purl.org/dc/elements/1.1/
foaf:	http://xmlns.com/foaf/0.1/
rdf:	http://www.w3.org/1999/02/22-rdf-syntax-ns#
rdfs:	http://www.w3.org/2000/01/rdf-schema#
vcard:	http://www.w3.org/2006/vcard/ns#

从图 2.2 不难看出用户更愿意使用 URI 作为事物名称的原因。由于 RDF 的主体必须是 URI，我们也可以创建和 Luke 有关的其他陈述，比如他的姓名和感兴趣的事物。我们需要将 David Wood 和 Marsha Zaidman 的字面量改为 URI，以便在同一张图谱中作出更多的陈述。

关联数据第 2 原则是"使用 HTTP URI 以便于用户查找事物名称"。RDF 本身并未指定所用的 URI 类型。我们可以使用 FTP: URI、ISBN: URI 甚至自定义 URI。关联数据特别规定使用 HTTP URI，以便将数据绑定到万维网中。关联数据 URI 应是可解析的，它们本质上属于万维网的一部分。

读者可以在 Web 浏览器的地址栏中输入 Luke Ruth 的 URI（如图 2.1 和图 2.2 所示），尝试对其进行解析。该 URI 将解析为一份 Turtle 格式的 RDF 文档，后者包含有关 Luke 的 RDF 陈述。图 2.1 所示的 RDF 图谱虽然不大，但它能提供更多关于 Luke 的信息。关联数据的强大功能由此可见一斑：通过少量的关联数据，就能获得更多的关联数据。

在创建自定义数据时，同时应创建相应的 URI，后者应该是 HTTP URI。下面列出了其他的一些注意事项：

- 尽可能采用 URI 命名事物；
- 使用受控的 DNS 域；
- 使用自然键（natural key）；
- 保持 URI 与实现细节的无关性；
- 谨慎使用片段标识符（fragment identifier）。

读者已经了解了如何使用 URI 命名事物，接下来，我们深入讨论其他注意事项。假设读者拥有一个名为 example.com 的 DNS 域名，则可以创建类似于 http://example.com/some_stuff 这样的 URI。当然，example.com 并非读者所有，因此应将其替换为自己拥有的域名。在其他用户的 DNS 域名中构建 URI——俗称"铸造"URI（minting URI）——是一种极不礼貌的行为。尽管 RDF 支持任何用户描述任何事物（如同万维网一样），但仍然需要谨慎对待数据源（如同万维网上的文档来源一样）。使用自己拥有的域名构建并发布 URI，有助于增加其他用户对数据的信任。

这是发布关联数据时一种固有的社会契约（social contract）。

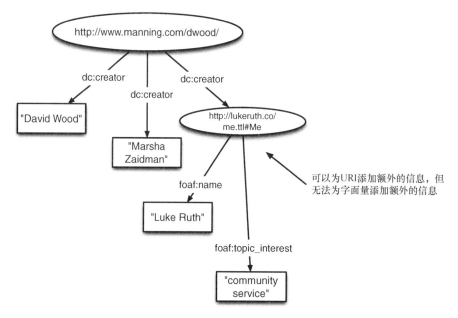

图 2.2　使用 URI 能为后续陈述提供更强的灵活性

自然键是 URI 中人类可读的类别和子标识符（sub-identifier），它反映了标识符所描述的内容。创建 URI 时应尽量使用自然键，以便其他采用源格式阅读 RDF 数据的用户（大部分是开发人员）能快速理解 URI 的含义。假设我们创建一个 URI 来描述烘焙店中销售的某种黑麦面包，则既可以采用产品编号这样的非自然键（non-natural key）[①]，也可以采用自然键[②]，但使用自然键的 URI 显然让用户更容易理解。

中立 URI（neutral URI）能避免暴露 URI 中的实现细节，不过相当多的网站采用非中立 URI（non-neutral URI）。如果某个网站采用类似于 http://example.com/index.aspx 这样的 URI 时，说明该网站使用了 Microsoft ASP.NET 技术。当网站管理员修改 Web 服务器基础设施时，所有相应的 URI 都会改变。无论是为页面添加书签的用户，还是编写使用这些 URI 的 RDF 的开发人员，都可能受到影响。相比之下，中立 URI 对用户隐藏了实现细节，因为暴露这些细节的弊大于利。http://example.com/2013/03/20/linked-data-book 就是一个中立 URI，从中无法判断出网站采用了哪种技术。

片段标识符是 HTTP URI 的一部分，以井号（#）开头，不会被 Web 客户端（如浏览器）传递给 Web 服务器。也就是说，如果用户试图解析 http://example.com/id/vocabulary#linked_data 这

---

① 如 http://paulsbakery.example.com/984d6a。

② 如 http://paulsbakery.example.com/baked_goods/bread/rye-12。

样的 URI，浏览器只会向服务器发送 http://example.com/id/vocabulary。为保护用户隐私，片段标识符将在本地进行处理。片段标识符通常用于 HTML 页面，指向页面中某个特定的模块。用户不必告知 Web 服务器管理员需要阅读文档的哪一部分，因为片段标识符已收集了足够的用户浏览习惯信息。不少关联数据词表都使用片段标识符，因为词表通常用作文档，而片段标识符用于处理文档中的特定术语。

但是，片段标识符也存在一些问题。如果用户要求 Web 服务器返回关于 http://example.com/cars#porsche 的资源信息，会发生什么呢？由于服务器根本无法收到#porsche，它将返回所有汽车的相关信息。有鉴于此，应谨慎使用片段标识符，避免出现无法预知的后果。如果不使用片段标识符，则无需考虑向 Web 服务器传递哪些信息。

无论 URI 是否使用片段标识符，均存在相应的合法用例。除非了解选择可能造成的后果，否则在命名资源时最好避免使用片段标识符，但后者不妨在创建词表时使用。图 2.3 总结了创建 URI 时需要遵循的一些规则。

关联数据第 3 原则是"在用户查找 URI 时提供有用的信息"。该原则将关联数据和相关文档以及万维网上任何与之有关的信息联系起来。在解析 Luke 的 URI（图 2.1）时，读者其实已经接触了第 3 原则在实际中的应用，对吧？如果没有，最好马上尝试一下。由于关联数据的便利性，它要求用户 URI 是可解析的，而 RDF 则没有这样的要求。

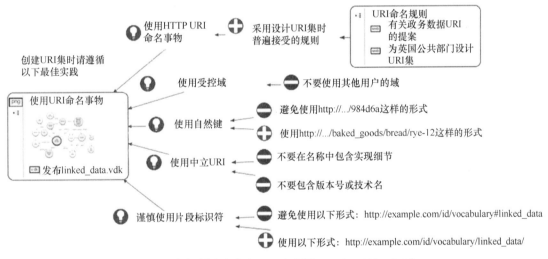

图 2.3　如何创建自定义 URI（来源：Richard Howlett）

关联数据第 4 原则是"包含指向其他 URI 的链接"。关联数据并非单纯的数据，它是包含链接的数据。链接是关联数据优于其他结构化数据的原因，它提高了关联数据的灵活性和扩展性。与网页类似，链接越多，关联数据的价值越大。如图 2.4 所示，藉由在示例图谱中包含其他可解析的 URI，关联数据的价值得以提升。通过添加可解析的新 URI，我们可以任意扩展图谱读者所能访问的信息。例如，可以为每位作者添加指向其社交媒体账户（如 Facebook、LinkedIn 和 Twitter）的

URI。我们还能链接到更多的关联数据。所添加的 URI 既可以指向其他数据，也可以指向一般的万维网。与第 3 原则类似，关联数据需要包含指向其他 URI 的链接，而 RDF 则没有这样的要求。

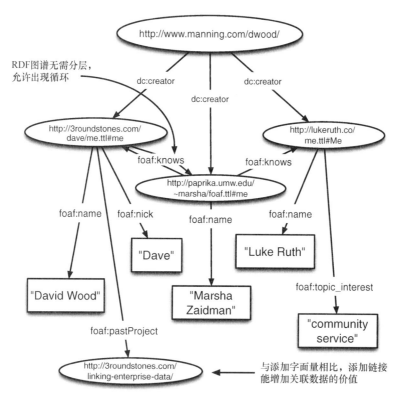

图 2.4   与网页类似，链接越多，关联数据的价值越大

读者是否还记得第 1 章讨论的关联数据咖啡杯？提供指向其他数据的链接可以将 RDF 数据从四星提升为五星。创建五星关联数据始终是我们追求的目标。

这一节介绍了如何采用 RDF 作为数据模型以实现关联数据原则，以及在这些原则的基础上构建 RDF。关联数据鼓励使用 HTTP URI 作为事物名称，RDF 则支持使用字符串字面量；关联数据鼓励 URI 在万维网上可解析，以使网页更有意义；关联数据鼓励链接到其他用户的数据。总而言之，关联数据原则是数据网赖以存在的基础。

2.2   RDF 数据模型

这一节将深入探讨 RDF。之前曾经介绍过，RDF 陈述又称为三元组（triple），它们可以相互连接以形成图谱，我们也讨论过如何采用 URI 命名主体、谓词和某些客体。接下来，我们将讨论这种数据模型的其他细节。

RDF 数据模型定义了三元组各个组件所包含的内容（如 URI 或字面量），还定义了其他一些重要概念，如利用数据类型或所用的（人类）语言对字面量作出限制。如果将 RDF 数据模型的某些组件（使用 URI 命名）划分到不同的类中，就能更容易地发现、搜索或查询这些组件。这一节将介绍 RDF 数据模型的各种组件，并讨论相应的术语。

2.2.1　三元组

目前所讨论的 RDF 三元组都很短，但 RDF 或关联数据并未限制长字面量的使用（用户有时的确会这么做）。通过从 DBpedia 的倭黑猩猩词条中提取其余数据，很容易就能将第 1 章讨论的倭黑猩猩示例加以扩展。这些数据包括摘要以及采用多种语言编写的注释，其中一些相当冗长。图 2.5 显示了在示例图谱中采用英文添加的 `rdfs:comment`。

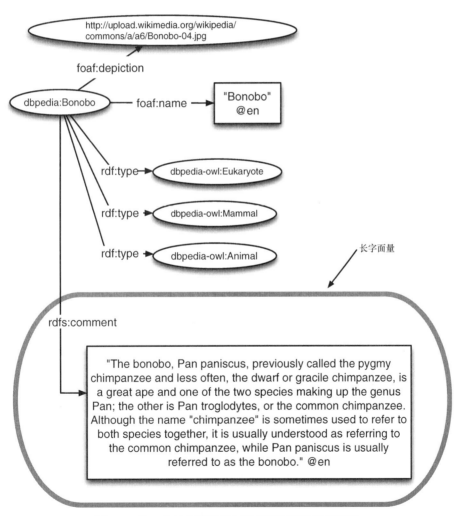

图 2.5　将一个长字面量添加到倭黑猩猩的示例图谱

但从另一方面讲，应避免使用过长的字面量客体，这在实际中有章可循。大部分 RDF 数据库（以及普通的数据库）并未针对很长的字面量客体进行优化。一般来说，最好链接到一个包含大量数据的页面，而不是将其置于字面量客体中。不过何种规模的数据才是“大量的”取决于用户。

倭黑猩猩示例的数据全部来自维基百科，但数据来源不必是唯一的。换言之，可以采用多种来源创建 RDF 图谱。比如在倭黑猩猩示例中添加一个三元组，告诉读者可以从网络生命大百科（Encyclopedia of Life）[①]中查阅更多相关信息。这通过 RDF Schema 词表中的 seeAlso 关系实现，其过程如图 2.6 所示。对客体中的 URI 进行解析，将跳转到一个描述倭黑猩猩的美观页面。

图 2.6　通过 rdfs:seeAlso 提供指向外部资源的链接

2.2.2　空节点

除 URI 和字面量之外，RDF 陈述的客体也可以是空节点（blank node）。空节点类似于一个没有名称的 URI，有时也被称为匿名资源（anonymous resource）。在需要链接到某个信息项的集合但又不希望为此专门创建一个 URI 时，空节点就能派上用场。

然而，不少用户都避免使用空节点。如果返回的查询结果中包含空节点，之后就无法再次进行查询，从而造成不便。此外，由于空节点没有名称，因此无法被解析。有鉴于此，许多用户在需要时都会选择 URI，而完全避免使用空节点。不过读者仍然应对空节点有所了解，因为确有部分用户会使用空节点，读者也可能在处理万维网上的数据时遇到它们。

如图 2.7 所示，我们采用空节点表示美国圣地亚哥动物园（San Diego Zoo）的地址。动物园有一个 URI，但地址本身没有。另一种方案是使用地址信息中的自然键，为地址创建一个 URI[②]。

某些 RDF 数据库（以及其他采用 SPARQL 语言查询 RDF 的系统）会自动为空节点分配 URI，以方便对它们进行操作。这个过程称为斯科伦化（skolemization），定义在 RDF 规范中[③]。

---

① 一个免费的、由各国生物学家合作编撰的百科全书项目，旨在记录地球上全部 190 万个物种的信息，该项目于 2008 年 2 月正式启动。——译者注
② 如 http://example.com/address/usa/california/san_diego（采用可控的 DNS 域）。
③ 参见 *RDF 1.1 Concepts and Abstract Syntax*：https://www.w3.org/TR/rdf11-concepts/。

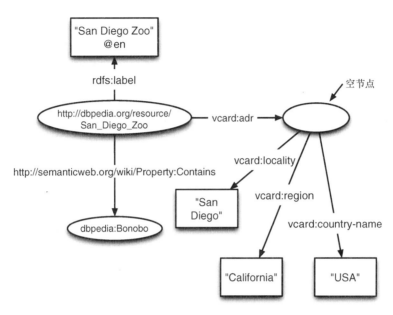

图 2.7 采用空节点创建地址

2.2.3 类

通过使用 RDFS（RDF Schema）标准定义的 `rdf:type` 属性，可以将 RDF 资源划分到若干个称为类（class）的组中。RDFS 是一种 RDF 词表定义语言（vocabulary definition language），用于创建新的 RDF 词表。类的成员称为类的实例（instance），与面向对象编程中的实例类似，但两个概念完全不同。RDFS 类本身属于 RDF 资源，其类型为 `rdfs:Class`。可以采用 `rdfs:subClassOf` 属性声明某个类是另一个类的子类。另一种 RDF 词表定义语言是 Web 本体语言（Web Ontology Language，OWL[①]），后者也可用于定义类。

例如，我们注意到，倭黑猩猩生活在美国的圣地亚哥动物园、哥伦比亚动物园和水族馆（Columbus Zoo and Aquarium）。如图 2.8 所示，两个动物园的类型为 `ex:Zoo`，后者是 http://example.com/Zoo（一个虚构的 URI）的缩写，它被指定为 `rdfs:Class`。即便没有在 OWL 等系统中实现完整的逻辑形式，许多 RDF 数据库也能识别 RDFS 类关系。

---

① "OWL" 这个缩写来自小熊维尼故事中的角色猫头鹰（Owl），它将自己的名字错拼为 "WOL"。

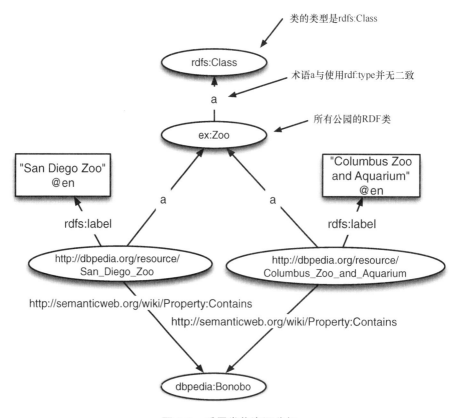

图 2.8　采用类将资源分组

2.2.4　类型字面量

到目前为止，我们只讨论了由简单字符串构成的 RDF 字面量，比如人、动物园以及地点的名称。当然，用户可能也需要描述数字、日期或其他数据类型。RDF 允许将字面量标记为 XML Schema：Datatypes 标准[①]定义的任何数据类型。尽管也可以创建自定义的数据类型，但通常不在关联数据中这样处理，因为这会破坏现有系统之间的互操作性。

数据类型的应用如图 2.9 所示。从图中可以看到，圣地亚哥动物园于 1993 年 4 月 3 日（UTC-8 时区）举办了一场名为"Pygmy Chimps at Bonobo Road"的展览。图 2.9 还显示了空节点的另一种应用。

注意　有关 XML Schema 数据类型的完整列表，请参考 W3C 网站[②]。

---

① 参见 https://www.w3.org/TR/xmlschema-2/。

② 参见 https://www.w3.org/TR/xmlschema11-2/。

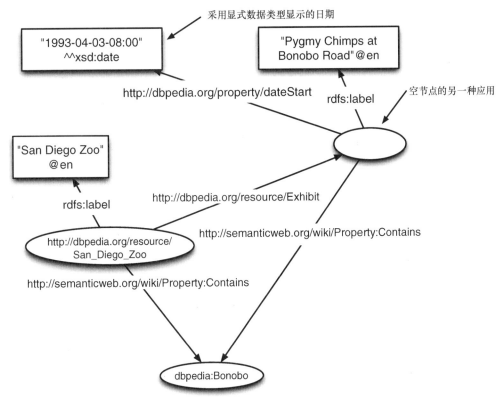

图 2.9　使用显式数据类型属性

　　RDF 数据模型是关联数据的基础，它定义了数据元素并将各个元素关联在一起，还提供了合并各种来源的数据所需的通用框架。掌握 RDF 数据模型是理解关联数据工作原理的第一步。

　　前面已经介绍过，RDF 谓词可以将两种事物关联在一起。某些谓词可以划分到词表的分组中。RDF 词表的作用与关系数据库中的模式相同，它描述了数据所表示的内容。关联数据词表采用 HTTP URI 命名，其描述在万维网上是可解析的。下一节将介绍如何理解、查找、使用甚至创建用户自己的词表。

2.3　RDF 词表

　　我们在倭黑猩猩示例中介绍了不少关联数据所用的术语（如 `foaf:name`、`rdfs:label` 与 `vcard:locality`），它们组合在一起构成了 RDF 词表。例如，`rdfs:label`、`rdfs:comment`、`rdfs:seeAlso` 等术语定义在 RDF Schema 词表[①]中，该词表有一个和前缀 `rdfs:` 关联的 URI。与之类似，`vcard:locality`、`vcard:region`、`vcard:country-name` 等术语定义在 vCard

---

① 从 https://www.w3.org/2000/01/rdf-schema#下载。

词表[1]中，该词表有一个和前缀 `vcard:` 关联的 URI。

　　RDF 词表提供了数据网所需的模式。与关系数据库中的模式类似，RDF 词表包含术语定义，用于描述数据元素之间的关系。不同的是，RDF 词表分布在万维网上，由全球各地的用户创建和维护。如果很多用户都选择某个 RDF 词表，它就会在关联数据中得到广泛应用。

　　任何用户都能创建 RDF 词表，也确实有相当多的用户是这样做的。不过这可能导致灾难性的后果：如果关联数据包含之前从未出现过的术语，其他用户将无法重用关联数据。可以采用两种方案解决这个问题，一种是技术层面的，即确保定义关联数据词表本身的 URI 遵循关联数据原则；另一种是社会层面的，即尽可能重用现有的词表。

　　RDF 词表使用可解析的 HTTP URI 并提供描述词表的有用信息，用户"按图索骥"就能找到应用新术语所需的信息。

　　重用现有词表能确保在大部分常见的用例中，大部分用户将使用大部分常见的词表。这是一种社会契约，或许应作为一条附加的关联数据原则予以遵循。

　　某些词表在实践中被反复使用，它们逐渐演变为描述关联数据的重要工具，我们将其称为核心词表（core vocabulary）。另一些词表用于表达特定的信息，它们的使用频率没有核心词表高，我们将其称为权威词表（authoritative vocabulary）。这一节将讨论这两种词表，并给出它们的 URI。

　　图 2.10 总结了重用现有词表时应遵循的最佳实践方针。

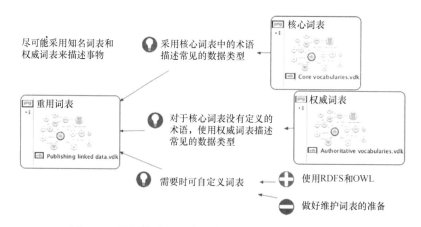

图 2.10　尽可能重用词表（来源：Richard Howlett）

2.3.1　通用词表

　　在关联数据中，人物、项目、Web 资源、出版物以及地址通常是首先描述的客体。用户也可能希望将现有的分类法（taxonomy）或其他分类体系迁移到 RDF 词表中。定义这些术语的词表有时也称为核心 RDF 词表。

　　核心 RDF 词表如图 2.11 所示。对最常见的一些关联数据类型建模时，可以使用相应的核心词表。

---

[1] 从 https://www.w3.org/2006/vcard/ns# 下载。

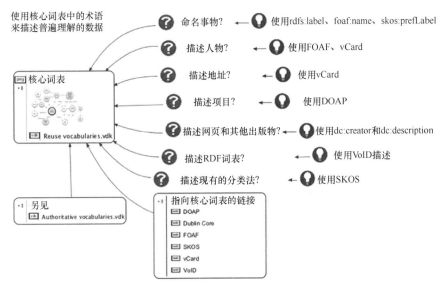

图 2.11　核心词表（来源：Richard Howlett）

如果某些词表对一些常见的客体进行建模并被广泛接受，这些词表将成为权威词表。这样的例子如图 2.12 所示，包括销售产品、地理位置和地名、书目信息、许可、在线社区和社交网络、复合数字对象等数据。

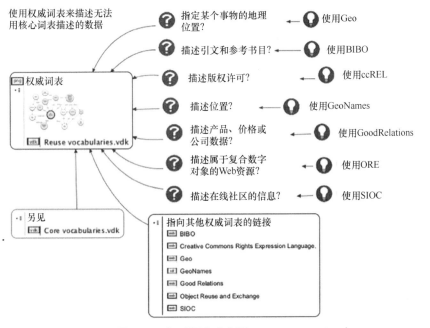

图 2.12　权威词表（来源：Richard Howlett）

　　总而言之，读者可以通过图 2.11 和图 2.12 快速查找最常用的 RDF 词表。如果没有找到所需的词表，请参考表 2.2。

　　表 2.2 列出了关联数据中最常用的一些 RDF 词表，包括它们的首选短前缀、命名空间 URI 以及用途。尽管这些词表无法涵盖实际中可能遇到的所有词表，但对于本章的学习已经足够，且有助于读者理解公共万维网中出现的大部分关联开放数据。

注意　LODStats 项目整理了一些最常用词表的统计数据[①]。

表 2.2　核心 RDF 词表与其他通用 RDF 词表

名　称	前　缀	命名空间 URI	描　述
机场本体	`air:`	http://www.daml.org/2001/10/html/airport-ont#（原链接已失效）	最近的机场
BIBO	`bibo:`	http://purl.org/ontology/bibo/	参考书目
Bio	`bio:`	http://purl.org/vocab/bio/0.1/	传记资料
ccREL（知识共享权利表达语言）	`cc:`	https://creativecommons.org/ns#	许可
DOAP	`doap:`	http://usefulinc.com/ns/doap#	项目
都柏林核心元素（Dublin Core Element）	`dc:`	http://purl.org/dc/elements/1.1/	出版物
都柏林核心术语（Dublin Core Term）	`dct:`	http://purl.org/dc/terms/	出版物
FOAF	`foaf:`	http://xmlns.com/foaf/0.1/	人物
Geo	`pos:`	http://www.w3.org/2003/01/geo/wgs84_pos#	位置（position）
GeoNames	`gn:`	http://www.geonames.org/ontology#	位置（location）
GoodRelations	`gr:`	http://purl.org/goodrelations/v1#	产品
ORE（对象重用与交换）	`ore:`	http://www.openarchives.org/ore/terms/	资源映射
RDF	`rdf:`	http://www.w3.org/1999/02/22-rdf-syntax-ns#	核心框架
RDFS	`rdfs:`	http://www.w3.org/2000/01/rdf-schema#	RDF 词表
SIOC	`sioc:`	http://rdfs.org/sioc/ns#	在线社区
SKOS	`skos:`	http://www.w3.org/2004/02/skos/core#	受控词表
vCard	`vcard:`	http://www.w3.org/2006/vcard/ns#	名片
VoID	`void:`	http://rdfs.org/ns/void#	词表
Web 本体语言（OWL）	`owl:`	http://www.w3.org/2002/07/owl#	本体
WordNet	`wn:`	http://xmlns.com/wordnet/1.6（原链接已失效）	英语单词
XML Schema Datatypes	`xsd:`	http://www.w3.org/2001/XMLSchema#	数据类型

---

① 参见 http://stats.lod2.eu/vocabularies。

如果仍然找不到所需的词表，请尝试在 Sindice[①]上搜索相关术语。Sindice 是一个语义网搜索引擎，用于搜索术语并查找定义这些术语的词表（Sindice 是一个意大利语单词，发音为"sindee'cheh"，但"e"不发音）。

如果还是找不到所需的词表，不必担心，请继续阅读下面的内容。

2.3.2 自定义词表

藉由 RDF 和关联数据，任何用户可以对任何内容进行描述。而创建自定义词表并使其在万维网上可解析，对 RDF 和关联数据而言至关重要。这可以近乎无限地扩展术语的数量，从而在万维网扩展的同时也让 RDF 描述的规模得以扩展。

在倭黑猩猩示例中，我们讨论过一个名为 ex:Zoo 的自定义词表术语。URI ex:（http://example.com）存在的唯一目的是告诉用户可以在示例中放心地使用这个术语，既不用担心它丢失，也不用担心许多用户不经过协调就在同一个命名空间中定义相互冲突的术语。http://example.com 可以用于任何示例，但切记不要使用这个 URI 发布实际的词表。

通过搜索 Sindice，可以将 ex:Zoo 转换为一个真正的关联数据术语。搜索后会发现，DBpedia（毫无疑问）已经为"动物园"定义了一个术语[②]。因此，我们可以将 ex:Zoo 的所有实例替换为dbpedia:The_Zoo。如果一时找不到可用的词表，在发布自定义词表之前，应放置占位符（placeholder）并查找是否已有相关的术语存在。

如果无法在现有词表中找到一个术语来替换占位符中的术语，就需要构建新的词表，并在其中创建术语。例如，我们希望创建一个 RDF 三元组，用于描述"倭黑猩猩的味道闻起来像旧袜子"。显然，现有词表中不大可能存在这样一个主观的术语。我们所需的 RDF 三元组应该类似于dbpedia:Bonobo ex:smellsLike ex:OldSocks。接下来，我们需要为 ex:smellsLike和 ex:OldSocks 创建真正的术语，并创建一个包含这些术语的词表文档，然后将其发布出去。

应将术语 ex:OldSocks 设置为 RDFS 类，因为今后我们也可能希望创建其他事物的类，用于描述"动物的味道闻起来像什么"。很容易就能将 RDFS 类转换为 OWL 类，因此创建二者并不复杂。术语 ex:smellsLike 用作谓词，因此可能最适合作为 RDFS 属性。

我们同样需要创建一个前缀以替换 ex:。由于词表与气味有关，我们选择 odor:作为前缀。

最后，我们需要一个 URI 以发布新创建的词表。只要能将信息发布到所定义的空间，URI的名称无关紧要。我们使用 http://linkeddatadeveloper.com/ns/odor#作为 URI，注意它仅供演示使用。

最终的词表如清单 2.1 所示。现在，唯一要做的就是通过我们设置的 URI[③]发布该文档。如果读者希望在万维网上发布这个文档，请修改 HTTP 权限中的 DNS 域（并在需要时修改路径）以及文档中与前缀 odor:相关联的 URI。

---

① 2014 年 5 月，创始团队宣布停止对 Sindice 提供支持，Sindice.com 目前已无法访问。——译者注
② 参见 http://dbpedia.org/page/The_Zoo。
③ 即 http://linkeddatadeveloper.com/ns/odor#。

清单 2.1　自定义 RDF 词表（Turtle 格式）

```
@prefix rdf: <http://www.w3.org/1999/02/22-rdf-syntax-ns#> .
@prefix rdfs: <http://www.w3.org/2000/01/rdf-schema#> .
@prefix owl: <http://www.w3.org/2002/07/owl#> .
@prefix odor: <http://linkeddatadeveloper.com/ns/odor#> .
# Classes
odor:OldSocks a rdfs:Class, owl:Class ;
rdfs:label "Old socks" ;
  rdfs:comment "The odor associated with old socks or bonobos." .

# Properties
odor:smellsLike
    rdf:type rdf:Property ;
    rdfs:label "smells like" ;
    rdfs:comment "Relates an arbitrary subject to a class that identifies an
➥    odor." .
```

注意　可以使用 SpecGen[①]为词表生成美观的 HTML 文档。OWL-Doc、LODE 与 Parrot 也是不错的工具。

词表发布后，我们有时会发现，其他用户也创建了一个非常类似甚至完全相同的术语。修改所有术语并非易事，其他词表发布者也不一定能让词表保持在发布状态。这时该如何处理呢？解决方案其实并不复杂，只需发布一个 RDF 三元组，声明两个术语的含义相同即可。用于关联两个术语的谓词是 owl:sameAs。

假设我们创建了一个名为 odor:smellsLike 的谓词，它和其他某个词表中的术语 smells:like 完全相同。那么，只要在万维网中发布一个内容为 odor:smellsLike owl:sameAs smells:like 的 RDF 三元组即可。无论哪个用户收到了这个三元组，都能了解 odor:smellsLike 和 smells:like 具有相同的含义。

SameAs.org[②]收集了大量 owl:sameAs 三元组。在创建自己的词表或发布新的 owl:sameAs 三元组之前，应养成在 SameAs.org 中搜索的习惯。

如果希望精通 RDF 词表的创建，应考虑与他人合作。Richard Cyganiak 是一名词表创建专家，他在 2011 年发表的 *Creating an RDF vocabulary: Lessons learned* 一文[③]中阐述了处理词表时应遵循的方针。

2.4　关联数据所用的 RDF 格式

RDF 是一种数据模型而非数据格式。许多格式都能将 RDF 数据以及关联数据序列化，这一

---

① 参见 https://github.com/specgen/specgen。

② 参见 http://sameas.org/。

③ 参见 http://richard.cyganiak.de/blog/2011/03/creating-an-rdf-vocabulary/。

节将讨论其中最常用的 4 种格式。

之所以存在不同的 RDF 格式，是因为不同的系统具有不同的"原生"格式。此外，客户端系统（如电话和浏览器）希望尽可能减少计算量，以方便获得原生格式并作进一步处理。例如，Web 开发人员通常倾向于使用 JSON，因为 JavaScript 能提供完善的库支持，而在 XML 技术上投入巨大的企业则更青睐 XML 格式。

这一节将讨论以下 4 种格式：

- Turtle：一种简单且人类可读的格式；
- RDF/XML：用于 XML 的原始 RDF 格式；
- RDFa：HTML 属性中嵌入的 RDF 格式；
- JSON-LD：针对 Web 开发人员的新格式。

需要注意的是，所有 RDF 格式都表示 RDF 数据模型中的数据，它们是可互换的。无论哪种格式的数据都能被解析为 RDF，不同格式的数据也可以在单个 RDF 图谱中相互合并。这种灵活性使得用户可以选择自己最熟悉的格式，并在需要时利用工具将数据转换为其他格式。

我们以倭黑猩猩示例中的两个 RDF 三元组为例，说明它们在 4 种 RDF 格式中的表示方法。`<http://dbpedia.org/resource/San_Diego_Zoo> rdfs:label "San Diego Zoo"@en` and `dbpedia:Bonobo rdf:type dbpedia-owl:Mammal.` 两个三元组分别表示"'圣地亚哥动物园'的英文名为'San Diego Zoo'"和"倭黑猩猩是哺乳动物"。

这一节将从较高层次上讨论 RDF 格式，帮助读者熟悉它们的用法。

读者能否从不同格式的倭黑猩猩示例中找出所有 RDF 陈述呢？在学习每种格式时，请尝试找出几条陈述。

2.4.1 Turtle：人类可读的 RDF

对大部分用户而言，Turtle 是最容易阅读的一种 RDF 格式，也是多数语义网和关联数据开发人员经常使用的格式。"Turtle"是"Terse RDF Triple Language"的简称。

图 2.13 显示了经过抽象的两个示例三元组，它们均采用 Turtle 格式。请读者观察主体、谓词和客体，了解 Turtle 格式的原理。

可以看到，最简单的 Turtle 格式就是按出现的顺序对主体、谓词、客体的直接映射。每条陈述后跟一个句点（.）以标记它的结束。

使用前缀 URI 时，通常在文件开头对前缀进行声明。不过前缀也可以出现在文件中的任何位置，只要在使用前进行声明即可。

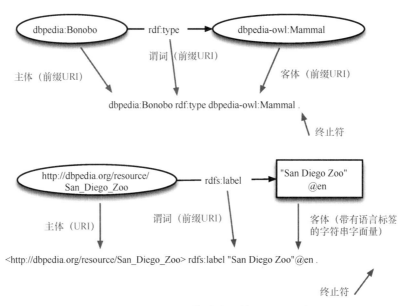

图 2.13   采用 Turtle 格式表示的 RDF 三元组

清单 2.2 显示了完整的倭黑猩猩示例数据（Turtle 格式）。请注意，前缀声明出现在清单的开头。

清单 2.2   倭黑猩猩示例数据（Turtle 格式）

```
@prefix dbpedia: <http://dbpedia.org/resource/> .
@prefix dbpedia-owl: <http://dbpedia.org/ontology/> .
@prefix foaf: <http://xmlns.com/foaf/0.1/> .
@prefix ex: <http://example.com/> .
@prefix rdf: <http://www.w3.org/1999/02/22-rdf-syntax-ns#> .
@prefix rdfs: <http://www.w3.org/2000/01/rdf-schema#> .
@prefix vcard: <http://www.w3.org/2006/vcard/ns#> .
@prefix xsd: <http://www.w3.org/2001/XMLSchema#> .


dbpedia:Bonobo
    rdf:type        dbpedia-owl:Eukaryote , dbpedia-owl:Mammal ,  ◄── "倭黑猩猩是哺乳动
dbpedia-owl:Animal ;                                                  物" 三元组的位置
    rdfs:comment "The bonobo, Pan paniscus, previously called the pygmy
     chimpanzee and less often, the dwarf or gracile chimpanzee, is a great
     ape and one of the two species making up the genus Pan; the other is Pan
     troglodytes, or the common chimpanzee. Although the name \"chimpanzee\"
     is sometimes used to refer to both species together, it is usually
     understood as referring to the common chimpanzee, while Pan paniscus is
     usually referred to as the bonobo."@en ;
    foaf:depiction <http://upload.wikimedia.org/wikipedia/commons/a/a6/
     Bonobo-04.jpg> ;
```

```
foaf:name      "Bonobo"@en ;
rdfs:seeAlso <http://eol.org/pages/326448/overview>
.
```

<http://dbpedia.org/resource/San_Diego_Zoo> rdfs:label "San Diego Zoo"@en ;   ← "圣地亚哥动物园标
记"三元组的位置

```
<http://semanticweb.org/wiki/Property:Contains> dbpedia:Bonobo ;
vcard:adr _:1 ;
dbpedia:Exhibit _:2 ;
a ex:Zoo
.

<http://dbpedia.org/resource/Columbus_Zoo_and_Aquarium> rdfs:label "Columbus
    Zoo and Aquarium"@en ;
<http://semanticweb.org/wiki/Property:Contains> dbpedia:Bonobo ;
a ex:Zoo
.

_:1 vcard:locality "San Diego" ;
vcard:region "California" ;
vcard:country-name "USA"
.

_:2 rdfs:label "Pygmy Chimps at Bonobo Road"@en ;
<http://dbpedia.org/property/dateStart> "1993-04-03-08:00"^^xsd:date ;
<http://semanticweb.org/wiki/Property:Contains> dbpedia:Bonobo
.

ex:Zoo a rdfs:Class .
```

我们也可以使用经过简化的 Turtle 格式，从而不必列出每个三元组的所有组件。"倭黑猩猩是哺乳动物"三元组的简化格式是 dbpedia:Bonobo rdf:type dbpedia-owl:Mammal，它可能出现在 Turtle 文档中。清单 2.2 将各个组件加以分解，因此主体 dbpedia:Bonobo 可以应用于其他三元组。如果三元组仅有客体不同，可以使用逗号（,）将客体隔开，如 dbpedia:Bonobo rdf:type dbpedia-owl:Eukaryote, dbpedia-owl:Mammal, dbpedia-owl:Animal。此外，可以使用分号（;）将仅共享同一个主体的三元组隔开。不难看到，在清单 2.2 中的第一个陈述块中，所有三元组都共享主体 dbpedia:Bonobo。

空节点由以下划线（_）和冒号（:）开头的"临时"标识符表示（与清单 2.2 中的"_:1"相同）。所有能解析 Turtle 文件的软件或系统都将丢弃这种标识符，并替换为本地空标识符。请读者观察清单 2.2，找出示例 RDF 中使用的两个空节点。

在 Turtle 格式中使用@base 指令能进一步简化 URI。@base 定义了一个基准 URI（base URI），文档中所有的相对 URI（relative URI）引用将附加到该基准 URI 之后，以构成完整的 URI。例如，在清单 2.2 中，我们可以采用基准 URI（@base <http://example.com/> .）替换 ex:词表命名空间（@prefix ex: <http://example.com/> .），然后使用相对 URI 替换所有对 ex:词表的引用。这种情况下，我们将 ex:Zoo 改为相对 URI：<Zoo>。

> **注意** 有关 Turtle 格式的详细信息，请参考 W3C 网站[①]。

2.4.2 RDF/XML：企业所用的 RDF

RDF/XML 是最早的一种 RDF 序列化格式。遗憾的是，由于 XML 自身的格式化和标准化较为复杂，RDF/XML 给用户造成了很大的困惑。近年来，RDF/XML 的应用逐渐减少，不过由于存在许多可用的 XML 工具，这种 RDF 序列化格式仍有一定价值。

如果企业已部署了基于 XML 的基础设施，则需要对 RDF/XML 予以特别关注。

图 2.14 显示了采用 RDF/XML 格式的两个示例三元组。读者可能会首先注意到 XML 标签的存在（位于尖括号中），且三元组可以被拆分成标签、标签属性和内容。

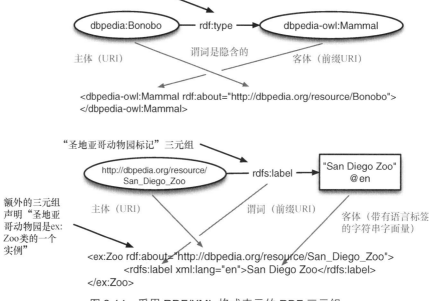

图 2.14 采用 RDF/XML 格式表示的 RDF 三元组

为便于理解，可以将 RDF/XML 格式视为一系列头尾相连的 RDF 三元组：主体（位于标签中）后跟谓词（位于标签中），谓词后跟客体 URI（位于标签中）或客体字面量（位于标签的内容中）。每当客体成为主体时，这种模式都会重复。

进一步观察"倭黑猩猩是哺乳动物"三元组可以发现，它实际上违反了我们刚刚讨论的模式：三元组的主体位于 XML 属性 `rdf:about` 中，谓词是隐含的，客体 URI 由标签本身给出。这给相当一部分用户造成了困惑。这个三元组中的谓词是一种特殊的谓词 `rdf:type`，之前的示例曾对它进行过特殊处理，即采用 Turtle 格式中的 a 替换 `rdf:type`。

---

① 参见 https://www.w3.org/TR/turtle/。

在开放的 XML 标签中，只要将 URI 的前缀定义为 XML 命名空间，就能使用前缀 URI。严格来说，这种形式的前缀称为限定名（QName），XML 开发人员或相关规范中可能会提到这个术语。与 Turtle 格式中使用的前缀命名方案类似，限定名也是为了缩短 URI 以方便阅读。需要注意的是，限定名的冒号后必须跟一个有效的 XML 元素（标签）名。

图 2.14 所示的第 2 个三元组更具代表性，因为它包含一个额外的三元组。可以看到，第 1 个标签是 <ex:Zoo>，后者添加了一个"额外"的三元组，声明圣地亚哥动物园是 ex:Zoo 类的一个实例。按理说，示例中不应该出现这个额外的三元组，不过为便于理解，我们有意将其列出。解决这个问题的方法是为主体增加一个标签 dbpedia:San_Diego_Zoo。

请读者观察清单 2.3，看能否从倭黑猩猩示例中找到更多采用 RDF/XML 格式的三元组。如有必要也可以参考清单 2.2。清单中的三元组采用 Turtle 格式，更方便阅读。

清单 2.3　倭黑猩猩示例数据（RDF/XML 格式）

```xml
<?xml version="1.0"?>
<rdf:RDF xmlns:rdfs="http://www.w3.org/2000/01/rdf-schema#"
    xmlns:dbpedia="http://dbpedia.org/resource/" xmlns:xsd="http://
    www.w3.org/2001/XMLSchema#" xmlns:foaf="http://xmlns.com/foaf/0.1/"
    xmlns:vcard="http://www.w3.org/2006/vcard/ns#" xmlns:ex="http://
    example.com/" xmlns:rdf="http://www.w3.org/1999/02/22-rdf-syntax-ns#"
    xmlns:dbpedia-owl="http://dbpedia.org/ontology/" xmlns:wiki="http://
    semanticweb.org/wiki/" xmlns:property="http://dbpedia.org/property/">
  <dbpedia-owl:Eukaryote rdf:about="http://dbpedia.org/resource/Bonobo">
    <rdf:type rdf:resource="http://dbpedia.org/ontology/Mammal" />
    <rdf:type rdf:resource="http://dbpedia.org/ontology/Animal" />
    <rdfs:comment xml:lang="en">The bonobo, Pan paniscus, previously
    called the pygmy chimpanzee and less often, the dwarf or gracile
    chimpanzee, is a great ape and one of the two species making up the
    genus Pan; the other is Pan troglodytes, or the common chimpanzee.
    Although the name "chimpanzee" is sometimes used to refer to both
    species together, it is usually understood as referring to the common
    chimpanzee, while Pan paniscus is usually referred to as the bonobo.</
    rdfs:comment>
    <foaf:depiction rdf:resource="http://upload.wikimedia.org/wikipedia/
    commons/a/a6/Bonobo-04.jpg" />
    <foaf:name xml:lang="en">Bonobo</foaf:name>
    <rdfs:seeAlso rdf:resource="http://eol.org/pages/326448/overview" />
  </dbpedia-owl:Eukaryote>
  <ex:Zoo rdf:about="http://dbpedia.org/resource/San_Diego_Zoo">
    <rdfs:label xml:lang="en">San Diego Zoo</rdfs:label>
    <wiki:Property:Contains rdf:resource="http://dbpedia.org/resource/
    Bonobo" />
    <vcard:adr vcard:locality="San Diego" vcard:region="California"
    vcard:country-name="USA" />
    <dbpedia:Exhibit>                    ←——— 展览描述三元组
      <rdf:Description>
        <rdfs:label xml:lang="en">Pygmy Chimps at Bonobo Road</
```

"倭黑猩猩是哺乳动物"三元组 →（指向 <dbpedia-owl:Eukaryote 行）

"圣地亚哥动物园标记"三元组 →（指向 <ex:Zoo 行）

```
rdfs:label>
                    <property:dateStart rdf:datatype="http://www.w3.org/2001/
XMLSchema#date">1993-04-03-08:00</property:dateStart>
                    <wiki:Property:Contains rdf:resource="http://dbpedia.org/
resource/Bonobo" />
            </rdf:Description>
        </dbpedia:Exhibit>
</ex:Zoo>
<ex:Zoo rdf:about="http://dbpedia.org/resource/
Columbus_Zoo_and_Aquarium">
    <rdfs:label xml:lang="en">Columbus Zoo and Aquarium</rdfs:label>
    <wiki:Property:Contains rdf:resource="http://dbpedia.org/resource/
Bonobo" />
</ex:Zoo>
<rdfs:Class rdf:about="http://example.com/Zoo" />
</rdf:RDF>
```

RDF/XML 也可以定义一个基准 URI 来简化 URI，这通过在靠近命名空间声明的 `rdf:RDF`
标签中使用 `xml:base` 指令实现。为采用基准 URI 替换 `ex:`命名空间，需要用基准声明（如
`xml:base="http://example.com"`）替换 `ex:`命名空间声明（`xmlns:ex="http://
example.com/"`）。

注意 有关 RDF/XML 格式的详细信息，请参考 W3C 网站[①]。

2.4.3 RDFa：嵌入 HTML 网页的 RDF

万维网主要由文档构成，而不只是其中包含的结构化数据。我们倾向于在非结构化文本中包
含本身就是数据元素的事物，如电话号码、地址、人名甚至产品描述。如果能在网页中标记这些
元素，就可以将它们提取为结构化数据。RDFa 的作用就在于此。"RDFa" 是 "RDF in (HTML)
Attributes" 的缩写，意为"（HTML）属性中的 RDF"。

RDFa 文档本质上属于 HTML，只是比后者多了一些标记。通过修改某个 HTML 页面的
`DOCTYPE` 声明，RDFa 解析器可以快速判断该页面是否值得解析，以及 HTML 属性能否在解析页
面时提供创建 RDF 三元组所需的信息。表 2.3 列出了网页所用的 `DOCTYPE` 声明可以包含的 RDFa。

表 2.3 RDFa 的 DOCTYPE 标头

文 档 类 型	HTML DOCTYPE 声明
RDFa 1.0	`<!DOCTYPE html PUBLIC "-//W3C//DTD XHTML+RDFa 1.0//EN" "http://www.w3.org/MarkUp/DTD/xhtml-rdfa-1.dtd">`
XHTML1+RDFa 1.1	`<!DOCTYPE html PUBLIC "-//W3C//DTD XHTML+RDFa 1.1//EN" "http://www.w3.org/MarkUp/DTD/xhtml-rdfa-2.dtd">`
HTML+RDFa 1.1 或 XHTML5+RDFa 1.1	`<!DOCTYPE html>` 或找到的任何其他 `DOCTYPE`

---

① 参见 https://www.w3.org/TR/rdf-syntax-grammar/。

观察图 2.15 的示例三元组，可以看到嵌入 HTML 的 RDFa。如果 Web 浏览器不支持 RDFa，它将忽略任何无法识别的 HTML 属性，并从 `<span>Here are some things we know about Bonobos</span>` 开始处理。而支持 RDFa 的系统将显示完全相同的文本，但也会提供 RDF 三元组 `dbpedia:Bonobo rdf:type dbpedia-owl:Mammal`。resource 属性提供主体，而特殊的 `typeof` 属性提供 `rdf:type` 谓词。第 2 个三元组显示了如何使用 `property` 属性提供谓词。

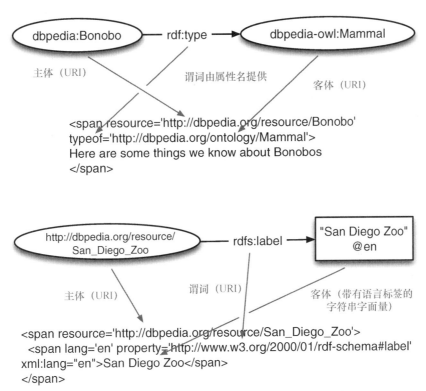

图 2.15　采用 HTML+RDFa 格式表示的 RDF 三元组

与其他格式一样，RDFa 也提供了简化 URI 的方法，后者称为 CURIE（Compact URI Expression，紧凑 URI 表达）。严格来说，CURIE 属于 RDF/XML 限定名的扩展，因为它支持冒号后面的部分使用无效 XML 元素名的值。CURIE 是限定名的超集（superset）。

RDFa 既能用于搜索引擎优化（SEO），也能用于几大搜索引擎力推的 Schema.org 方案。这是因为搜索引擎可以借助 RDFa 来强化其搜索结果。例如，在搜索某部电影时，结果中可能会显示放映时间和评论链接；在搜索某个产品时，结果中可能会出现相应的价格。这些信息可能来自 RDFa。

开发人员可以使用 RDFa.info 提供的工具[①]或类似工具从 HTML 中提取 RDFa。例如，将清单 2.4 中的代码输入 RDFa Play[②]，就能从倭黑猩猩示例中恢复 RDF 陈述。

读者能否从清单 2.4 中找出圣地亚哥动物园举办的倭黑猩猩展览的日期？

清单 2.4　倭黑猩猩示例数据（HTML+RDFa 格式）

```
<?xml version='1.0' encoding='utf-8'?>
<!DOCTYPE html PUBLIC "-//W3C//DTD XHTML+RDFa 1.1//EN" "http://www.w3.org/
    MarkUp/DTD/xhtml-rdfa-2.dtd">
<html xmlns='http://www.w3.org/1999/xhtml'>
    <head>
        <base href='' />
        <title>
            Stuff we know about bonobos
        </title>
    </head>
    <body>
        <p>
            <span resource='http://dbpedia.org/resource/Bonobo'
    typeof='http://dbpedia.org/ontology/Eukaryote http://dbpedia.org/
    ontology/Mammal
    http://dbpedia.org/ontology/Animal'><span>Here are some things we know
    about <span lang='en' property='http://xmlns.com/foaf/0.1/name'
    xml:lang="en">Bonobos</span>:</span> <span lang='en' property='http://
    www.w3.org/2000/01/rdf-schema#comment' xml:lang="en">The bonobo, Pan
    paniscus, previously called the pygmy chimpanzee and less often, the
    dwarf or gracile chimpanzee, is a great ape and one of the two species
    making up the genus Pan; the other is Pan troglodytes, or the common
    chimpanzee. Although the name "chimpanzee" is sometimes used to refer to
    both species together, it is usually understood as referring to the
    common chimpanzee, while Pan paniscus is usually referred to as the
    bonobo.</span> <span>Bonobos are mammalian animals and are thus also
    eukaryotes.</span> <span><img src='http://upload.wikimedia.org/
    wikipedia/commons/a/a6/Bonobo-04.jpg' property='http://xmlns.com/foaf/
    0.1/depiction' /></span> <span>More information may be found at <a
    href='http://eol.org/pages/326448/overview' property='http://www.w3.org/
    2000/01/rdf-schema#seeAlso'>the bonobo entry at the Encyclopedia of
    Life</a></span></span>
        </p>
        <p>
            Some zoos that contain bonobos include:
        </p>
        <ul>
            <li>
                <span resource='http://dbpedia.org/resource/
    Columbus_Zoo_and_Aquarium' typeof='http://example.com/Zoo'><span
```

"倭黑猩猩是哺乳动物"三元组

---

① 参见 http://rdfa.info/tools。

② 参见 http://rdfa.info/play/。

```
          lang='en' property='http://www.w3.org/2000/01/rdf-schema#label'
          xml:lang="en">Columbus Zoo and Aquarium</span><span rel='http://
          semanticweb.org/wiki/Property:Contains' resource='http://dbpedia.org/
          resource/Bonobo'> </span></span>
                   </li>
                   <li>
                        <span resource='http://dbpedia.org/resource/San_Diego_Zoo'
          typeof='http://example.com/Zoo'><span lang='en' property='http://
          www.w3.org/2000/01/rdf-schema#label' xml:lang="en">
          San Diego Zoo</span> <span rel='http://www.w3.org/2006/vcard/ns#adr'
          resource='_:1'>which is located in <span property='http://www.w3.org/
          2006/vcard/ns#locality'>San Diego</span>, <span property='http://
          www.w3.org/2006/vcard/ns#region'>California</span>, <span
          property='http://www.w3.org/2006/vcard/ns#country-name'>USA</span>.</
          span><span rel='http://semanticweb.org/wiki/Property:Contains'
          resource='http://dbpedia.org/resource/Bonobo'> </span><span
          rel='http://dbpedia.org/resource/Exhibit' resource='_:2'>The main bonobo
          exhibit is called <span lang='en' property='http://www.w3.org/2000/01/
          rdf-schema#label' xml:lang="en">Pygmy Chimps at Bonobo Road</span>. It
          has been at the San Diego Zoo since <span content='1993-04-03-08:00'
          datatype='http://www.w3.org/2001/XMLSchema#date' property='http://
          dbpedia.org/property/dateStart'>Saturday, 03 April 1993</span>.<span
          rel='http://semanticweb.org/wiki/Property:Contains' resource='http://
          dbpedia.org/resource/Bonobo'> </span></span></span>
                   </li>
               </ul>
           </body>
       </html>
```

"圣地亚哥动物园标记"三元组

注意　有关 RDFa 格式的详细信息，请参考 W3C 网站[1]和 RDFa.info[2]。

2.4.4　JSON-LD：JavaScript 开发者所用的 RDF

似乎每个 Web 开发人员都了解 JSON（JavaScript Object Notation，JavaScript 对象表示法），且所有主流的编程语言都有多个可以解析 JSON 的库。在关联数据社区中，经常听到的一句话是"为什么不把数据放入 JSON"？

人们之所以青睐 RDF，是因为它很容易就能与其他来源的 RDF 数据进行组合。如果希望合并数据，就需要使用某种 RDF 序列化格式。"JSON-LD"的全称为"JSON for Linking Data"（用于关联数据的 JSON），它是 JSON 中使用的一种 RDF 序列化格式。

关联数据社区希望 JSON-LD 既能方便开发人员读写 JSON，也能为合并万维网上的数据提供帮助。

图 2.16 显示了 JSON-LD 格式的示例三元组。代码开头的客体@context 定义了前缀，接下

① 参见 https://www.w3.org/TR/rdfa-primer/。

② 参见 http://rdfa.info/。

来的代码都可以使用经过简化的 URI（与其他 RDF 格式类似）。

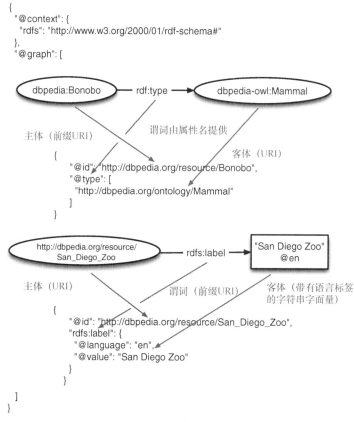

图 2.16　采用 JSON-LD 格式表示的 RDF 三元组

此外，客体@graph 定义了 RDF 三元组。其中@id 用于标识 RDF 主体，而@type 用于标识特殊的 rdf:type 谓词。其他谓词用引号括起来，如图 2.16 中的 rdfs:label。

无论采用哪种形式的 JSON，注意不要混淆方括号（［ ］）和花括号（｛ ｝）。花括号中的内容是客体，而方括号中的内容是数组。因此，图 2.16 中的@type 是只包含一个类（dbpedia-owl:Mammal）的数组，不过它也可以包含更多的类。RDF 客体是 JSON 对象，可能包含 URI、由@value 表示的字面量以及数据类型或语言信息（可选）。

读者能否从清单 2.5 中找出表示倭黑猩猩的图片？如果遇到困难，请留意以.jpg 结尾的 URI。

清单 2.5　倭黑猩猩示例数据（JSON-LD 格式）

```
{
  "@context": {
    "foaf": "http://xmlns.com/foaf/0.1/",
    "rdf": "http://www.w3.org/1999/02/22-rdf-syntax-ns#",
```

```
    "rdfs": "http://www.w3.org/2000/01/rdf-schema#",
    "vcard": "http://www.w3.org/2006/vcard/ns#",
    "xsd": "http://www.w3.org/2001/XMLSchema#"
},
"@graph": [
  {
    "@id": "_:t0",
    "vcard:country-name": "USA",
    "vcard:locality": "San Diego",
    "vcard:region": "California"
  },
  {
    "@id": "_:t1",
    "http://dbpedia.org/property/dateStart": {
      "@type": "xsd:date",
      "@value": "1993-04-03-08:00"
    },
    "http://semanticweb.org/wiki/Property:Contains": {
      "@id": "http://dbpedia.org/resource/Bonobo"
    },
    "rdfs:label": {
      "@language": "en",
      "@value": "Pygmy Chimps at Bonobo Road"
    }
  },
  {
    "@id": "http://dbpedia.org/resource/Bonobo",
    "@type": [
      "http://dbpedia.org/ontology/Eukaryote",          "倭黑猩猩是哺乳动
      "http://dbpedia.org/ontology/Mammal",        ◄──┘   物" 三元组
      "http://dbpedia.org/ontology/Animal"
    ],
    "foaf:depiction": { "@id": "http://upload.wikimedia.org/wikipedia/
commons/a/a6/Bonobo-04.jpg" },
    "foaf:name": {
      "@language": "en",
      "@value": "Bonobos"
    },
    "rdfs:comment": {
      "@language": "en",
      "@value": "The bonobo, Pan paniscus, previously called the pygmy
chimpanzee and less often, the dwarf or gracile chimpanzee, is a great
ape and one of the two species making up the genus Pan; the other is Pan
troglodytes, or the common chimpanzee. Although the name \"chimpanzee\"
is sometimes used to refer to both species together, it is usually
understood as referring to the common chimpanzee, while Pan paniscus is
usually referred to as the bonobo."
    },
    "rdfs:seeAlso": {
```

```
          "@id": "http://eol.org/pages/326448/overview"
      }
    },
    {
      "@id": "http://dbpedia.org/resource/Columbus_Zoo_and_Aquarium",
      "@type": "http://example.com/Zoo",
      "http://semanticweb.org/wiki/Property:Contains": {
        "@id": "http://dbpedia.org/resource/Bonobo"
      },
      "rdfs:label": {
        "@language": "en",
        "@value": "Columbus Zoo and Aquarium"
      }
    },
    {
      "@id": "http://dbpedia.org/resource/San_Diego_Zoo",
      "@type": "http://example.com/Zoo",
      "http://dbpedia.org/resource/Exhibit": { "@id": "_:t1" },
      "http://semanticweb.org/wiki/Property:Contains": {
        "@id": "http://dbpedia.org/resource/Bonobo"
      },
      "rdfs:label": {
        "@language": "en",
        "@value": "San Diego Zoo"                    ← "圣地亚哥动物园标
      },                                                   记"三元组
      "vcard:adr": { "@id": "_:t0" }
    }
  ]
}
```

注意　有关 JSON-LD 格式的详细信息，请参考 W3C 网站[①]和 JSON-LD.org[②]。

2.5　与 Web 服务器和关联数据发布有关的问题

如果希望万维网上发布的关联数据被其他用户重用，就需要为某些 Web 浏览器提供额外的支持，以便浏览器能正确显示关联数据的内容。开发人员和用户都应注意这些问题。这一节将介绍实际开发中所用的技术，Web 服务器可以藉此向 Web 浏览器（或其他类型的客户端）通知正在处理的关联数据类型，以便客户端决定如何呈现这些数据。这通过 HTTP 的 Content-Type 标头实现。

图 2.17 显示了实际的工作流程。Web 浏览器向服务器请求一个路径为/data/dave.ttl 的 URL，服务器找到该文件并将其成功回送（这就是 200 OK 状态码的含义）。依照惯例，text/turtle 的 Content-Type 标头与文件扩展名.ttl 相匹配，这种 Content-Type 已在互联网号码分配机构（IANA）注册。空行之后的标头之后为文件内容。

---

① 参见 https://www.w3.org/TR/json-ld-syntax/。

② 参见 http://json-ld.org/。

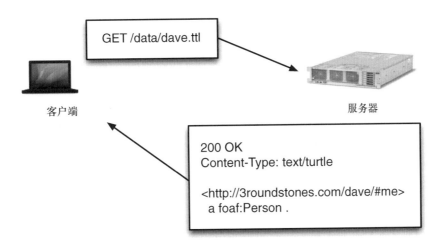

图 2.17　简化的 HTTP 会话，显示了 Content-Type 标头

关联数据的 Content-Type 标头依据所用的具体格式而有所不同。本书的大部分示例均使用适合 RDF 处理的 Turtle 格式，其 Content-Type 标头为 text/turtle。而具有 XML 背景的用户（特别是企业开发人员）可能使用较早的 RDF/XML 格式，其 Content-Type 标头为 application/rdf+xml。

注意　HTTP Content-Type 又称 MIME 类型。"MIME" 是 "Multipurpose Internet Mail Extensions（多用途互联网邮件扩展）" 的缩写，它是一种将多媒体邮件附件（如图片、视频或 Office 文档）编码为纯文本的技术，以便于邮件传输。在 HTTP 传输过程中，万维网采用相同的机制对多媒体进行编码。

接下来，我们将详细讨论其他格式。RDFa 是一种将关联数据嵌入到网页中的技术。从表 2.4 可以看出，由于数据被埋入 HTML，因此 RDFa 并没有自己的 Content-Type 标头，而 HTML 页面的 Content-Type 标头为 text/html。Web 客户端负责确定网页中是否存在嵌入的 RDFa。

我们也可以采用 JSON-LD 发布 JSON 格式的关联数据。JSON-LD 文件的首选 Content-Type 标头是 application/ld+json；由于 JSON-LD 是 JSON 的一种形式，也可以使用 application/json 作为 Content-Type 标头。

表 2.4　关联数据的 Content-Type 标头

RDF 格式	首选 Content-Type 标头	备选 Content-Type 标头
RDF Turtle 文件	text/turtle	
RDF/XML 文件	application/rdf+xml	
RDFa	text/html	
JSON-LD 文件	application/ld+json	application/json
OWL 文件	application/owl+xml	application/rdf+xml
N-Triples	application/N-Triples	text/plain

OWL 是一项用于知识表示（knowledge representation）的 W3C 标准，它采用形式化的方法描述信息比特之间的逻辑关系。OWL 有时也用于关联数据网，它基于 RDF，能与其他关联数据无缝对接。OWL 文件一般采用 XML 编写，使用 application/owl+xml 或 application/rdf+xml 作为 Content-Type 标头，二者并无太大差别。如果使用 application/owl+xml，建议采用不同的方法来解释数据，以便推断某些信息。有关两种标头之间的细微差别，请参考 OWL 规范[①]。受篇幅所限，本书不对 OWL 作深入讨论。

最后，我们介绍 N-Triples 格式。它是最简单的 RDF 格式，但很少在自动化测试或批量数据传输（数据转储）以外的领域使用。N-Triples 的首选 Content-Type 标头是 application/N-Triples，不过之前也曾使用过 text/plain（纯文本格式）。

注意　截至 2015 年，JSON-LD 和 N-Triples 的首选 Content-Type 标头尚未正式采用，但预计将很快获批。建议读者将 application/ld+json 和 application/N-Triples 作为二者的首选标头，以便文件能匹配其他用户所用的 Content-Type 标头。不过也要注意到，相当数量的服务目前仍然使用备选（旧有）Content-Type 标头。

2.6　文件类型与 Web 服务器

一般来说，Web 服务器会自动提供合适的 Content-Type 标头。用户无需告知 Web 服务器如何处理 PNG/JPEG 图片或 HTML 页面，因为服务器通常都默认支持这些文件类型。然而，大部分 Web 服务器尚未提供对 RDF Content-Type 标头的默认支持。用户经常需要自己配置 Web 服务器（或请求系统管理员的协助），以支持关联数据的 Content-Type 标头。

如果 Web 服务器配置不当，它将采用默认的 Content-Type 标头处理文件，通常为 text/plain（纯文本格式）或普适的 application/octet-stream（二进制格式）。这种情况下，由于 Web 客户端无法获得必要的信息，就难以决定如何处理关联数据的内容。如果 Content-Type 为 text/plain，大部分浏览器将以文本格式显示内容；如果 Content-Type 为 application/octet-stream，浏览器通常会提示用户保存文件。也就是说，Content-Type 标头不合适会导致 Web 浏览器无法确定采用哪种方式处理文件。为避免出现问题，需要正确配置 Web 服务器以处理关联数据的 Content-Type 标头。

2.6.1　如何配置 Apache 服务器

为正确处理关联数据，最简单的办法是为 Web 服务器配置合适的 Content-Type 标头。无需担心，这并没有想象中的困难。需要添加的指令如清单 2.6 所示。

清单 2.6　关联数据 Content-Type 标头的 Apache 服务器指令

```
# Directives to ensure RDF files are served as the appropriate Content-Type
AddType text/turtle .ttl
AddType application/rdf+xml .rdf
```

[①] 参见 https://www.w3.org/2001/sw/wiki/OWL#specs（原链接跳转至此）。

```
AddType application/ld+json .jsonld
AddType application/N-Triples .nt
```

可以将这些指令添加到 Apache 服务器实例的 httpd.conf 文件、vhost（虚拟主机）配置文件或.htaccess 文件中。

注意　上述指令将文件扩展名映射给 Content-Type 标头。这意味着用户需要使用列出的文件扩展名，才能保证 Content-Type 正确无误。例如，如果希望使用清单 2.6 中的指令，则所有 Turtle 格式的文件名必须以.ttl 结尾，所有 JSON-LD 格式的文件名必须以.jsonld 结尾。

如果需要，也可以为给定的 Content-Type 标头创建多个文件扩展名，不过最好始终采用一种文件扩展名。

注意　2008 年，W3C 发布了一份名为 *Best Practice Recipes for Publishing RDF Vocabularies* 的文档[①]，该文档详细列出了使用 Apache HTTP 服务器发布 RDF 内容时的注意事项，包括如何构建数据的 URI、利用同一个 URL 发布 RDF 和 HTML 文档、使用 PURL（持久化 URL）等。

2.7　对 Apache 服务器的控制有限时如何处理

如果无法直接对 Apache 服务器进行配置该怎么办呢？尽管可以使用 2.6 节讨论的.htaccess 文件，但只有当服务器管理员允许用户覆盖 AddType 指令时才能对该文件进行操作。好在不少网络托管提供商允许用户对 Apache 进行一定限度的配置，这一般通过名为 cPanel 的管理界面来实现。cPanel 是一种开源软件，被不少托管服务所采用。如果用户具有访问 cPanel 的权限以配置 Web 服务器，就可以选择将 Apache 处理程序与文件扩展名关联在一起。

默认安装的一个 Apache 处理程序是用于发送文件的 mod_asis，以这种方式发送的文件包含由空行隔开的 HTTP 标头。用户可以借此强制 Web 服务器发送任何所需的 HTTP 标头，包括一些特定的 Content-Type。如果希望使用 text/turtle 作为 Content-Type 标头来处理 dave.ttl 文件（位于\data 目录），只需配置 mod_asis 来处理扩展名为.ttl 的文件，并将相应的 HTTP 标头添加到 dave.ttl 文件中。上述操作如清单 2.7 所示。

清单 2.7　将 HTTP 标头添加到 Apache mod_asis 处理的文件中

```
Content-Type: text/turtle

@prefix foaf: <http://xmlns.com/foaf/0.1/> .

<http://3Roundstones.com/dave/#me>
  a foaf:Person .
...
```

---

① 参见 https://www.w3.org/TR/swbp-vocab-pub/。

注意　清单 2.7 中的空行是有意为之。与邮件类似，在 as-is 文件中，必须用空行将 HTTP 标头和文档正文隔开。此外，在 Turtle 文件中，前缀和文档其余部分之间也经常会插入空行。但这并非强制要求，只是为了增强可读性。

如果将 mod_asis 和某个包含自定义 HTTP 标头的文件（具有映射扩展名）进行合并，则文件的其余部分将采用指定的标头进行处理。这种情况下，通过普通的网络托管服务，就能从任何希望使用的 URL 返回合适的 Content-Type 标头。

2.8　关联数据平台

当然，并非一定要使用 Apache 或某种特定的 Web 服务器，我们可以选择任何一种关联数据平台或语义网产品来处理数据（如 Turtle、RDF/XML、RDFa、JSON-LD、OWL 以及 N-Triples），它们提供了处理这些内容所需的 Content-Type 标头。

第 9 章将介绍 Callimachus，后者是一种开源关联数据管理系统。有关其他解决方案的详细信息，请参考 SemanticWeb.org[①]和 W3C 网站[②]。

2.9　小结

本章介绍了 RDF 以及它和关联数据之间的关系。我们重点讨论了关联数据原则，它们对 RDF 的应用作出了进一步的规定，以便万维网上的数据能更紧密地连接在一起。这一章还介绍了 RDF 数据模型，以及实际开发中可能用到的重要概念。

此外，我们讨论了 4 种 RDF 序列化格式。Turtle 是最简单且最符合人类阅读习惯的格式，也是大部分关联数据开发人员使用的首选格式。RDF/XML 是第 1 种 RDF 格式，目前仍然被广泛应用于企业内部和熟悉 XML 的程序员。如果希望将 RDF 嵌入网页以描述 HTML 中的文本内容，RDFa 将是最佳方案。如果 Web 开发人员熟悉处理 JSON 格式的结构化数据，则 JSON-LD 是一个不错的选择。

本章还讨论了 RDF 词表的查找和使用，包括如何处理两个词表中含义相同的术语，以及创建自定义词表的方法。此外，本章对确定何时需要查找或创建术语的过程也有所涉及。

本章最后介绍了与文件类型和 Web 服务器有关的一些常见问题以及相应的解决方案。开发人员和用户都应注意这些问题。

---

① 参见 http://semanticweb.org/wiki/Tools.html（原链接跳转至此）。

② 参见 https://www.w3.org/2001/sw/wiki/Tools。

第 3 章 使用关联数据

本章内容
- 像万维网一样思考
- 在万维网上查找关联数据
- 检索网页中的关联数据
- 将多个来源的关联数据进行合并
- 在 HTML 中显示基本的关联数据

从技术层面上讲，大部分人眼中的万维网应被定义为文档网（Web of Documents）的一个子集，即所谓的经典万维网（Classic Web）。数据网（Web of Data）是万维网的另一种体现，而语义网是一种机器可以直接或间接处理的数据网络。

与 Web 文档之间通过超链接相连类似，关联数据集通过 RDF 链接将不同数据集中的数据项连接在一起。关联数据遵循在万维网上发布结构化数据的一系列原则。

这一章将介绍如何使用关联数据的内容，以帮助读者更好地理解数据网。我们将讨论关联数据的分发和应用，并介绍查找嵌入式关联数据所需的工具。这一章将引导读者开发一个检索程序，该程序从一个信源检索关联数据，然后利用相关结果从另一个信源检索其他数据。完成本章的学习后，读者对数据网的理解将更加深入，并了解企业如何利用关联数据更好地为客户服务。

3.1 像万维网一样思考

像万维网一样思考之所以重要，是因为这有助于我们充分利用网络资源。像万维网一样思考意味着这样一个事实：由于嵌入式链接将已发布的资源连接在一起，一个蓬勃发展的全球信息空间在万维网上横空出世。各种资源存储在不同物理位置的不同服务器上，用户和机器可以遍历这些超链接并发现新的信息。搜索引擎可以为这些链接建立索引，并推断文档之间的关系。使用无歧义的 URI 有助于更准确地推断文档之间的关系。

用户通常对文档网进行搜索并手动汇总相关信息，以满足自身需要。但是，由于非结构化数据的模糊性，从中提取真正的相关信息并非易事。以本书作者 Marsha Zaidman 为例，我们如何断定 Facebook 用户"Marsha Zaidman"和 Twitter 用户"Marsha Zaidman"是同一个人？姓名毕竟无法作为唯一的标识符。当然，如果指向"Marsha Zaidman"的两个引用都使用相同的 URI，那么这种标识就是唯一的，且关联是显而易见的。

下面显示了非结构化数据的一个例子。设想一个包含以下内容的 HTML 文档：

《星球大战》的主角名叫 Anakin，他也被称为 Darth Vade 或 Anakin Skywalker。Anakin Skywalker 的妻子名叫 Padme Amidala。

可以采用 RDF Turtle 格式将上述内容表示为结构化数据，类似于：

```
@base <http://rosemary.umw.edu/~marsha/starwars/foaf.ttl#> .
@prefix foaf: <http://xmlns.com/foaf/0.1/> .
@prefix rdf: <http://www.w3.org/1999/02/22-rdf-syntax-ns#> .
@prefix rdfs: <http://www.w3.org/2000/01/rdf-schema#> .
@prefix rel: <http://purl.org/vocab/relationship> .
@prefix stars: <http://www.starwars.com/explore/encyclopedia/characters/> .
<me> a foaf:Person;
        foaf:family_name "Skywalker";
        foaf:givenname "Anakin";
        foaf:nick "Darth Vader";
        rel:Spouse_Of <stars:padmeamidala/> .
```

可解析的 URI 消除了引用的歧义

在这个结构化数据示例中，由于 URI 是可解析的，Anakin Skywalker 和妻子 Padme Amidala 在身份上的歧义得以消除。结构化数据的格式是可预测的，有利于提高机器可读性（machine readability），还能用作其他应用程序的输入。与非结构化数据不同，这些语句采用可预测的格式，精确且没有歧义。由于历史原因，万维网上相当一部分数据是非结构化数据，它们采用截然不同且互不兼容的格式发布，从而损害了机器可读性，且不利于相关数据的自动化聚合。尽管关联数据也采用多种 RDF 格式，但这些格式共享同一种数据模型，所以它们是相互兼容的。因此，用户可以针对不同情况选择最合适的 RDF 格式，而无需担心牺牲与其他数据的互操作性。

像万维网一样思考，有助于认识信息高速公路的分布性和互联性；采用结构化数据，有助于提高机器可读性并为数据建立索引；在万维网上发布相互连接的数据，有助于实现信息的重用。一言以蔽之，这些措施可以促进万维网上的信息共享。

3.2 如何使用关联数据

接下来，我们先提出一个问题，并以此为例讨论如何将众多数据源链接在一起。这有利于加深读者对关联数据资源的了解，并观察数据是如何通过万维网链接在一起的。在手动遍历这些链接时，我们按图索骥，一步一步找到所需的信息。假设我们想知道美国前总统 Barack Obama 是否是《星球大战》(*Star Wars*)的粉丝。在阅读本书之前，我们可能会寻求 Google、Yahoo!、Bing 等热门搜索引擎的帮助，不过这一节将尝试采用关联数据来回答这个问题。

一般来说，我们可以从任何包含链接的 Web 资源开始，逐一检查每个链接。我们选择《纽约时报》(*New York Times*) LOD（关联开放数据）网站门户[①]作为起点。之所以选择《纽约时报》，是因为它是有用且值得信赖的资源。这个页面提供了一个接口，便于人们逐条浏览记录。选择 "O" 后搜索 "Obama, Barack"，会跳转到一个唯一的 URI[②]。图 3.1 显示了《纽约时报》有关 Obama 的 LOD，它以 HTML 格式显示名为 "Obama, Barack" 的主题。该页面包含了一个指向相应主题页面的链接[③]。

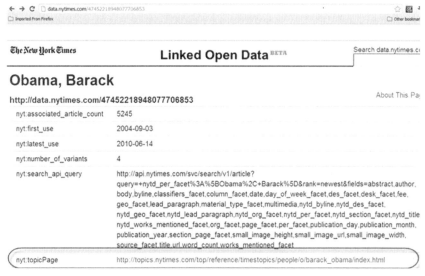

图 3.1 《纽约时报》有关美国前总统 Obama 的 LOD 信息

在这个主题页面中，我们可以找到关于主题以及其他相关信息的引用和链接。尽管我们的问题并未得到解答（Obama 是否是《星球大战》的粉丝？），但这个页面的确提供了指向其他有用资源的链接。由于 Obama 曾在芝加哥居住，或许指向《芝加哥论坛报》(*Chicago Tribune*)的链接能提供进一步信息，帮助我们了解 Obama 是否对《星球大战》感兴趣。单击这些链接后将跳转到 Obama 的相关信息[④]，这些信息由《芝加哥论坛报》采集并维护。

在《芝加哥论坛报》的页面中，以关键字 "Star Wars" 搜索与《星球大战》有关的文章，并单击其中一个链接[⑤]。这个名为 "The top 7 remixes of Obama's lightsaber episode" 的页面包含指向

---

① 参见 http://data.NYTimes.com（原链接已失效）。

② 参见 http://data.nytimes.com/47452218948077706853（原链接已失效）。

③ 参见 https://www.nytimes.com/topic/person/barack-obama（原链接跳转至此）。

④ 参见 http://www.chicagotribune.com/topic/politics-government/government/barack-obama-PEPLT007408-topic.html。

⑤ 参见 http://latimesblogs.latimes.com/washington/2009/09/obama-lightsaber-remix.html。

"Posing with a lightsaber"[①]和"geek cred"[②]的链接，单击后将分别进入图 3.2 和图 3.3 所示的页面。虽然我们还无法完全证实 Obama 是一名狂热的《星球大战》粉丝，不过这已经在一定程度上体现了万维网的"互联"本质。我们展示了信息的无意识重用，并通过《纽约时报》LOD 网站存储的 RDF 数据获得了有价值的线索。我们恐怕不会想到，针对"Obama 是否是《星球大战》的粉丝"的搜索会从《纽约时报》的 LOD 存储跳转到《芝加哥论坛报》、《洛杉矶时报》（*Los Angeles Times*）甚至"极客厄运"（Geeks of Doom）网站。诚然，通过 Google 进行搜索或许更容易，但读者将掌握如何利用关联数据达到同样的目的。

数据和文档分布在许多网站中。我们通过链接在网站之间徜徉，如同在寻宝游戏中追寻线索一样。用户或 Web 爬虫程序可以跟随这些链接，并在此过程中积累相关数据，这与人类在寻宝游戏中追踪线索有异曲同工之处。下一节将介绍更多的示例。

图 3.2 Obama 手持激光剑，力挺　　　　图 3.3 Obama 展示了他作为科幻迷的一面
芝加哥申办 2016 年奥运会

3.3　查找分布式关联数据的工具

如果需要在所开发的应用程序中查找关联数据，某些情况下或许可以使用之前发布的数据集。我们经常需要查找这类数据，它们很可能分散保存在多个信源中。不少工具都具备查找关联数据的能力，这一章将介绍 Sindice、SameAs.org 和 Datahub，第 8 章将讨论这些工具的其他应用。

3.3.1　Sindice

搜索结构化数据的利器之一是 Sindice[③]，即语义网索引（Semantic Web Index）。Sindice 之于

---

① 参见 http://latimesblogs.latimes.com/washington/2009/09/obi-wan-obama-white-house-olympics.html。

② 参见 http://www.geeksofdoom.com/2009/09/17/greek-cred-president-obama-with-lightsaber。

③ 2014 年 5 月，创始团队宣布停止对 Sindice 提供支持，Sindice.com 目前已无法访问。——译者注

数据，如同 Google 之于文档。Sindice 能提供多种服务，包括交互式数据可视化和验证服务、数据发现和索引、搜索和查询服务等。可以将 Sindice 视为一种在语义数据之上构建应用程序的平台。Sindice 遵循现有的 Web 标准，采用多种方式收集 Web 数据，并对数据作经常性的更新。使用关键字 "Star Wars Episode I The Phantom Menace"（星球大战 1：魅影危机）进行搜索时，会返回超过 2500 个包含关联数据的文档，它们分布在 100 多组关联数据中。图 3.4 是部分搜索结果的截图。

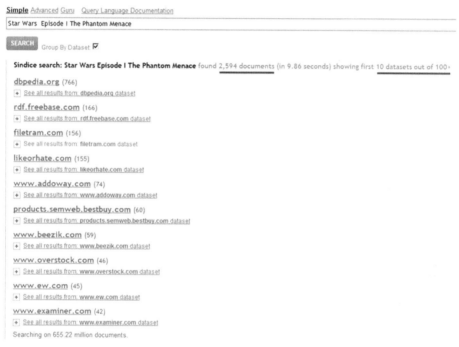

图 3.4 使用 Sindice 搜索 "Star Wars Episode I The Phantom Menace" 返回的结果

3.3.2 SameAs.org

发现关联数据的另一种途径是采用 SameAs.org[①]，它能根据用户输入的关联数据 URI 找出等效的 URI，并提供一个入口点，以便利用通用搜索词进行 Sindice 搜索。

如图 3.5 所示，在 SameAs.org 中以 "dbpedia.org/resource/Star_Wars_Episode_I:_The_Phantom_Menace" 作为关键字进行搜索，将产生 122 个与 "http://dbpedia.org/resource/Star_Wars_Episode_I:_The_Phantom_Menace" 等效的 URI。观察结果列表可以看到，这 122 个等效的 URI 分布在不同的数据集中[②]。

---

① 参见 http://sameas.org/。

② 如 dbpedia.org/resource、dbpedialite.org/things、rdf.freebase.com/ns。

```
  1. http://dbpedia.org/resource/Ep._1
  ■ ■ ■
 57. http://dbpedia.org/resource/Star_Wars_Episode_I:_The_Phantom_Menace_(comic)
 58. http://dbpedialite.org/things/50793#id
  ■ ■ ■
107. http://dbtropes.org/resource/Main/ThePhantomMenace
108. http://mpii.de/yago/resource/Invasion_of_Naboo
109. http://rdf.freebase.com/ns/m.0ddt_
110. http://rdf.freebase.com/ns/m.0d4dp5
111. http://rdf.freebase.com/ns/m.0f46bd
112. http://rdf.freebase.com/ns/en.star_wars_the_queens_gambit
113. http://rdf.freebase.com/ns/guid.9202a8c04000641f800000000006333f
114. http://rdf.freebase.com/ns/guid.9202a8c04000641f8000000000c232a5
115. http://rdf.freebase.com/ns/guid.9202a8c04000641f8000000000d2194c
116. http://rdf.freebase.com/ns/en.star_wars_episode_i_the_phantom_menace
117. http://sw.opencyc.org/concept/Mx4rvy4d7pwpEbGdrcN5Y29ycA
118. http://sw.opencyc.org/2008/06/10/concept/Mx4rvy4d7pwpEbGdrcN5Y29ycA
119. http://sw.opencyc.org/2009/04/07/concept/Mx4rvy4d7pwpEbGdrcN5Y29ycA
120. http://sw.opencyc.org/2008/06/10/concept/en/StarWarsThePhantomMenace_TheMovie
121. http://sw.opencyc.org/2009/04/07/concept/en/StarWarsThePhantomMenace_TheMovie
122. http://umbel.org/umbel/ne/wikipedia/Invasion_of_Naboo
```

图 3.5　"dbpedia.org/resource/Star_Wars_Episode_I:_The_Phantom_Menace"的等效 URI

3.3.3　Data Hub

Data Hub[①]是一个由社区运行和维护的关联数据集目录，用于搜索和收集万维网上的链接。与维基百科类似，Data Hub 是一个开放数据目录，任何用户都能对其中的内容进行编辑。Data Hub 中建立索引的大部分数据是公开授权的，用户无需付费就能使用相关数据。遗憾的是，从《星球大战》示例中恢复的数据集并不相关：以"Star Wars Episode I"（星球大战 1）和"Star Wars The Phantom Menace"（星球大战：魅影危机）作为关键字搜索不会返回任何结果。不过如果换一个一般化的术语，则可能返回更有用的结果。从图 3.6 中可以看到，"Internet Movie Database"（IMDb，互联网电影数据库）排在 15 个搜索结果的第 3 位。建议读者将 Data Hub 加入书签以备今后使用。

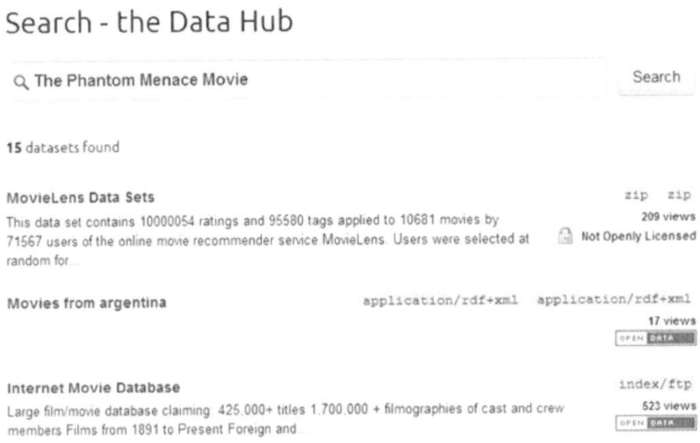

图 3.6　在 Data Hub 搜索数据集的结果

---

① 参见 https://datahub.io/（原链接跳转至此）。

3.4 聚合关联数据

前面已经讨论了手动查找关联数据，并介绍了有助于提高查找效率的几种工具。在本节中，我们将在已发布的数据集中搜索所需的信息，并介绍这些数据集所包含的数据以及从中提取数据的方法。之后，我们将利用这些数据集演示如何自动提取数据，所提取的数据将用于示例程序。我们以《星球大战 1》（*Star Wars: Episode* 1）为例，介绍如何查找和这部电影有关的关联数据。我们将从 IMDb 和 ProductDB 这两个 RDF 数据库中提取数据。

3.4.1 聚合已知数据集中的关联数据

电影在万维网和 LOD 云中都占据了一席之地。IMDb[1]收录了大量电影数据，是颇具价值的资源。图 3.7 显示了 IMDb 中有关《星球大战 1》的信息。

图 3.7 IMDb 中有关《星球大战 1：魅影危机》的条目

与《星球大战 1》关联的 IMDb URL[2]可以用作 ProductDB[3]中的搜索词。以这个 URL 作为关键字进行搜索，就能获取有关《星球大战 1》的关联数据。ProductDB 是一个开源的关联数据库，收录了大量产品的一般性信息。

ProductDB 的开发者和维护者 Ian Davis 表示，"ProductDB 旨在成为全球最全面、最开放的产品数据来源"。他的目标是"为世界上销售的所有产品创建相应的页面，并将底层结构化数据

---

① 参见 http://www.imdb.com/。

② 即 http://www.imdb.com/title/tt0120915/。

③ 参见 http://www.productdb.org/（无法连接）。

连接在一起，形成一个庞大的互联数据集"。这些数据是从包括 ProductWiki[①]、MusicBrainz[②]、DBpedia[③]、Freebase[④]、OpenLibrary[⑤] 在内的各种开源平台编译而成。此外，搜索引擎的抓取站点在其页面中发布 GoodRelations[⑥] RDFa 或开放图谱协议（Open Graph protocol）[⑦] 数据，它们也采集了大量产品数据，如 Best Buy、IMDb 以及 Spotify[⑧]。通过对这些聚合数据进行收集、组合与分析，就能建立资源之间的联系和对应关系。

　　如果希望手动获取《星球大战 1》的 ProductDB 条目，请按以下步骤进行。

- 进入 ProductDB 网站，如图 3.8 所示。
- ProductDB 收集了大量术语，可以通过下拉菜单选择包括 IMDb URL 在内的各种 URL，并访问相应的数据库，如图 3.9 所示。

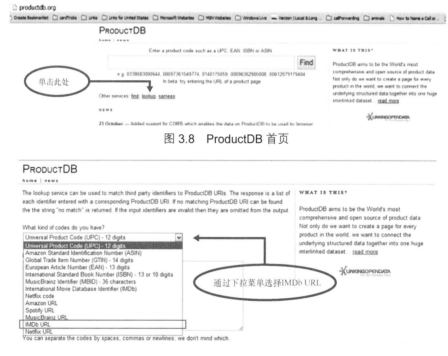

图 3.8　ProductDB 首页

图 3.9　ProductDB 查找页面

---

① 参见 http://www.productwiki.com/（原链接已失效）。
② 参见 https://musicbrainz.org/。
③ 参见 http://wiki.dbpedia.org/（原链接跳转至此）。
④ 参见 https://developers.google.com/freebase/。Freebase API 已于 2016 年 8 月停止服务，所有数据被迁移至 Wikidata。——译者注
⑤ 参见 https://openlibrary.org/。
⑥ 电子商务领域所用的词表，参见 http://www.heppnetz.de/projects/goodrelations/。
⑦ 参见 http://opengraphprotocol.org/。
⑧ 参见 https://www.spotify.com/。

■ 选择 IMDb URL。输入产品代码后，在下方的文本框中键入相应的 URL，如图 3.10 所示。

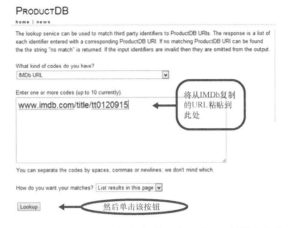

图 3.10 在 ProductDB 中查找《星球大战 1：魅影危机》

■ ProductDB 将访问保存的记录并显示所有匹配的结果，如图 3.11 所示。本例中只有一个匹配的结果。

图 3.11 在 ProductDB 中查找《星球大战 1：魅影危机》(匹配结果)

■ 单击该结果，将跳转到关联项的产品信息页面。请注意，ProductDB 可能指向 Netflix、烂番茄（Rotten Tomatoes）、MOODb、维基百科或其他网站。

如图 3.12 所示，单击页面右侧的 Turtle 链接，可以获得 Turtle 格式的原始数据。清单 3.1 显示了相应的结果。

图 3.12 ProductDB 中有关《星球大战 1：魅影危机》的条目

清单 3.1 ProductDB 中的《星球大战 1》数据（Turtle 格式）

```
@prefix rdf: <http://www.w3.org/1999/02/22-rdf-syntax-ns#> .
@prefix owl: <http://www.w3.org/2002/07/owl#> .
@prefix ns0: <http://dbpedialite.org/things/50793#> .
@prefix foaf: <http://xmlns.com/foaf/0.1/> .
@prefix ns1: <http://www.rottentomatoes.com/m/> .
@prefix rdfs: <http://www.w3.org/2000/01/rdf-schema#> .
@prefix dct: <http://purl.org/dc/terms/> .
<http://productdb.org/groups/421600120915>
owl:sameAs <http://data.linkedmdb.org/resource/film/69> ,          注意,owl:sameAs 可
                                                                   以提供额外的链接
<http://rdf.freebase.com/ns/en.star_wars_episode_i_the_phantom_menace> ,
<http://dbpedia.org/resource/Star_Wars_Episode_I:_The_Phantom_Menace> ,

ns0:thing ;
foaf:isPrimaryTopicOf <http://www.imdb.com/title/tt0120915/> ,    注意，foaf:isPrimary
<http://www.netflix.com/Movie/70003791> ,                         TopicOf 可以提供额外的
ns1:star_wars_episode_i_the_phantom_menace ,                      链接
<http://en.wikipedia.org/wiki/Star_Wars_Episode_I:_The_Phantom_Menace> ,
<http://en.wikipedia.org/wiki/index.HTML?curid=50793> ,
<http://www.moodb.net/movie.asp?id=0000217> ;
rdfs:label "Star Wars: Episode I - The Phantom Menace" .
<http://productdb.org/gtin/00024543023913> dct:isVersionOf <http://
     productdb.org/groups/421600120915> .
<http://productdb.org/gtin/00010232008374> dct:isVersionOf <http://
     productdb.org/groups/421600120915> .
<http://productdb.org/gtin/00391772364227> dct:isVersionOf <http://
     productdb.org/groups/421600120915> .
<http://productdb.org/gtin/00321337023526> dct:isVersionOf <http://
     productdb.org/groups/421600120915> .
<http://productdb.org/gtin/00039036007375> dct:isVersionOf <http://
     productdb.org/groups/421600120915> .
<http://productdb.org/gtin/00024543023937> dct:isVersionOf <http://
     productdb.org/groups/421600120915> .
<http://productdb.org/gtin/00712626010272> dct:isVersionOf <http://
     productdb.org/groups/421600120915> .
```

观察 ProductDB 编译的底层 RDFa 数据，不难发现《星球大战 1：魅影危机》与 Netflix[1]、烂番茄[2]、MOODb[3]等其他来源的内容之间的关系。这展示了循着数据链接如何建立意料之外的连接。不过，导演 George Lucas 应该不会鼓励用户查看烂番茄上关于这部电影的评价，因为这个知名影评网站批评 "Lucas 需要加强对故事情节和人物性格的刻画，避免影片中出现过多华而不实的内容"。Lucas 可能并不同意烂番茄对这部电影的评价，但凭借引用所嵌入的 URI，很容易就能通过关联数据收集这些数据。

---

① 参见 http://www.netflix.com/Movie/70003791（原链接已失效）。

② 参见 https://www.rottentomatoes.com/m/star_wars_episode_i_the_phantom_menace。

③ 参见 http://www.moodb.net/movie.asp?id=0000217。

3.4.2 使用浏览器插件获取网页中的关联数据和 RDF

浏览网页时，底层 RDFa 通常对用户是隐藏的，但将这些数据提取出来可能更有用。例如，IMDb 页面所包含的 RDFa 包括一个与电影关联的图片文件。可以通过安装浏览器插件来发现页面中的 RDFa 数据。我们以 Firefox 的 RDFa Developer 插件为例进行说明，不过也有许多其他插件可供选择。RDFa Developer 发现的底层 RDFa 如图 3.13 所示，用户也可以自动执行 RDFa 数据的查找、提取和使用。3.5 节将介绍这种技术。

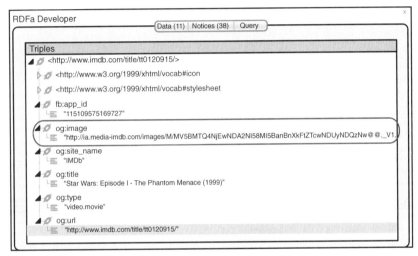

图 3.13 《星球大战 1：魅影危机》的 IMDb 条目以及 RDFa Developer 发现的 RDFa

根据 Best Buy 首席 Web 开发工程师 Jay Myers 的统计，消费者在选购产品时，可能会受到多达 100 种不同条件的影响[1]。Myers 期望语义数据的使用能改善 Best Buy 网站的性能，提高 85% 以上产品的知名度，并帮助消费者找到更合适的产品。图 3.14 显示了产品之间的语义关系。Myers 预计，RDFa"最终能在产品之间建立丰富的关系，从而在消费者购物时'为更多产品创造更高的知名度'"[2]。

如图 3.15 所示，Best Buy 网站是 RDFa 数据的重要来源。作为首席 Web 开发工程师的 Myers 是关联数据的积极倡导者。他在 2010 年语义技术大会（Semantic Technology Conference）上表示，在网页中加入 RDFa 数据后，Best Buy 的搜索流量增加了 30%。Myers 还表示，将 GoodRelations（一种语义网词表）和 RDFa 纳入之后，Best Buy 的网页排名在 Google 搜索结果中显著上升。Myers 计划继续探索关联数据的其他应用，以更好地帮助消费者找到满足他们需求的产品。

---

① 参见 Better Retailing through Linked Data. Opportunities, perspectives, and vision on Linked Data in retail：https://www.slideshare.net/jaymmyers/better-retailing-through-linked-data。

② 参见 Richard MacManus 对 Jay Myers 的访谈 How Best Buy Is Using the Semantic Web（2010 年 6 月 30 日）：https://readwrite.com/2010/06/30/how_best_buy_is_using_the_semantic_web/（原链接跳转至此）。

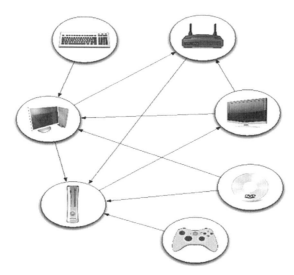

图 3.14　常见产品的链接关系图示

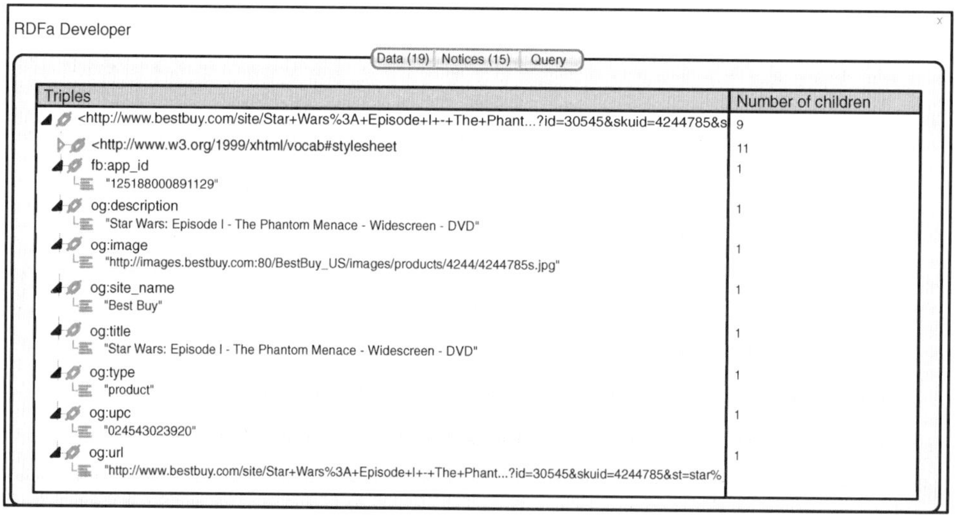

RDFa Developer	
Data (19) Notices (15) Query	
Triples	**Number of children**
<http://www.bestbuy.com/site/Star+Wars%3A+Episode+I+-+The+Phant...?id=30545&skuid=4244785&s	9
<http://www.w3.org/1999/xhtml/vocab#stylesheet	11
fb:app_id	1
"125188000891129"	
og:description	1
"Star Wars: Episode I - The Phantom Menace - Widescreen - DVD"	
og:image	1
"http://images.bestbuy.com:80/BestBuy_US/images/products/4244/4244785s.jpg"	
og:site_name	1
"Best Buy"	
og:title	1
"Star Wars: Episode I - The Phantom Menace - Widescreen - DVD"	
og:type	1
"product"	
og:upc	1
"024543023920"	
og:url	1
"http://www.bestbuy.com/site/Star+Wars%3A+Episode+I+-+The+Phant...?id=30545&skuid=4244785&st=star%	

图 3.15　Best Buy 有关《星球大战 1》的 RDFa 数据

　　Best Buy 的 RDFa 链自 ProductDB。而在 SameAs.org 中，通过 Best Buy 指向其他数据集的链接，我们也可以找到更多的数据。根据从 ProductDB 检索到的 DBpedia URL，SameAs.org 包括 122 个与《星球大战 1》有关的链接。如图 3.16 所示，用户可以利用 SameAs.org 返回的结果手动发现其他相关数据。

　　我们可以使用 SameAs.org 的结果确定某个给定项的规范 URL（canonical URL），后者是所有可用 URL 中的最佳选择。例如，以下 4 个 URL 是可互换的：

www.example.com

example.com/

www.example.com/index.HTML

example.com/home.asp

不过，尽管它们看起来十分类似，但返回的内容可能会有所不同。规范 URL 是首选 URL，一般指某个项目的首页。

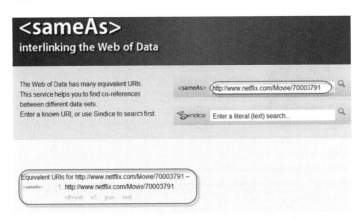

图 3.16 SameAs.org 有关《星球大战 1》的结果

3.5 关联数据网的抓取与数据的聚合

前面讨论了如何"按图索骥"手动查找万维网上的关联数据，也介绍了几种不错的工具。开发人员可能对使用现有数据更有兴趣，他们希望将提取的数据进行合并，然后用于其他应用程序。为此，我们倾向于对数据聚合进行自动化处理。本节将开发一个演示自动处理关联数据的应用程序，后者展示了如何通过 Python 脚本语言、RDFLib 和 html5lib 来访问某个产品的 RDFa 数据。该产品是以《星球大战》主角天行者为背景制作的达斯·维德闹钟收音机（Darth Vader Alarm Clock Radio），由 Best Buy 销售。演示程序还将从 ProductDB 数据库中访问存储的闹钟收音机信息。采集的所有 RDF 数据将在一个三列表（主体、谓词、客体）中显示。

3.5.1 使用 Python 抓取关联数据网

之所以选择 Python 这种脚本语言，是因为它支持采集并可以使用聚合后的 RDF 信息。如图 3.17 所示，示例脚本（清单 3.2）将从 Best Buy 网页采集有关达斯·维德闹钟收音机的 RDFa 关联数据，并使用这些数据从 ProductDB 获取更多的关联信息。

对于达斯·维德闹钟收音机，通过 RDFa Developer 插件可以确定一个包含产品 UPC（通用产品代码）的三元组。UPC 用于搜索 ProductDB。如图 3.18 所示，输出信息（output.html）包括网页的 HTML，后者以 TTL 语句组件表格的形式列出了发现的三元组。

注意 为执行该脚本，需要安装 Python 解释器以及 RDFlib 和 html5lib 库。

读者可以从 Python 网站①下载 Python 解释器，并参考新手指南②选择所需的安装包。

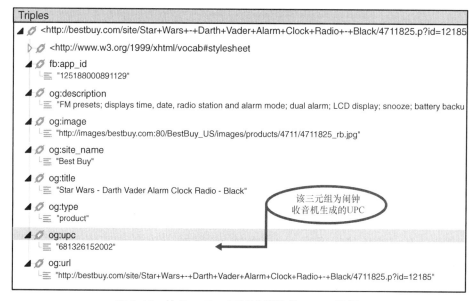

图 3.17 Best Buy 的 Darth Vader 闹钟收音机网页

图 3.18 从 Best Buy 网页中提取的 RDFa 数据

为执行该脚本，必须安装 RDFLib 和 html5lib 库。读者可以从 GitHub 下载 RDFLib③，后者用于获取 ProductDB 中的 Turtle 文件。由于 Best Buy 网站使用了 HTML5 技术，因此需要 html5lib

① 参见 https://www.python.org/。

② 参见 https://wiki.python.org/moin/BeginnersGuide/Download。

③ 参见 https://github.com/RDFLib/rdflib。

的支持。读者同样可以从 GitHub 下载 html5lib①，并将文件保存在[PYTHON HOME]/lib 中。只需几分钟就能完成两个库的安装，之后就能运行清单 3.2 所示的 Python 脚本。

清单 3.2　为聚合用于 HTML 显示的 RDF 数据，可以使用以下 Python 脚本

```
#! /usr/bin/python

import rdflib
import html5lib

output = open("output.HTML", "w")

productDBGraph = rdflib.Graph()
productDBResult =
➥    productDBGraph.parse('http://productdb.org/gtin/00681326152002.ttl',
      format='turtle')

bestBuyGraph = rdflib.Graph()
bestBuyResult =
➥    bestBuyGraph.parse('http://purl.org/net/BestBuyDarthVaderClock',
      format='rdfa')
print >>output, """<HTML>
<head>
    <title>Product Information</title>
</head>
<body>
<table border="1">"""

print >>output,
➥    "<tr><th>Subject</th><th>Predicate</th><th>Object</th></tr>"

for sub, pred, obj in productDBGraph:
    print >>output, "<tr><td>%s</td><td>%s</td><td>%s</td></tr>" % (sub,
➥    pred, obj)

for sub, pred, obj in bestBuyGraph:
    print >>output, "<tr><td>%s</td><td>%s</td><td>%s</td></tr>" % (sub,
➥pred, obj)

print >>output, """</table>
</body></HTML>"""
```

在 ProductDB 中，使用 RDFLib 建立可供解析的图谱

在 Best Buy 中，使用 RDFLib 和 html5lib 建立可供解析的图谱

此处并未使用很长的 Best Buy URL②，而是采用 PURL(持久化 URL)；这是一种重定向，有助于增强 URL 的可读性

开始打印包含 RDF 的 HTML 页面

打印从 ProductDB 和 Best Buy 获取的所有三元组的主体、谓词和客体，并将它们置于 HTML 表格中

---

① 参见 https://github.com/html5lib（原链接跳转至此）。

② 清单 3.2 引用的 Best Buy URL：http://www.bestbuy.com/site/star-wars-darth-vader-alarm-clock-radio-black/4711825.p?id=1218515225401&skuId=4711825&st=Star%20Wars&cp=1&lp=7。

3.5.2　利用聚合后的 RDF 输出 HTML

除了聚合来自 Best Buy 和 ProductDB 的 RDF 数据外，清单 3.2 中的 Python 脚本还创建了一个名为 output.html 的 HTML 输出文件。虽然可以将聚合后的数据保存在三元组的文件中，不过为了便于观察输出结果，我们采用 HTML 格式显示数据。请读者在浏览器中打开该文件。在生成的 HTML 文件中，第一个页面应包含表 3.1 所示的内容，表中的每一行代表一组 Turtle 三元组。

表 3.1　清单 3.2 具有代表性的样本输出

主　　体	谓　　词	客　　体
http://productdb.org/gtin /00681326152002	http://purl.org/goodrelations/v1#hasGTIN-14	00681326152002
http://productdb.org/gtin /00681326152002	http://purl.org/goodrelations/ v1#hasManufacturer	http://productdb.org/brands/star-wars
http://productdb.org/gtin /00681326152002	http://schema.org/manufacturer	http://productdb.org/brands/star-wars
http://productdb.org/gtin /00681326152002	http://schema.org/image	http://images.bestbuy.com/BestBuy_US/images/ products/4711/4711825_rc.jpg
http://productdb.org/gtin /00681326152002	http://schema.org/url	http://www.bestbuy.com/site/Star+Wars+-+Darth+Vader+ Alarm+Clock+Radio+-+Black/4711825.p?id=12185 15225401&skuId=4711825&cmp=RMX&ky=2nBw HqIqwH8HeGDnJH2Cia1DoDKws99jo
http://productdb.org/gtin /00681326152002	http://schema.org/productID	0681326152002
http://productdb.org/gtin /00681326152002	http://schema.org/name	星球大战—Darth Vader 闹钟收音机—黑色
http://productdb.org/gtin /00681326152002	http://open.vocab.org/terms/category	http://productdb.org/classifications/bestbuy/ pcmcat263000050000
http://productdb.org/gtin /00681326152002	http://www.w3.org/1999/02/22-rdf-syntax- ns#type	http://schema.org/Product
http://productdb.org/gtin /00681326152002	http://www.w3.org/1999/02/22-rdf-syntax- ns#type	http://purl.org/goodrelations/v1#ProductOrService-Model

这个应用程序对数据进行聚合，并演示了利用 Python 以及 RDFLib 与 html5lib 从 Best Buy 和 ProductDB 提取 RDF 数据。接下来，我们将聚合后的数据转换为 HTML 格式，以便在浏览器中观察输出结果。第 6、7、9 章将介绍如何在其他应用程序中保存、管道化或重用这些聚合数据。

3.6　小结

本章介绍了在万维网上使用关联数据所涉及的诸多问题，并论述了以万维网的方式思考的重要性。我们不仅讨论了以手动方式 "按图索骥" 查找关联数据的方法，还介绍了有助于提高查找效率的几种专门工具。最后，我们使用 Python、RDFLib 与 html5lib 开发了一个关联数据检索程序，后者从一个信源检索关联数据，然后利用相关结果从另一个信源检索其他数据。在接下来的章节中，我们将重点讨论开发和发布关联数据所用的技术，以及用于聚合此类数据的增强搜索技术。

第 2 部分

关联数据进阶

什么是 FOAF（朋友的朋友）词表，如何利用它发布用户自己的 FOAF 配置文件呢？有哪些其他相关的词表，如何找到它们呢？SPARQL 的作用是什么，如何利用它在万维网上查找所需的关联数据呢？

第 1 部分重点介绍了如何理解并使用关联数据。第 2 部分将讨论创建和发布 FOAF 配置文件的方法，利用 SPARQL 对数据网（Web of Data）进行查询，并将结果聚合以供今后使用。

第 4 章　利用 FOAF 创建关联数据

本章内容

- ■ FOAF（朋友的朋友）项目简介
- ■ 利用 FOAF 创建个人描述
- ■ 通过 FOAF 配置文件和礼物愿望清单并发现相关的产品信息
- ■ 更新并扩展 FOAF 配置文件

完成第 1 部分的学习后，读者已经初步掌握了发现已发布关联数据的方法，这一章将讨论如何创建并发布用户自己的数据。简单起见，我们将从创建个人关联数据配置文件开始，这种配置文件以朋友的朋友（Friend of a Friend，FOAF）词表为基础。

FOAF 项目始于 2000 年，旨在生成描述个人信息且机器可读的网页，以期实现语义网的目标，即创建一个机器可访问的数据网。FOAF 项目受欢迎的程度超出了预期，它有助于构建相当于典型 HTML 主页的语义网。这一章将对 FOAF 作一概述，介绍如何创建个人 FOAF 配置文件，并讨论通过公开发布数据以加入 FOAF 社区的方法。

FOAF 最初只是一个"实验性质的链接信息项目"。项目创始人为 Dan Brickley[1]和 Libby Miller[2]，Edd Dumbill[3]和 Leigh Dodds[4]为项目成功做出了重要贡献。FOAF 用于对个人信息进行描述，包括兴趣、成就、活动以及与其他人的关系。FOAF 将生成 RDF 数据文件，后者很容易就能被机器采集并聚合。与所有 RDF 词表类似，FOAF 描述易与其他 RDF 词表进行合并，从而实现不同 FOAF 文档之间的链接。这种聚合在一定程度上丰富了数据网。

---

① 参见 Dan Brickley 简历：http://danbri.org/cv/DanBrickley2012ResumePub.pdf。

② 参见 Libby Miller 简历：http://www.bris.ac.uk/ilrt/people/libby-m-miller/overview.html。

③ 参见 http://radar.oreilly.com/edd。

④ 参见 http://www.ldodds.com/。

这一章将以《星球大战》主角 Anakin Skywalker 及其化身 Darth Vader 为例，向读者介绍创建 FOAF 配置文件的两种方法：（1）通过使用简单的编辑器和几种验证工具，手动创建 Anakin 的配置文件；（2）通过在 HTML 表单中输入所需的信息，自动生成配置文件。之所以选择这种顺序，是为了让读者熟悉 FOAF 配置文件的内容，并利用本书作者开发的在线工具轻松创建基本的配置文件。

无论采用哪种方法，都能将 FOAF 配置文件及其相关文档发布到万维网上。接下来，我们将引导读者开发一个 Python 程序，该程序从 FOAF 配置文件和个人礼物愿望清单中提取数据（RDF/Turtle 格式），并发现其他相关信息。此外，我们还将介绍如何使用其他词表对基本的 FOAF 配置文件进行扩展。

4.1 创建个人 FOAF 配置文件

本节将介绍 FOAF 词表，并讨论如何使用它来创建个人 FOAF 配置文件文档，后者相当于个人 HTML 主页。Anakin Skywalker（Darth Vader）将是这个 FOAF 配置文件的主体。有关 FOAF 词表的模式和描述，请参考 xmlns.com[①]。表 4.1 列出了 FOAF 包含的类和属性。

表 4.1 FOAF 类和属性 [a]

类		
Agent	OnlineAccount	Person
Document	OnlineChatAccount	PersonalProfileDocument
Group	OnlineEcommerceAccount	Project
Image	OnlineGamingAccount	
LabelProperty	Organization	
属性		
account	homepage	pastProject
accountName	icqChatID	phone
accountServiceHomepage	img	plan
age	interest	primaryTopic
aimChatID	isPrimaryTopicOf	publications
based_near	jabbered	schoolHomepage
birthday	knows	sha1
currentProject	lastName	skypeID
depiction	logo	status
depicts	made	surname
dnaChecksum	maker	theme

---

① 参见 http://xmlns.com/foaf/spec/（原链接跳转至此）。

续表

属性		
familyName	mbox	thumbnail
family_name	mbox_sha1sum	tipjar
firstName	member	title
focus	membershipClass	topic
fundedby	msnchatID	topic_interest
geekcode	myersBriggs	weblog
gender	name	workInfoHomepage
givenName	nick	workplaceHomepage
givenname	openid	yahooChatID
holdsAccount	page	

a 参见命名空间文档 *FOAF Vocabulary Specification 0.98*（2010 年 8 月发布）: http://xmlns.com/foaf/spec/#term_Person。

注意 http://xmlns.com/foaf/0.1/是 http://xmlns.com/foaf/spec/的 PURL（持久化 URL），后者是一种作为永久标识符使用的网址[①]。如果底层网址被重新定位，PURL 将确保正确的重定向能自动执行。换言之，即便网络资源从一台设备迁移到另一台设备，PURL 也能提供对它们的持续引用。在本例中，使用 PURL 可以确保能永久访问 FOAF 词表。

4.1.1 FOAF 词表简介

从表 4.1 可以看到，FOAF 词表包括许多类和属性。简单起见，我们仅将注意力放在 Person 类上。可以将 Person 类视为 FOAF 词表的一个关键组件，它实际上是 Agent 的一个子类。在创建 Anakin Skywalker 的 FOAF 配置文件时，我们将介绍 Person 的属性及其基本用法。Person 类是 FOAF 词表的核心，用于描述在世、逝去、真实或虚构的人物。表 4.2 列出了 Person 类包含的属性。

表 4.2 **Person** 类包含的属性

myersBriggs	familyName	publications	lastName
family_name	plan	firstName	currentProject
surname	knows	workInfoHomepage	pastProject
geekcode	schoolHomepage	workplaceHomepage	img

我们不难从属性名中推断出大部分术语的含义。读者也可能注意到，某些属性似乎是冗余的，如 familyName、family_name 和 Surname。词表之所以包含这些含义相同的术语，是因为各地区的文化习惯可能有所不同。有关每个术语重要性的详细解释和描述，请参考 xmlns.com[②]。

---

① 参见 Purl 管理员接口: http://purl.oclc.org/docs/index.html（原链接已失效）。

② 参见 http://xmlns.com/foaf/spec/#term_Person。

注意　由于 FOAF 配置文件相当于个人主页，它属于一种公开的配置文件。有鉴于此，应仅在万维网上发布希望公开的内容。

4.1.2　方法 I：手动创建基本的 FOAF 配置文件

根据我们对 Anakin Skywalker 的了解，可以使用编辑器草拟出一份可能发布的基本 FOAF 配置文件。清单 4.1 显示了 Anakin Skywalker 的基本 FOAF 配置文件，它包含应用了多个 FOAF 类和属性（特别是 `Person` 类）的陈述。与个人主页类似，该文档透露了以下信息："我叫 Anakin Skywalker；我是一名绝地武士；我的昵称是'天选之子'；更多信息请参见 Darth_Vader 配置文件"。发布之后，多个 FOAF 配置文件可以链接形成数据网。较之 HTML 主页描述，FOAF 词表的定义更加明确且不存在歧义。如清单 4.1 所示，FOAF 配置文件应用了 FOAF 词表定义的 14 个属性（表 4.1 和表 4.2）。

清单 4.1　阿纳金·天行者（又名达斯·维德）的示例 FOAF 配置文件

```
@base <http://rosemary.umw.edu/~marsha/starwars/foaf.ttl#>.
@prefix foaf: <http://xmlns.com/foaf/0.1/> .          ← Web 引用的前
@prefix rdf: <http://www.w3.org/1999/02/22-rdf-syntax-ns#> .   缀缩写
@prefix rdfs: <http://www.w3.org/2000/01/rdf-schema#> .
@prefix stars: <http://www.starwars.com/explore/encyclopedia/characters/>.


<me> a foaf:Person;
     foaf:family_name "Skywalker";
     foaf:givenname "Anakin";
     foaf:gender "Male";
     foaf:title "Mr.";
     foaf:homepage <http://www.imdb.com/character/ch0000005/bio>;
     foaf:mbox_sha1sum "d37a210cadc241b0f7aeb76069e58843bd8940a0";  ← 采用 sha1sum
     foaf:name "Anakin Skywalker";                                    算法编码的邮
     foaf:nick "The Chosen One";                                      箱地址
     foaf:phone <tel:8665550100>;
     foaf:title "Jedi";                           ← tel:并非命名空间，
     foaf:workplaceHomepage <stars:anakinskywalker/> .   它是一种与 http:相
<me> a foaf:PersonalProfileDocument;              同的 URI 方案①
     foaf:primaryTopic <me>;
     rdfs:seeAlso <http://live.dbpedia.org/page/Darth_Vader> .
```

读者可能注意到，邮件地址（darthvader@example.com）并未以纯文本的方式发布，而是采用名为 sha1sum 的算法进行编码。有关这种算法的讨论和描述，请参考 xmlns.com[②]和 gnu.org[③]。

以纯文本的方式发布邮件地址可能会招致麻烦。同样需要注意的是，`foaf:mbox_sha1sum`、`foaf:mbox` 和 `foaf:homepage` 都具备反函数型属性（inverse functional property）。也就是说，

---

① `tel`：URI 方案定义在 RFC 3966 中，参见 https://tools.ietf.org/html/rfc3966。

② 参见 http://xmlns.com/foaf/spec/#term_mbox_sha1sum。

③ 参见 http://www.gnu.org/software/coreutils/manual/html_node/Summarizing-files.html#Summarizing-files。

如果聚合器（aggregator）发现两个具备反函数型属性的资源拥有相同的值，就可以安全地将二者的描述和关系合并到同一个人身上。这个过程称为冲洗（smushing），旨在确保不同资源的数据能正确地进行合并。不过在关联数据社区中，对是否应该使用冲洗存在一定争议，部分开发人员更倾向于采用其他方法达到同样的目的。不难看到，清单 4.1 中的某些属性虽然来自 FOAF 词表，但并不属于 Person 类，不过它们仍然出现在代码中。因为这些属性是自解释的，有助于丰富 Anakin Skywalker（即 Darth Vader）的描述。

4.1.3 改进基本的 FOAF 配置文件

清单 4.1 显示的 FOAF 配置文件包括 Anakin Skywalker 的基本元数据。接下来，清单 4.2 将进一步描述他和另一个人的关系。请注意，foaf:knows 属性只是断言两人之间存在某种关系，但并不意味着这种关系是互惠的。其他词表和社区可以进一步定义不同类型的关系，比如描述人物关系的 Relationship 词表[1]。如果需要缩写术语，建议采用 rel 作为前缀。

在 Relationship 词表中，每个类或属性都有相应的 URI，将术语名添加到词表的 URI 之后即可完成构建[2]。

清单 4.2　改进后的 FOAF 配置文件对 foaf:knows 关系进行建模

```
@base <http://rosemary.umw.edu/~marsha/starwars/foaf.ttl#>.
@prefix foaf: <http://xmlns.com/foaf/0.1/> .
@prefix rdf: <http://www.w3.org/1999/02/22-rdf-syntax-ns#> .
@prefix rdfs: <http://www.w3.org/2000/01/rdf-schema#> .
@prefix stars:
<http://www.starwars.com/explore/encyclopedia/characters/>.

<me> a foaf:Person;
    foaf:family_name "Skywalker";
    foaf:givenname "Anakin";
    foaf:gender "Male";
    foaf:title "Mr.";
    foaf:knows [
        a foaf:Person;
        foaf:mbox_sha1sum
            "aadfbacb9de289977d85974fda32baff4b60ca86";
        foaf:name "Obi-Wan Kenobi";
        rdfs:seeAlso <http://live.dbpedia.org/page/Obi-
            Wan_Kenobi>
        ];
    foaf:homepage
        <http://www.imdb.com/character/ch0000005/bio>;
    foaf:mbox_sha1sum
        "d37a210cadc241b0f7aeb76069e58843bd8940a0";
```

foaf:knows 的
示例

---

[1] 参见 http://vocab.org/relationship/。

[2] 如 http://purl.org/vocab/relationship/friendOf。

```
    foaf:name "Anakin Skywalker";
    foaf:nick "The Chosen One";
    foaf:phone <tel:8665550100>;
    foaf:title "Jedi";
    foaf:workplaceHomepage <stars:anakinskywalker/> .
    <me> a foaf:PersonalProfileDocument;
    foaf:primaryTopic <me> .
```

清单 4.3 显示了 Relationship 词表以及冲洗过程。虽然 Anakin Skywalker "认识" Obi-Wan Kenobi，但不太可能邀请他共进晚餐，这从 rel:enemyOf 属性就可以看出。与宽泛且不那么精确的 foaf:knows 相比，rel:enemyOf 所描述的人物关系显然更为准确。

清单 4.3　利用 `rdfs` 和 `rel` 属性改进 FOAF 配置文件

```
    @base <http://rosemary.umw.edu/~marsha/starwars/foaf.ttl#>.
    @prefix foaf: <http://xmlns.com/foaf/0.1/> .
    @prefix rdf: <http://www.w3.org/1999/02/22-rdf-syntax-ns#> .
    @prefix rdfs: <http://www.w3.org/2000/01/rdf-schema#> .
    @prefix rel: <http://purl.org/vocab/relationship>.
    @prefix stars:
➥      <http://www.starwars.com/explore/encyclopedia/characters/>.
    <me> a foaf:Person;
        foaf:family_name "Skywalker";
        foaf:givenname "Anakin";
        foaf:gender "Male";
        foaf:title "Mr.";

        foaf:knows [
           a foaf:Person;
           foaf:mbox_sha1sum "d37a210cadc241b0f7aeb76069e58843bd8940a0";
           foaf:name "Darth Vader";
           rel:enemyOf <http://live.dbpedia.org/page/Obi-Wan_Kenobi>;
           ];
        foaf:knows [
           a foaf:Person;
           foaf:mbox_sha1sum "aadfbacb9de289977d85974fda32baff4b60ca86";       rel:enemyOf
           foaf:name "Obi-Wan Kenobi";                                         的示例
           rdfs:seeAlso <http://live.dbpedia.org/page/Obi-Wan_Kenobi>;
           rel:enemyOf <me>;
           ];
        foaf:homepage <http://www.imdb.com/character/ch0000005/bio>;
        foaf:mbox_sha1sum "d37a210cadc241b0f7aeb76069e58843bd8940a0";
        foaf:name "Anakin Skywalker";
        foaf:nick "The Chosen One";
        foaf:phone <tel:8665550100>;
        foaf:title "Jedi";
        foaf:workplaceHomepage <stars:anakinskywalker/> .
    <me> a foaf:PersonalProfileDocument;
        foaf:primaryTopic <me> .
```

读者可能注意到，Anakin Skywalker 和 Darth Vader 的 `foaf:mbox_sha1sum` 属性是相同的。在关联数据社区内部，二者被视为同一个人。

创建 FOAF 配置文件后，需要将其发布到万维网上，并将新信息链接到现有的 FOAF 数据网络。在万维网上发布配置文件之前，应将其保存在一个可公开访问的 Web 空间。

在本例中，我们使用玛丽华盛顿大学（University of Mary Washington）提供的空间发布 Anakin 的 FOAF 配置文件[①]。下载该文件，并将其命名为 foaf.ttl。现在，读者可以通过发布自己的 FOAF 配置文件并应用以下某种方法来加入 FOAF 社区。使用 HTML 的 `link` 标签指向 FOAF 描述，后者类似于：

```
<link rel="alternate" type="text/turtle" href="http://
    yourPublicWebSpace/FOAF.ttl" title="My FOAF" />
```

- 通过在用户的 FOAF 配置文件中包含这些文件的链接，以包含对用户朋友的 FOAF 文件的引用。例如，添加以下陈述来引用本书作者 Marsha Zaidman 的 FOAF 描述：

```
rdfs:seeAlso <http://rosemary.umw.edu/~marsha/foaf.ttl>
```

- 也可以通过 `seeAlso` 链接到用户自己或朋友的 Facebook、LinkedIn 和 Pinterest 账户。

4.1.4　方法 II：自动生成 FOAF 配置文件

前面介绍了如何手动创建 FOAF 配置文件，以便读者了解 FOAF 词表的应用。不过生成 FOAF 配置文件还有一种更简单的办法，就是采用本书作者开发的 3 Round Stones FOAF Profile Generator[②]。这个应用程序将引导用户输入个人数据，并生成一个 Turtle 格式的 FOAF 配置文件。请注意，程序不会以任何方式使用或自动保存用户在页面中输入的任何信息。图 4.1 显示了 FOAF Profile Generator 的起始页面。用户填写所需的基本信息，也可以根据情况跳过任何字段。基本信息填写完毕后，选择页面底部的某个标签，然后提交所请求的信息。

图 4.1 的页面上方是个人元数据。单击 Friends I Know 标签后，将显示用户认识的人。输入指向这些人邮件地址或 FOAF 配置文件的链接，可以将用户的 FOAF 配置文件链接到数据网上的其他用户。在 Social Networking 标签中输入指向其他社交网站的链接，程序将把用户的 FOAF 配置文件与万维网上的其他相关数据连接在一起。Additional Info 标签表示其他个人信息，如用户最新的出版物。输入所有需要的数据后，请按提示进行操作。如图 4.2 所示，所生成的 FOAF 配置文件（Turtle 格式）将显示在页面中央的文本框中。保存该文档，然后将其发布到万维网上。

在 FOAF Profile Generator 的表单中，大部分请求数据是不言自明的，不过我们仍然要对某些字段略作解释。Base URI 表示通过万维网访问 FOAF 配置文件时，文件最终保存位置的 URI。Homepage 表示用户 HTML 主页的 URI。虽然用户以人类可读的格式输入邮件地址，不过后者将

采用 4.1.2 节讨论的 sha1sum 算法进行加密，以创建个人 FOAF 配置文件。

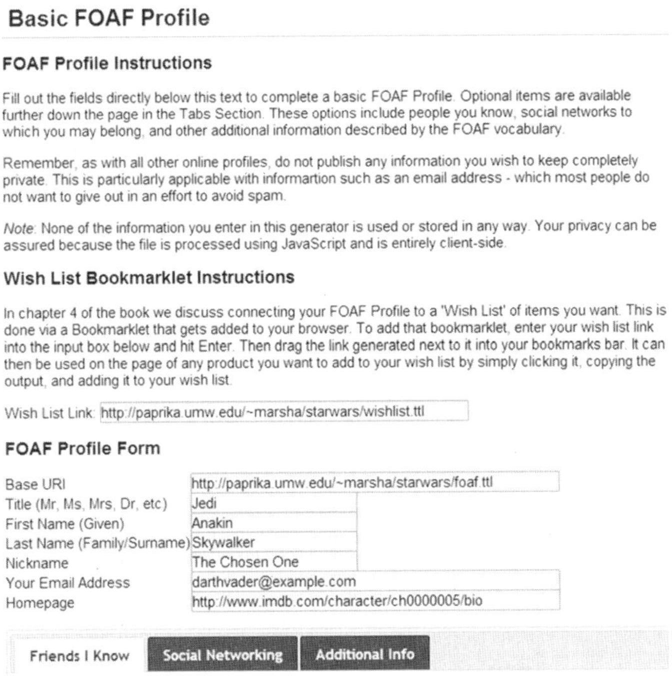

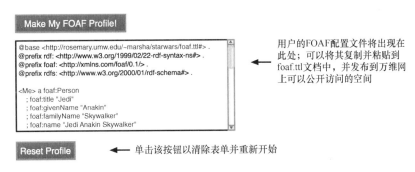

图 4.1 FOAF Profile Generator：起始页面

图 4.2 FOAF Profile Generator：最终页面

如有必要，用户可以提交尽可能多的朋友信息，只需单击 Add Friend 按钮就能添加更多的选项[①]。再次强调的是，他们的邮件地址将在最终生成的 FOAF 配置文件中被加密。输入完毕后，单击 Social Networking 或 Additional Info 标签。用户可以返回任何标签，根据需要查看和编辑已填写的信息。

---

① 单击后报错：Error loading stylesheet: Parsing an XSLT stylesheet failed。——译者注

Social Networking 标签旨在帮助用户建立与主流社交媒体网站的链接，这类信息经常在个人 HTML 主页中出现。由于 FOAF 配置文件与之类似，用户也可能在配置文件中看到这些链接。

现在，Turtle 格式的 FOAF 配置文件创建完毕，达到可以发布的状态。清单 4.4 显示了通过 3 Round Stones FOAF Profile Generator 生成的 FOAF 配置文件。可以看到，后者与之前手动创建的 FOAF 配置文件有诸多相似之处。

FOAF Profile Generator 的输出格式与清单 4.1、清单 4.2 和清单 4.3 略有不同。在清单 4.4 中，用于终止 Turtle 陈述的分号（；）和句点（．）出现在后续陈述的开头，而不是上一行的末尾。由于所有标点符号都是垂直对齐的，应将其作为首选样式。此外，仅能使用通用词表定义的前缀。从逻辑上讲，自动生成与手动创建的 FOAF 配置文件并无区别。

清单 4.4 3 Round Stones FOAF Profile Generator 生成的 FOAF 配置文件

```
@base <http://rosemary.umw.edu/~marsha/starwars/foaf.ttl#> .          常用词表及
@prefix rdf: <http://www.w3.org/1999/02/22-rdf-syntax-ns#> .          其前缀
@prefix foaf: <http://xmlns.com/foaf/0.1/> .
@prefix rdfs: <http://www.w3.org/2000/01/rdf-schema#> .


<Me> a foaf:Person
  ; foaf:title "Jedi"
  ; foaf:givenName "Anakin"
  ; foaf:familyName "Skywalker"
  ; foaf:name "Jedi Anakin Skywalker"
  ; foaf:nick "The Chosen One"
  ; foaf:mbox_sha1sum "d37a210cadc241b0f7aeb76069e58843bd8940a0"
  ; foaf:homepage <http://www.imdb.com/character/ch0000005/bio>
  ; foaf:account <https://www.facebook.com/pages/Darth-Vader/10959490906484>

  ; foaf:age "100"
  ; foaf:img <http://www.starwars.com/img/explore/encyclopedia/characters/
➥ darthvader_detail.png>
.


<http://rosemary.umw.edu/~marsha/starwars/foaf.ttl#Me>
➥   foaf:knows <d37a210cadc241b0f7aeb76069e58843bd8940a0> .


<d37a210cadc241b0f7aeb76069e58843bd8940a0> a foaf:Person
  ; foaf:name "Darth Vader"
.


<http://rosemary.umw.edu/~marsha/starwars/foaf.ttl#Me>
➥   foaf:knows <548a58890349e5af34cee097c31c8c16591cd58f> .


<548a58890349e5af34cee097c31c8c16591cd58f> a foaf:Person
  ; foaf:name "Obi-Wan Kenobi"
.
```

本节介绍了 FOAF 词表，并讨论了它在创建个人 FOAF 配置文件时的应用。可以看到，FOAF

配置文件与 HTML 主页非常相似。用户既可以使用编辑器手动编写配置文件，也可以通过 3 Round Stones FOAF Profile Generator 自动生成配置文件。无论采用哪种方法，都可以保存所创建的配置文件，并在需要时进行编辑以包含其他数据。

4.2　为 FOAF 配置文件添加更多内容

通过添加更多的个人信息，可以进一步自定义 foaf.ttl 文档。不少广泛使用的词表涵盖了大部分常见类型的数据，应尽可能地使用它们。其中一种词表是 WGS84 Basic Geo[①]，它定义了用于描述地理位置的术语，如 lat 和 long。清单 4.5 显示了该词表的应用。

清单 4.5　WGS84 Basic Geo 词表应用示例

将 geo 定义为 Geo 词表的前缀

```
@base <http://rosemary.umw.edu/~marsha/foaf.ttl> .
@prefix foaf: <http://xmlns.com/foaf/0.1/> .
@prefix dc: <http://purl.org/dc/elements/1.1/> .
@prefix geo: <http://www.w3.org/2003/01/geo/wgs84_pos#> .
<me> a foaf:person;
        foaf:based_near [
                geo:lat "38.301304";
                geo:long "-77.47447" ];
        foaf:homepage [
                dc:title "Marsha's home page" ],
                <http://rosemary.umw.edu/~marsha/index.html>;
        foaf:name "Marsha Zaidman" .
```

将 dc 定义为都柏林核心词表的前缀

geo:lat 和 geo:long 属性的应用

通过将使用 FOAF 词表[②]和 Relationship 词表[③]中附加属性的陈述包含在内，可以进一步强化 FOAF 配置文件。Relationship 词表由 Eric Vitiello 创建，表 4.3 列出了其中的术语。在接下来的示例中，我们将应用 foaf:img 属性以及 Relationship 词表中的其他属性。

注意　foaf:img 用于将人和图片关联在一起，应将其称为 foaf:mug_shot。换言之，在动物或其他物体的图片中使用 foaf:img 并不合适。此外，该属性并未对与其相关的图片尺寸或颜色深浅作出任何限制。

表 4.3　Relationship 词表术语

acquaintanceOf	enemyOf	lostContactWith
ambivalentOf	engagedTo	mentorOf
ancestorOf	friendOf	neighborOf
antagonistOf	grandchildOf	parentOf
apprenticeTo	grandparentOf	Participant

---

① 参见 https://www.w3.org/2003/01/geo/。

② 参见 http://xmlns.com/foaf/spec/（原链接跳转至此）。

③ 参见 http://vocab.org/relationship/。

续表

childOf	hasMet	participantIn
closeFriendOf	influencedBy	Relationship
collaboratesWith	knowsByReputation	siblingOf
colleagueOf	knowsInpassing	spouseOf
descendantOf	knowsOf	worksWith
employedBy	lifePartnerof	wouldLikeToKnow
employerOf	livesWith	

在描述人物关系时，Relationship 词表提供了多样化的术语，比 foaf:knows 更为丰富。清单 4.6 显示了应用 spouseOf 关系的一个简单示例。使用表 4.3 列出的其他术语时，也可以采用类似的陈述。

清单 4.6　通过 foaf:img 和 rel:spouseOf 改进 FOAF 配置文件

```
@base <http://rosemary.umw.edu/~marsha/starwars/foaf.ttl#>.
@prefix foaf: <http://xmlns.com/foaf/0.1/> .

@prefix rdf: <http://www.w3.org/1999/02/22-rdf-syntax-ns#> .
@prefix rdfs: <http://www.w3.org/2000/01/rdf-schema#> .
@prefix rel: <http://purl.org/vocab/relationship>.
@prefix stars: <http://www.starwars.com/explore/encyclopedia/characters/>.

<me> a foaf:Person;
        foaf:family_name "Skywalker";
        foaf:givenname "Anakin";
        foaf:gender "Male";
        foaf:title "Mr.";
        foaf:img <stars:anakinskywalker_detail.png>;        ⟵
        rel:spouseOf <stars:padmeamidala/>;

        foaf:knows [
            a foaf:Person;
            foaf:mbox_sha1sum
    "d37a210cadc241b0f7aeb76069e58843bd8940a0";
            foaf:name "Darth Vader";
            foaf:img   <stars:darthvader_detail.png>;    ⟵
            rel:enemyOf <http://live.dbpedia.org/page/Obi-
    Wan_Kenobi>;
            ];

        foaf:knows [
            a foaf:Person;
            foaf:mbox_sha1sum
    "aadfbacb9de289977d85974fda32baff4b60ca86";
            foaf:name "Obi-Wan Kenobi";
            rdfs:seeAlso <http://live.dbpedia.org/page/Obi-
```

应用 rel:spouseOf

应用 foaf:img

```
                   Wan_Kenobi>;
                             rel:enemyOf <me>;
                         ];
       foaf:homepage <http://www.imdb.com/character/ch0000005/bio>;
       foaf:mbox_sha1sum "d37a210cadc241b0f7aeb76069e58843bd8940a0";
       foaf:name "Anakin Skywalker";
       foaf:nick "The Chosen One";
       foaf:phone <tel:8665550100>;
       foaf:title "Jedi";
       foaf:workplaceHomepage <stars:anakinskywalker/> .
<me> a foaf:PersonalProfileDocument;
       foaf:primaryTopic <me> .
```

有不少 RDF 词表可供使用。为促进数据网的包容和扩展，应尽可能地使用这些标准化词表。这与"像万维网一样思考"的思想一脉相承，有利于强化 Tim Berners-Lee 提出的 4 条关联数据原则。第 2 章介绍了常用的 RDF 词表，请读者参考表 2.2。

4.3 发布 FOAF 配置文件

完成 FOAF 配置文件的创建后，将陈述上传到 RDF 验证程序，以验证文档的语法是否正确。我们推荐使用 Joshua Tauberer 开发的 RDF Validator and Converter[①]，后者能验证 RDF/XML 和 Turtle 格式的文档。如果 foaf.ttl 文件正确无误，就可以将其发布到 Web 空间供其他用户访问。

为创建并发布语法正确的 FOAF 配置文件，应遵循以下几个步骤。

- 通过 FOAF 配置文件生成器创建基本的 FOAF 配置文件。我们推荐本书作者开发的 3 Round Stones FOAF Profile Generator。
- 在程序提供的表单中输入所需信息。
- 单击 Submit 按钮，生成 Turtle 格式的 FOAF 配置文件。
- 突出显示 FOAF 配置文件生成器的输出结果，将其复制并粘贴到文本编辑器中。
- 将配置文件保存为 foaf.ttl。
- 可以通过插入其他陈述来强化配置文件（并非强制要求），比如附加的 FOAF 类和属性（foaf）、Relationship 词表的关系（rel）或其他合适的模式。
- 保存修改后的配置文件。
- 采用 RDF 验证程序验证配置文件的语法是否正确。我们推荐 Joshua Tauberer 开发的 RDF Validator and Converter。
- 保存经过验证的配置文件。
- 将配置文件发布到万维网上可公开访问的文件空间。

非常好！我们已经完成关联数据的创建，并将其发布到数据网。欢迎加入 FOAF 社区！

---

① 参见 https://github.com/JoshData/rdfabout/blob/gh-pages/intro-to-rdf.md（原链接跳转至此）。

4.4　FOAF 配置文件的可视化

通过使用 Morten Frederiksen[①]开发的 FoaF Explorer[②]，可以实现 FOAF 配置文件的 HTML 可视化。这种工具将生成 FOAF 数据的 HTML 视图，包括参考图片和指向其他数据的链接。例如，对于 Anakin Skywalker 的 FOAF 配置文件（清单 4.3），可以利用 FoaF Explorer 生成相应的视图（图 4.3）。FoaF Explorer 这样的工具能促进 RDF 数据的可视化。

图 4.3　使用 FoaF Explorer 将 Anakin Skywalker（即 Darth Vader）的 FOAF 配置文件可视化

---

① 参见 http://www.wasab.dk/morten/en/（原链接已失效）。

② 参见 http://xml.mfd-consult.dk/foaf/explorer/（原链接已失效）。

4.2 和 4.3 节讨论了创建、自定义和发布 FOAF 配置文件的两种方法，配置文件所包含的内容与个人主页相似。使用验证程序有助于发现 FOAF 配置文件中可能存在的语法问题。通过将配置文件可视化（生成 HTML 视图），有助于确保所输入的内容正确无误。

4.5　应用程序：采用自定义词表链接 **RDF** 文档

除了加入 FOAF 社区外，读者或许希望了解 FOAF 配置文件是否还有其他应用。FOAF 配置文件本质上是一种包含个人信息的 RDF 文档。与其他 RDF 文档类似，FOAF 配置文件同样包含指向其他 RDF 数据的链接。在本节，我们将引导读者开发一个用于链接两个 RDF 文档的示例程序。我们首先创建一个自定义词表，并将其应用到 RDF 文档中。接下来，我们使用从这些 RDF 文档中获取的数据来查找万维网上的相关数据。示例程序所用的技术并不局限于 FOAF 配置文件和愿望清单，也可以利用它们从多个文档中选择所需的内容，然后使用这些数据从其他来源检索数据。第 5 章将介绍另一个使用 FOAF 配置文件的应用程序。

示例程序将 Anakin 的 FOAF 配置文件与一个基于 Web 的 RDF 愿望清单连接在一起，以便对配置文件进行扩展。愿望清单将直接链接到 FOAF 配置文件，它可以包含万维网上的任何产品。为加深对技术和概念的理解，读者应尝试创建一个愿望清单，并将它链接到自己的 FOAF 配置文件上。

4.5.1　创建愿望清单词表

创建文档就像编写 Turtle 文件一样简单。文档中唯一需要包含的内容（将所需项添加到保存的愿望清单之前）是前缀，前缀用于连接 FOAF 配置文件和愿望清单，以及愿望清单和其中的各项。不过，我们还需要一个描述愿望清单的词表。第 2 章讲解了创建自定义词表及其术语，清单 4.7 将很好地诠释这一过程：我们希望描述某个人与愿望清单、愿望清单与其中各项之间的关系，但找不到这样一个词表；在搜索无果后，我们决定创建自己的词表以描述这些关系，并将其应用到数据中。清单 4.7 显示了这个自定义词表及其关联的模式，该词表已创建完毕并已发布到可公开访问的空间[①]。

清单 4.7　定义愿望清单词表所用的源代码

```
# Vocabulary for Linked Data wish list App
# Luke Ruth (luke @ http://3Roundstones.com)
# 13 September 2012

@prefix wish: <http://purl.org/net/WishListSchema> .

# Properties
wish:wish_list
  rdf:type rdf:Property ;
  rdfs:isDefinedBy <http://purl.org/net/WishListSchema>;
  rdfs:label "has a wish list" ;
```

---

① 参见 http://purl.org/net/WishListSchema。

```
rdfs:comment "Indicates the entire wish list a person is related to." .
wish:wish_list_item
  rdf:type rdf:Property ;
  rdfs:isDefinedBy <http://purl.org/net/WishListSchema>;
  rdfs:label "has an item" ;
rdfs:comment "Indicates a single item that is listed on a wish list." .
```

4.5.2　创建、发布并链接愿望清单文档

藉由自定义词表，我们可以创建并发布愿望清单文档。步骤如下：

- 创建一个愿望清单文档；
- 将愿望清单文档发布到万维网上（极有可能与 FOAF 配置文件的位置相同）；
- 将愿望清单文档与 FOAF 配置文件相互链接。

使用文本编辑器创建一个包含以下陈述的愿望清单文档：

```
@prefix wish: http://purl.org/net/WishListSchema .
```

这条陈述建立了愿望清单词表的 URI，并使用 wish 作为关联前缀。接下来，我们采用与 FOAF 配置文件相同的方式和位置，将愿望清单文档发布到万维网上。将以下陈述添加到 FOAF 配置文件的末尾，就能建立从 FOAF 配置文件指向愿望清单的链接，如清单 4.8 所示。

```
<http://yourDomain/yourFoafProfile.ttl> wish:wishlist <http://yourDomain/
    yourWishList.ttl> .
```

显然，读者需要将 yourDomain 和 yourWishList 替换为实际的 URI，以便将 FOAF 配置文件链接到愿望清单。

清单 4.8　链接到愿望清单的 FOAF 配置文件

```
@base <http://rosemary.umw.edu/~marsha/starwars/foaf.ttl#> .
@prefix rdf: <http://www.w3.org/1999/02/22-rdf-syntax-ns#> .
@prefix foaf: <http://xmlns.com/foaf/0.1/> .
@prefix rdfs: <http://www.w3.org/2000/01/rdf-schema#> .

@prefix wish: <http://purl.org/net/WishListSchema> .         ←── 引用愿望
                                                                  清单词表
                                                                  的前缀
<Me> a foaf:Person
  ; foaf:title "Jedi"
  ; foaf:givenName "Anakin"
  ; foaf:familyName "Skywalker"
  ; foaf:name "Jedi Anakin Skywalker"
  ; foaf:nick "The Chosen One"
  ; foaf:mbox_sha1sum "d37a210cadc241b0f7aeb76069e58843bd8940a0"
  ; foaf:homepage <http://www.imdb.com/character/ch0000005/bio>
  ; foaf:account <https://www.facebook.com/pages/Darth-
➥ Vader/10959490906484>
  ; foaf:age "100"
  ; foaf:img <http://www.starwars.com/img/explore/encyclopedia/characters/
```

```
➥ darthvader_detail.png>
.

<http://rosemary.umw.edu/~marsha/starwars/foaf.ttl> wish:wish_list
➥   <http://rosemary.umw.edu/~marsha/starwars/wishList.ttl>            ◁───
.

<http://rosemary.umw.edu/~marsha/starwars/foaf.ttl#Me>
➥   foaf:knows <d37a210cadc241b0f7aeb76069e58843bd8940a0> .

<d37a210cadc241b0f7aeb76069e58843bd8940a0> a foaf:Person
   ; foaf:name "Darth Vader"
.

<http://rosemary.umw.edu/~marsha/starwars/foaf.ttl#Me>
➥   foaf:knows <548a58890349e5af34cee097c31c8c16591cd58f> .

<548a58890349e5af34cee097c31c8c16591cd58f> a foaf:Person
   ; foaf:name "Obi-Wan Kenobi"
.
```

将 FOAF 配置文件和
愿望清单文档链接
在一起的陈述

清单 4.8 显示了完整的 FOAF 配置文件，该配置文件包含指向愿望清单文档的链接。该文档已发布到玛丽华盛顿大学提供的空间中[①]。

4.5.3 为愿望清单文档添加内容

到目前为止，我们的愿望清单文档尚未包含对任何产品的引用。

我们可以使用编辑器手动插入三元组，将所需项添加到愿望清单中。每个三元组包括以下内容：

```
<URI of associated wishlist.ttl> wish:wish_list_item <URI of desired item>
```

读者也可以通过浏览器找到所需项，然后使用本书作者开发的"愿望清单小书签（wish list bookmarklet）"程序[②]生成这些三元组。如图 4.4 所示，只需将程序链接拖至浏览器的书签工具栏（Bookmarks Toolbar），就能方便地在浏览器中访问这个程序。

小书签的使用并不复杂：找出需要添加到愿望清单中的各项，然后单击书签工具栏中的 Create Bookmarklet，小书签将生成并在弹窗中显示一个名为 wishlistItem 的三元组。图 4.5 显示了小书签的屏幕截图。

复制所显示的文本内容，并将其粘贴到愿望清单文档中。反复进行此项操作，直到将全部所需项添加到愿望清单中。

---

① 参见 http://rosemary.umw.edu/~Emarsha/starwars/foafWishList.ttl。

② 参见 http://linkeddatadeveloper.com/Projects/Linked-Data/Sample-Apps/FOAF-Generator/index.xhtml?view（原链接跳转至此）。

图 4.4 获取"愿望清单小书签"

1. 浏览所需项
2. 单击书签工具栏中的 Create Bookmarklet
3. 将弹窗中的文本内容复制到愿望清单

图 4.5 使用"愿望清单小书签"

清单 4.9 显示了一个颇具代表性的愿望清单,我们已将其发布到玛丽华盛顿大学提供的空间[1]。请注意文档起始部分的 prefix 陈述。该文档包含两个三元组,它们表示由用户选择的 Best Buy 产品。每个三元组的主体是愿望清单文档,谓词是 Wish List Schema 中的 wish_list_item,客体是期望对象(来自与产品关联的 URL)的 URL。这个愿望清单包含两项。

清单 4.9　愿望清单文档示例

```
@prefix wish: <http://purl.org/net/WishListSchema> .
<http://rosemary.umw.edu/~marsha/starwars/wishlist.ttl>
➥    wish:wish_list_item <http://www.bestbuy.com/site/Sony+-+Cyber-
➥    shot+DSC-WX100+18.2-Megapixel+Digital+Camera+-
```

---

① 参见 http://rosemary.umw.edu/~marsha/starwars/wishlist.ttl。

```
➡    +Black/5430135.p?id=1218645197434&skuId=5430135&st=DSCWX100/B&cp=1&lp=
➡    1> .
<http://rosemary.umw.edu/~marsha/starwars/wishlist.ttl>
➡    wish:wish_list_item <http://www.bestbuy.com/site/Pro-Form+-
➡    +710+E+Elliptical/4876004.p?id=1218562659510&skuId=4876004> .
```

上述应用程序展示了如何将两个 RDF 文档链接在一起。我们不仅介绍了自定义词表的创建方法，还讨论了如何使用它将 FOAF 配置文件和愿望清单链接在一起，以及创建所需的愿望清单三元组。这些三元组被合并到愿望清单文档中。在这个应用程序中，我们演示了 RDF 数据文件之间的互联以及自定义词表的创建。第 6 章还将使用本章创建的愿望清单。

4.5.4　小书签程序初探

对于不熟悉 JavaScript 小书签的读者，本节作一个简要的介绍。小书签（bookmarklet）是一种嵌入到书签中的 JavaScript 程序，保存后就能独立于页面运行。小书签既可以是极小的 JavaScript 片段，也可以是由复杂代码构成的页面。由于需要实现的内容并不复杂，因此清单 4.10 所示的代码相对较短。我们希望创建单个三元组的过程能自动进行，该三元组将愿望清单和浏览器当前打开的页面的 URL 关联在一起。

幸运的是，仅需 JavaScript 和 jQuery 就能完成任务。如果在动手编写代码之前就考虑到这个问题，可以让开发事半功倍。只有两种信息是我们需要的：愿望清单的 URL 以及希望添加到愿望清单中的产品的 URL，除此之外都是格式和表达的问题。清单 4.10 显示了愿望清单应用程序的 JavaScript 实现。

清单 4.10　通过 JavaScript 小书签构建 Turtle 格式的愿望清单项

```
<script type="text/javascript">
  $(document).ready(function() {
  $("#wishForm").submit(function() {

  //Create bookmarklet variable as series of strings to avoid multiline
  //parsing issues
  var bookmarklet = "javascript:(function() {";
  bookmarklet += "var url = self.location.href;"
  bookmarklet += "var myWindow = window.open(\"\",\"Wish List Link\",
➡  \"width=600,height=300,status=1,resizable=1,left=420,top=260,
➡  screenX=420,screenY=260\");";
  bookmarklet += "myWindow.document.write(\"&lt;textarea rows=\'20\'
➡  cols=\'80\' id=\'output\'>&lt;/textarea>\");";
  bookmarklet += "myWindow.document.getElementById('output').value =
➡  '&lt;WISHLISTLINK> \n wish:wish_list_item \n &lt;' + url + '> .';";
  bookmarklet += "myWindow.focus();";
  bookmarklet += "})();";

  var wishList = $("#userWishListLink").val();
```

获取愿望清单 URL 的值，并
将其赋给变量 wishList

```
bookmarklet = bookmarklet.replace(/WISHLISTLINK/, wishList);

$("#results").show();
$("#bookmarkletLink").attr("href", bookmarklet);
return false;
}); // Close wishForm.submit
}); // Close document.ready
</script>
```

◁─ 显示小书签链
接，并为其分
配 href 属性

将小书签作为字符串进
行构建，然后为整个字
符串分配 href 属性

第一种必要信息是已发布愿望清单的 URL，可以通过 jQuery 将其从文本字段中取出，类似于：

```
var wishList = $("#userWishListLink").val();
```

第二种必要信息是当前页面（包含愿望清单项）的 URL，可以通过以下语句获取：

```
bookmarklet += "var url = self.location.href;"
```

上述操作的重点在于将小书签作为字符串进行构建，然后为整个字符串分配 href 属性，如
下所示：

```
$("#bookmarkletLink").attr("href", bookmarklet);
```

仅需以上几行代码，就能创建三元组并将其添加到愿望清单。在清单 4.10 中，其他 JavaScript
代码用于创建新窗口、格式化输出并在新窗口中显示，以便复制和粘贴到愿望清单文档。可以看
出，如果对这个小书签进行扩展，就能包括其他信息或编写更为复杂的陈述。

4.6   小结

本章介绍了在万维网上创建和发布关联数据的方法。FOAF 配置文件既可以手动编写，也可
以通过工具自动生成。非 FOAF 词表有助于强化 FOAF 配置文件。此外，本章还讨论了如何发布
FOAF 配置文件并加入 FOAF 社区，还介绍了 FOAF 配置文件与其他关联数据文档的链接方法。

接下来，我们将注意力从关联数据的发现和发布转向关联数据的查询。第 5 章将重点介绍如
何利用 SPARQL 搜索已发布的关联数据。

第 5 章 SPARQL：查询关联数据网

本章内容
- ■ SPARQL 查询语言简介
- ■ SPARQL 查询示例
- ■ SPARQL 查询类型概述
- ■ SPARQL 结果格式

所有数据库都需要查询语言的支持。SPARQL 之于 RDF 数据，如同 SQL 之于关系数据库。SPARQL 是在万维网上查询结构化数据所用的语言，尤其适合查询 RDF 或以类似格式表示的数据，因此也能用于关联数据的查询。SPARQL 旨在提供一种形式语言（formal language），以表达有意义的问题。

本章将讨论数据网（Web of Data）的查询，如同对互联网上一个规模巨大且高度分布的数据库进行查询。数据网所用的查询语言应能对 RDF 数据、万维网上可访问的 RDF 文件、本地数据库、万维网上的数据库等内容进行查询。此外，查询语言还需要具备一次查询多个数据源的能力，从而可以动态地使用这些数据源构建大型和虚拟的 RDF 图谱（RDF graph）。SPARQL 是查询 RDF 图谱的不二之选，类似于查询由一个或多个（可能为分布式）RDF 图谱构成的数据库。本章将介绍相应的实现方法。

由于不少读者都具有 SQL 的背景，我们在讨论 SPARQL 时将尽量使用 SQL 进行类比。虽然这种传统的关系数据模型与 RDF 的图谱数据模型存在较大差异，但这仍不失为一种有效的手段。SPARQL 的语法类似于 SQL，适合在查询 RDF 与关联数据时使用。

与 SQL 类似，SPARQL 遵循由 W3C 制订并被普遍接受的标准。但不同厂商会根据情况对这门语言进行扩展，以满足各自产品的需要。本章将重点介绍这种标准语言的组件，它们适用于各种情况——SPARQL 的实现并不像 SQL 那样分散。

"SPARQL"看起来像是多个单词的首字母缩写，但事实并非如此，它是一种递归缩写，其全称为"SPARQL Protocol and RDF Query Language（SPARQL 协议与 RDF 查询语言）"，这与 GNU（GNU's Not Unix）项目的命名一脉相承。"SPARQL"很容易发音，听起来既有趣又新鲜。事实上，SPARQL 的确既有趣又新鲜，这一章将解释其中的原因。

SPARQL 由一系列 W3C 正式推荐标准（W3C Recommendation）和相关的工作组备注（Working Group Note）定义，其标识如图 5.1 所示。

图 5.1　W3C SPARQL 标识

5.1　典型 SPARQL 查询概述

SPARQL 查询存在多种不同的形式。最常见的是选择查询（select query），它根据约束来选择信息，与 SQL 选择查询的形式极为类似。

清单 5.1 显示了一个具有代表性的 SPARQL 查询。如果暂时不理解这个查询的含义也不用担心，我们只是让读者熟悉一下典型 SPARQL SELECT 查询的结构。

所有 SPARQL SELECT 查询都采用以下结构。

1.　PREFIX（命名空间前缀）
2.　SELECT（定义需要检索的内容）
3.　FROM（指定从哪个数据集提取结果）
4.　WHERE {
　　　　　　} （描述选择所依据的标准，以查询三元组模式的形式出现）
5.　ORDER BY、LIMIT 等（影响预期结果的修饰符）

清单 5.1　查找用户位置的 SPARQL 查询

```
prefix foaf: <http://xmlns.com/foaf/0.1/>          命名空间前缀
prefix pos: <http://www.w3.org/2003/01/geo/wgs84_pos#>

select ?name ?latitude ?longitude          ←—— 请求对三个字段进行检索
from <http://3roundstones.com/dave/me.rdf>                      从两个来源
from <http://semanticweb.org/wiki/Special:ExportRDF/Michael_Hausenblas>   检索结果①
where {
  ?person foaf:name ?name ;
          foaf:based_near ?near .  ←                以?开头的项表示
  ?near pos:lat ?latitude ;                          结果中的变量
```
以三元组模式的
形式描述标准

---

① 从以下两个链接检索结果：http://3roundstones.com/dave/me.rdf 和 http://semanticweb.org/wiki/ Special:ExportRDF/Michael_Hausenblas（原链接已失效）。

```
              pos:long ?longitude .
}
LIMIT 10      ◁────┐  仅返回前 10
                   │  个结果
                   │
```

上述查询对保存在脚注 URL 中的 RDF 内容进行检索，并返回不超过 10 个的姓名和关联位置（经纬度）。可以看到，姓名被标识为三元组的客体，其谓词是 `foaf:name`；纬度和经度分别被标识为 `pos:lat` 和 `pos:long` 的客体。

三元组模式（triple pattern）是对符合用户标准的 RDF 陈述的描述。它们与 RDF 陈述类似，旨在约束用户感兴趣的 RDF 陈述。如果实体是可变的且没有显示值，则实体名以问号（?）开头，如 `?person`。因此，`?s ?p ?o` 是可以匹配任何 RDF 陈述的模式。

观察以下查询：

```
select ?o ?x ?y
from <http://3roundstones.com/dave/me.rdf>
from <http://semanticweb.org/wiki/Special:ExportRDF/Michael_Hausenblas>
where {
  ?s foaf:name ?o ;
        foaf:based_near ?z .
  ?z pos:lat ?x ;
        pos:long ?y .
}
LIMIT 10
```

该查询与清单 5.1 所示的查询具有完全相同的效果，不过可读性略差。本节简要介绍了 SPARQL，接下来的章节将讨论不同类型的查询，以帮助读者更好地了解如何编写有意义的查询。

5.2 采用 SPARQL 查询扁平 RDF 文件

如前所述，SPARQL 是查询 RDF 图谱的不二之选，类似于查询由一个或多个（可能为分布式）RDF 图谱构成的数据库。请注意，尽管存在多种原生 RDF 数据库，但 SPARQL 并不需要借助某种数据库来查询 RDF。这一章将首先介绍如何查询本地 RDF 扁平文件（flat file），然后讨论如何对万维网上的 RDF 文件和数据库进行查询。我们利用 URI 来标识本地文件和万维网上的文件，用户甚至察觉不到二者的差别。之所以选择这种方式，是因为 RDF 和关联数据的工作机制与万维网相同。

5.2.1 查询单个 RDF 文件

清单 5.2 所示的查询将查找 FOAF 文档所有者认识的朋友。我们可以对一个真实的 FOAF 文档（如第 4 章所创建的文档）进行查询，以获取相关信息。本例构建的查询将演示如何在 SPARQL 中执行分布式查询。

清单 5.2 查找 FOAF 朋友的 SPARQL 查询

结果中返回的姓名信息

```
prefix rdfs: <http://www.w3.org/2000/01/rdf-schema#>
prefix foaf: <http://xmlns.com/foaf/0.1/>

select ?name ?url
where {
  ?person rdfs:seeAlso ?url ;
          foaf:name ?name .
}
```

命名空间声明

用于匹配 RDF 陈述的三元组模式

定义希望匹配的模式以及针对数据的过滤器

上述命名空间声明与 Turtle 或 RDF/XML 语法中使用的声明类似。请读者同时观察清单 5.2 的查询和图 5.2 的 RDF 图谱。查询的 WHERE 子句定义了三元组模式，也就是在 RDF 图谱中匹配模式的方法。我们希望查询图 5.2 中的图谱，后者代表本书作者 David Wood 的 FOAF 文档。

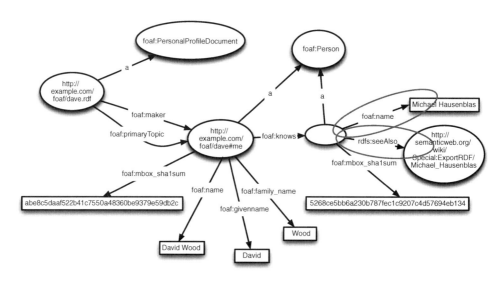

图 5.2 FOAF 数据示例，显示了 SPARQL 查询（清单 5.2）匹配的三元组模式

在 WHERE 子句中使用三元组模式，是 SPARQL 在语法上区别于 SQL 的重要标志之一。另一个不同之处在于查询起始部分所用的前缀。RDF 和关联数据有时采用很长的 URI 作为通用标识符，因此需要设法增强查询的可读性，前缀的作用就在于此。它将短占位符映射给长 URI，使得二者可以在之后的查询中互换使用。

在图 5.2 中，圆圈中的内容表示查询所匹配的三元组模式。我们希望找出所有具有 foaf:name 和 rdfs:seeAlso 属性的资源（称为?person）。此外，我们希望查询返回 SELECT 子句列出的两个变量?name 和?url，二者是 WHERE 子句中标识的 RDF 陈述的客体。

读者可以通过 Apache Jena 项目中的 ARQ 程序观察上述查询在实际中的应用。ARQ 是一种

SPARQL 处理程序，支持命令行界面（CLI）操作。

　　注意　强烈建议读者下载并安装 ARQ，这是一个不错的本地 SPARQL 查询处理程序——我们很难找到一个能执行任意查询的公共 SPARQL 端点。

　　为学习这一节的示例，需要下载[①]和安装 ARQ。ARQ 的设置并不复杂，它通过一个环境变量 ARQROOT 确定安装目录的位置。清单 5.3 显示了如何为各种操作系统设置 ARQ。

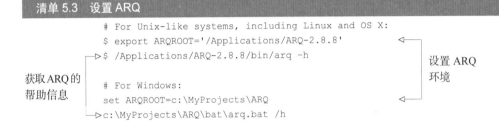

清单 5.3　设置 ARQ

```
                   # For Unix-like systems, including Linux and OS X:
                   $ export ARQROOT='/Applications/ARQ-2.8.8'
                   $ /Applications/ARQ-2.8.8/bin/arq -h

                   # For Windows:
                   set ARQROOT=c:\MyProjects\ARQ
                   c:\MyProjects\ARQ\bat\arq.bat /h
```

获取 ARQ 的帮助信息

设置 ARQ 环境

　　我们将清单 5.2 所示的 SPARQL 查询保存到名为 foaf.rq 的文件中（.rq 是 SPARQL 查询的标准文件扩展名）。接下来，从某些信源[②]获取若干真实的 FOAF 数据，并将其保存在名为 foaf.rdf 的文件中。之后就可以使用 ARQ 查询这两个文件。清单 5.4 显示了相关的命令。

清单 5.4　从 CLI 执行 SPARQL 查询

```
$ /Applications/ARQ-2.8.8/bin/arq --query foaf.rq --data foaf.rdf
```

确保 foaf.rdf 文件包含正确的文件路径（如/Home/Desktop/foaf.rdf）

　　执行 ARQ 命令后的输出如图 5.3 所示。在终端运行时，ARQ 将使用默认的文本格式输出查询结果，不过我们也可以使用其他结果格式。5.5 节将讨论标准的 SPARQL 结果格式，详细信息可以参考附录 B。有关其他输出选项的用途，请浏览 ARQ 帮助文件。

```
-----------------------------------------------------------------------------------------
| name                | url                 |
=========================================================================================
| "Michael Hausenblas" | <http://semanticweb.org/wiki/Special:ExportRDF/Michael_Hausenblas> |
-----------------------------------------------------------------------------------------
```

图 5.3　执行 FOAF 查询后返回的部分结果

　　上述查询将返回部分用户以及他们的 URL。由于万维网上的文件可能有所变化，确切数量会因为查询执行的时间而有所不同。查询结果包括 FOAF 配置文件中所有具有 rdfs:seeAlso URL 和 foaf:name 属性的用户。为观察变化对查询结果的影响，我们对 foaf.rdf 文件进行编辑，添加更多具有这些参数的用户或修改现有数据，然后再次执行 ARQ。

---

① 参见 http://apache.org/dist/jena/。

② 如 http://3roundstones.com/dave/me.rdf。

在本例中，由于文件中包含 RDF 数据，SPARQL 其实是作为 RDF 的查询语言使用。后面的章节将介绍利用 SPARQL 查询互联网上的 RDF 数据。不过，我们先来讨论如何对由多个数据源构建的 RDF 图谱进行查询。

5.2.2　查询多个 RDF 文件

与 SQL 不同，SPARQL 不仅能查询单个数据源，也能查询多个文件、Web 资源、数据库或它们的组合。下面通过一个简单的例子进行说明。

藉由地址信息，可以将 FOAF 配置文件中的个人信息加以扩展。在 RDF 中，表示地址信息的一种常见方法是采用 vCard 词表（第 2 章曾作过简要介绍）。vCard 文件类似于一种虚拟名片，可以从 3 Round Stones[①]下载最小 vCard 地址文件（Turtle 格式），并利用后者扩展我们一直使用的示例 FOAF 数据。

下载 vCard 数据之后，将其保存为一个名为 vcard.ttl 的文件。如清单 5.5 和图 5.4 所示，现在可以使用 FOAF 和 vCard 数据作为输入，再次运行 ARQ。注意命令中附加的 --data 参数。此外，应确保 ARQ 程序的路径正确无误，并将清单 5.6 所示的内容保存为 foafvcard.rq 文件。

不难看到，可以将多个 RDF 文件像 RDF 图谱那样进行组合。与表和树不同，信息图谱能很好地合并在一起。标识符的重用是神来之笔，两个文件都指向标识某个用户的同一个 URI。

> **注意**　关联数据的一个主要假设是，使用相同标识符的两个用户所讨论的是同一件事。为了合并数据，可以重用资源标识符。

清单 5.5　从 CLI 执行包含多个数据文件的 SPARQL 查询

```
$ arq --query foafvcard.rq --data foaf.rdf --data vcard.ttl
```

vCard 示例 RDF 数据保存在 vcard.ttl 文件中

图 5.4 显示了对合并后的 FOAF 和 vCard 图谱的查询，我们希望找出每个用户的姓名以及相关的地址信息。其中姓名来自示例 FOAF 数据，地址信息来自示例 vCard 数据。

观察清单 5.6，注意 ?address 变量的用法：WHERE 子句中的第一个约束匹配姓名为 foaf:name 的用户，下一条陈述（vcard:adr ?address .）匹配地址为 vcard:adr 的同一个用户（即具有相同主体的三元组）。注意地址为空节点（blank node），它没有标识符，但可以通过引用 ?address 变量对地址进行处理。之后就能在接下来的语句中使用 ?address 以找出与该地址关联的城市和州名：

```
?address vcard:locality ?city ;
         vcard:region ?state .
```

---

① 参见 http://3roundstones.com/dave/vcard.ttl。

我们关心的并非地址本身，只是按图索骥，确保所用的地址与用户的姓名相关联。

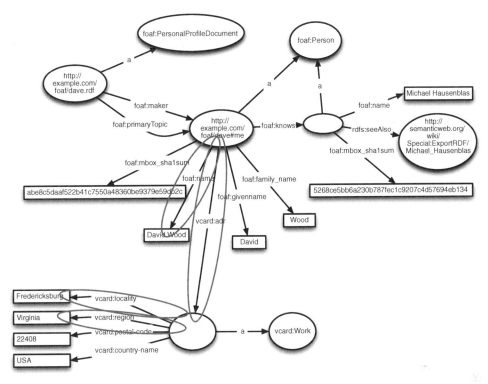

图 5.4　合并后的 FOAF/vCard 数据示例，显示了 SPARQL 查询（清单 5.6）匹配的三元组模式

清单 5.6　合并 FOAF 和 vCard 数据的 SPARQL 查询

```
prefix foaf: <http://xmlns.com/foaf/0.1/>
prefix vcard: <http://www.w3.org/2006/vcard/ns#>

SELECT ?name ?city ?state          ◁─── SELECT 子句：显示结果中
where {                                  需要返回的三个变量绑定
  ?person foaf:name ?name ;
          vcard:adr ?address .     ◁─── 三元组模式：查找表
  ?address vcard:locality ?city ;       示地址的空节点
          vcard:region ?state .
}                              三元组模式：将地址
                               映射到城市和州名
```

运行清单 5.5 中的命令（以及清单 5.6 中的查询），其结果如图 5.5 所示。其中姓名来自 FOAF 数据，城市和州名来自 vCard 数据。

熟悉 SQL 的开发人员可能注意到，在 SPARQL 中，SELECT 子句中的变量名不会指定数据库中查询的变量，它们的作用是确定 WHERE 子句三元组模式中的哪些变量需要返回。没有 SPARQL 背景的读者可能对此会感到困惑，不过只要结合匹配 RDF 图谱的三元组模式一起考虑就不难理解。即便是为了查询而临时创建 RDF 图谱，这种方法也是有效的。

```
-----------------------------------------------
| name         | city              | state     |
===============================================
| "David Wood" | "Fredericksburg" | "Virginia" |
-----------------------------------------------
```

图 5.5　合并后的 FOAF 和 vCard 查询的结果

5.2.3　查询万维网上的 RDF 文件

SPARQL 同样可以用于查询互联网上的 RDF 数据。对清单 5.2 中的查询略作修改，在 SELECT 子句后增加 FROM 子句，即将以下命令添加到 select 命令之后：

```
FROM <http://3roundstones.com/dave/me.rdf>
```

将修改后的查询保存到名为 livefoaf.rq 的文件中（.rq 是 SPARQL 查询的标准文件扩展名），运行清单 5.7 所示的查询。

清单 5.7　从 CLI 执行远程 SPARQL 查询

```
$ /Applications/ARQ-2.8.8/bin/arq --query livefoaf.rq
```
该命令使用包含 FROM 子句的远程查询运行 ARQ。注意缺少定义的数据文件，数据来自查询提供的 URL

FROM 子句中的 URL 指向 David Wood 上传到互联网的活动 FOAF 配置文件。上述查询将返回大量用户的姓名以及 rdfs:seeAlso URL，比图 5.3 所示的结果更多。如果读者希望观察更复杂的 FOAF 配置文件，请使用之前给出的 URL 来解析并保存 David Wood 或 Michael Hausenblas 的 FOAF 配置文件，以供进一步研究。

万维网上的结构化数据之所以有趣，原因之一在于它是分布式的，而关系数据库中的数据仅存在于单一系统中。SPARQL 支持在单个查询中使用多个 FROM 子句。在前一个查询中，我们为 David 的 FOAF 配置文件添加一个带有 URL 的 FROM 子句（与 Michael 的 URL 类似）；再次执行查询，SPARQL 将返回两人 FOAF 配置文件中符合要求的用户的姓名和 rdfs:seeAlso URL。而采用关系数据库完成同样的任务并非易事。

5.3　查询 SPARQL 端点

前面的章节介绍了查询单个和多个本地文件中的 RDF 数据，并讨论了 SPARQL 如何采用 FROM 子句查询互联网上的 RDF 数据。每次操作时，我们都要使用存储在本地文件中的查询。那么能否像关系数据库那样，完全绕过本地文件而直接查询互联网呢？答案是肯定的。

万维网上的关联数据站点经常会公开 SPARQL 端点（SPARQL endpoint），后者是一种支持 Web 访问的查询服务，它使用 SPARQL 作为查询语言。SPARQL 端点中的 HTTP GET 请求通常返回一个 HTML 查询表单，DBpedia 的查询表单如图 5.6 所示。

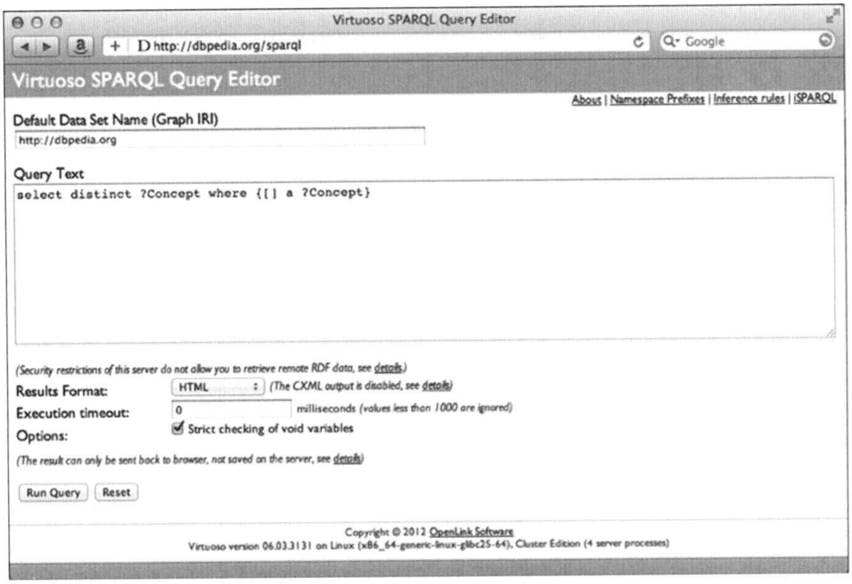

图 5.6　DBpedia SPARQL 端点的查询表单和默认查询

注意　与 Turtle 类似，a 是句法便利性（syntactical convenience）。当它作为属性使用时，具有和 rdf:type 相同的含义，表示 RDF 资源是特定 RDF 类的实例。术语 [ ] 表示空节点，可以匹配任何主体。

在 LOD 云（关联开放数据云）上，越来越多的数据集选择将 SPARQL 端点保存在路径/sparql 中。如果需要确定给定的关联数据站点是否存在 SPARQL 端点，可以构建一个包含/sparql 的 URL[①]，这是个很有用的方法。当然，我们可以使用任何 URL 保存 SPARQL 端点。

新用户可以利用 DBpedia 的默认查询来发现服务保存的信息。如清单 5.8 所示，我们对 DBpedia 的默认查询略作修改，加入一些空格以增强可读性。

清单 5.8　查询服务器保存的 rdf:type

```
select DISTINCT ?Concept
WHERE {
  [] a ?Concept
}
```

DISTINCT 关键字确保能滤掉重复的结果，仅返回唯一的匹配结果

截至本书写作时，DBpedia 据统计已收集了 20 152 062 个特色概念。这个数字将随着时间推移而变化，但值得注意的是 DBpedia 中所拥有的信息数量。每个"概念"都是一个 RDF 类，后者常用于将关联数据中的信息分类，就像关系数据库使用记录来管理数据一样。

---

① 类似于 http://{hostname here}/sparql。

在清单 5.8 中，`WHERE` 子句包含一个能匹配任何 RDF 类 URI 的三元组模式，这些 URI 被置于?Concept 变量中。

并非只有人类用户才能使用关联数据，自动化进程同样可以执行 SPARQL 查询。通过 HTTP 使用 SPARQL 时，实际上使用的是 "SPARQL" 中的 "P"，即 "SPARQL Protocol"（SPARQL 协议）。SPARQL 端点可以在 `HTTP GET` 或 `HTTP POST` 请求的参数中接受 SPARQL 查询。查询通过 URL 编码以转义特殊字符，然后作为变量 `query` 的值置于查询字符串中。从清单 5.9 可以看到，调用 DBpedia 的默认查询并非难事。请注意，DBpedia 的 SPARQL 端点还使用第二个参数 `default-graph-uri`。SPARQL 协议规范定义了各种参数[①]。

清单 5.9　经过 URL 编码的 SPARQL 查询示例

```
http://dbpedia.org/sparql?default-graphuri=
http%3A%2F%2Fdbpedia.org&query=select+distinct+%3FConcept+where+
➡ %7B%5B%5D+a+%3FConcept%7D&format=text%2Fhtml&timeout=0
```

前面介绍了一些最常见的 SPARQL 用例，接下来，我们将深入讨论这门查询语言的技术细节。SPARQL 可以执行多种不同类型的查询，下一节将对此进行介绍。

5.4　SPARQL 查询类型

SPARQL 查询的种类很多。`SELECT` 查询采用和 SQL 类似的方式查询数据，`DESCRIBE` 查询提供了查找特定资源的便捷方法，`ASK` 查询可以确定某个查询是否会返回结果，`CONSTRUCT` 查询支持使用 SPARQL 查询结果构建新的 RDF 图谱。此外，SPARQL 1.1 引入了 `SPARQL UPDATE`，后者可以添加、删除或更新通过 SPARQL 端点访问的数据。接下来，我们将分别介绍每种查询。

5.4.1　SELECT 查询

读者对 `SELECT` 查询在实际中的应用已有所了解，它也是 SQL 中广泛使用的一种查询类型。SPARQL 的 `SELECT` 查询提供多种选项，包括执行子查询、合并图谱（`UNION`）、查找不同图谱之间的差异（`MINUS`）等。

`SELECT` 查询最为实用的一个附加功能是 `OPTIONAL` 块，它扩展了 `WHERE` 子句的功能。任何位于 `OPTIONAL` 块中的三元组模式都是可选的。换言之，`OPTIONAL` 块中的三元组模式不需要匹配，但如果匹配则会返回。`OPTIONAL` 块相当于 SQL 的 LEFT JOIN（左连接），其中以句点隔开的三元组模式表示连词（conjunction），所有模式连接在一起构成了一个结果。

再次观察清单 5.2 所列的查询。我们对其略作修改，以返回所有姓名以及可能存在的 `rdfs:seeAlso` URL。也就是说，具有 `foaf:name` 属性但不具有 `rdfs:seeAlso` URL 的资源仍然是匹配的，查询仍然会返回用户姓名，但这种资源的记录中不存在 `rdfs:seeAlso` URL

---

① 参见 https://www.w3.org/TR/rdf-sparql-protocol/（SPARQL Protocol for RDF）和 https://www.w3.org/TR/sparql11-protocol/（SPARQL 1.1 Protocol）。

的条目。清单 5.10 显示了修改后的查询。注意 WHERE 子句约束的顺序被调整，以增强可读性。

清单 5.10 OPTIONAL 块

```
                   prefix rdfs: <http://www.w3.org/2000/01/rdf-schema#>
                   prefix foaf: <http://xmlns.com/foaf/0.1/>

使用 OPTIONAL     select ?name ?url
块 包 装 rdfs:    where {
seeAlso 三元组       ?person foaf:name ?name .          完整的 foaf:name 三元组
模式                OPTIONAL { ?person rdfs:seeAlso ?url }   模式，以句点结尾（强制）
                   }
```

SPARQL 中的 ORDER BY 和 LIMIT 函数与 SQL 并无二致。如果记录的数量过多，我们可能希望根据特定变量对它们排序（按数字或字母顺序）。此外，我们也可能需要限制返回的记录数量。如清单 5.11 所示，对 DBpedia 的 SPARQL 端点执行查询。如果不使用 ORDER BY 和 LIMIT，查询将返回一个包含无序结果的较长列表；如果使用 ORDER BY 和 LIMIT，查询将返回一个包含有序结果的较短列表。请读者亲自尝试一下。

除 ORDER BY 和 LIMIT 外，也存在其他查询修饰符。熟悉 SQL 的用户会立即想到 GROUP BY、HAVING 与 OFFSET。SPARQL 规范定义了各种修饰符。

COUNT 函数用于计算某个变量在查询结果中匹配的次数，这个函数可以用来确定数据集中包含的事物数量。

清单 5.11 ORDER BY 和 LIMIT 函数

```
         select ?link
         where {
          <http://dbpedia.org/resource/Linked_Data>
                  <http://dbpedia.org/ontology/wikiPageExternalLink> ?link .
         } ORDER BY ?link LIMIT 10          将返回的记录数量
根据给定的变量对结                          限制为 10 条
果排序，本例按字母
顺序对 URL 排序
```

清单 5.12 显示了如何计算 DBpedia 的 Linked_Data 资源中的摘要数量。请注意，COUNT 函数由圆括号（( )）括起来，我们还创建了一个新变量（?count）来保存所得结果。查询结果使用 count 作为结果标头中的变量名（与?count 保持一致）。

COUNT 将查询中已经存在的信息进行聚合，并由此计算出新的信息，类似 COUNT 这样的函数被称为聚合函数（aggregate function），SPARQL 规范也将其称为设置函数（set function）。其他聚合函数包括求和（SUM）、平均（AVG）、最小值（MIN）以及最大值（MAX）。SQL 的 GROUP BY 和 HAVING 子句同样可以用于操作聚合信息。不过，COUNT 和其他聚合函数仅适用于 SPARQL 1.1。

如清单 5.12 所示，COUNT 计算变量?abstract 被绑定的次数，并将结果保存在?count 中。对 DBpedia SPARQL 端点执行查询，将返回 Linked_Data 资源的摘要数量。截至本书写作时，摘要的数量为 6。

清单 5.12　COUNT 函数

```
select (COUNT(?abstract) as ?count)
where {
  <http://dbpedia.org/resource/Linked_Data> dbpedia-owl:abstract ?abstract .
}
```

许多时候，我们希望能更精确地匹配数据。在早期的关系数据库中，一个经典例子是查找工资大于某个金额或年龄介于两个数字之间的员工，这可以通过 FILTER 来实现。

SPARQL 中的 FILTER 包括多种形式，可以用于数字、字符串、日期、URI 或其他数据类型。例如，过滤器 FILTER regex(?name, "Capadisli")将从?name 变量中删除所有值不是 "Capadisli"的匹配项。这里采用 regex 是有意为之，标准正则表达式的不少特性都能在 regex 过滤器中使用。过滤器也支持否定形式，比如 FILTER NOT EXISTS {?person foaf:name ?name }用于测试某个模式是否不存在（而非存在）。对资源?person 过滤后，?person 中将不包括值为?name 的 foaf:name 属性。

如清单 5.13 所示，对 DBpedia 的 SPARQL 端点执行查询将仅返回英文摘要。而删除 FILTER 后，查询将返回与 Linked_Data 资源相关联的所有摘要，无论它们采用何种语言。

清单 5.13　FILTER 函数

```
select ?abstract
where {
  <http://dbpedia.org/resource/Linked_Data> dbpedia-owl:abstract ?abstract .
  FILTER (lang(?abstract) = "en")     ◁———  FILTER 对?abstract 变量进行过
}                                            滤，仅返回具有英文语言标记的摘要
```

5.4.2　ASK 查询

ASK 查询用于查找某些三元组模式是否匹配指定的应答，查询结果始终为布尔值（True 或 False）。ASK 查询和 SELECT 查询使用相同的 WHERE 子句。

在 ASK 查询中执行后处理（post-processing）操作没有任何意义，因为结果仅是一个布尔值。正因为如此，ASK 查询不支持 ORDER BY、LIMIT 与 OFFSET 操作。

ASK 查询旨在测试 WHERE 子句中的三元组模式是否会返回应答。由于 WHERE 子句会变得越来越复杂，对大型查询进行测试很有必要。最好在操作数据库之前测试大型查询，以确定没有结果返回。此外，和 SQL 类似，构建一个需要很长时间执行的查询总是可以实现的。较之同等的 SELECT 查询，ASK 查询几乎总能更快地返回结果。

清单 5.14 显示了一个 ASK 查询示例，后者通过所返回的布尔值（True 或 False）指定查询是否会返回结果。对 DBpedia 的 SPARQL 端点执行查询将返回 True，表示 Linked_Data 资源实际上至少存在一个摘要。

清单 5.14 ASK 查询

```
ASK
where {
  <http://dbpedia.org/resource/Linked_Data> dbpedia-owl:abstract ?abstract .
}
```

5.4.3 DESCRIBE 查询

略显奇怪的是，SELECT 或 ASK 查询返回的结果本身并非 RDF 陈述，这是因为 SPARQL 的设计初衷是在操作上与 SQL 尽可能接近。但在某些情况下，我们可能希望通过 SPARQL 查询保留或创建 RDF 图谱。DESCRIBE 和 CONSTRUCT 查询的作用就在于此。

DESCRIBE 查询使用单个 URI 作为参数，并返回描述命名资源的 RDF 图谱。我们也可以为 DESCRIBE 查询添加一个可选的 WHERE 子句。

根据 SPARQL 规范的描述，DESCRIBE 查询的结果"由 SPARQL 查询处理器决定"。在实际中，大部分（不是全部）SPARQL 处理器将返回所有 RDF 三元组，其主体为 DESCRIBE 查询的 URI 参数，如清单 5.15 所示。这种方式利弊参半：优点是易于确定和实现查询结果，缺点是无法返回间接关系（RDF 陈述的客体是空节点或 URI，而这些陈述自身又作为连续陈述的主体）。DESCRIBE 查询的结果可以且经常被解析，它构成后续查询的基础，用于收集最终所需的各种信息。

清单 5.15 显示了一个 DESCRIBE 查询，后者从 DBpedia 返回 RDF 陈述，其主体为 Linked_Data 资源。与 SELECT、ASK 或 CONSTRUCT 查询不同，DESCRIBE 查询没有复杂的语法格式，查询体仅由关键字 DESCRIBE 和 URI 构成。

清单 5.15 DESCRIBE 查询

```
describe <http://dbpedia.org/resource/Linked_Data>
```

5.4.4 CONSTRUCT 查询

与 DESCRIBE 查询类似，CONSTRUCT 查询返回的也是 RDF 图谱。二者的不同之处在于，CONSTRUCT 可以根据用户在 WHERE 子句中查询的信息返回所需的任何 RDF 图谱。

如清单 5.16 所示，CONSTRUCT 对 DBpedia 中和 Linked_Data 资源有关的全部信息进行查询，并滤掉其他语言，仅保留采用英文的显式语言编码。接下来，CONSTRUCT 子句利用该信息创建了一个新的 RDF 图谱，最终返回的是 DBpedia 的 Linked_Data 资源中仅采用英文的一个子集。显然，任何未与 Linked_Data 资源直接相连或没有采用英语进行编码的信息都会被丢弃。考虑到新图谱可能增加的信息，WHERE 子句的结构也可以更复杂一些。WHERE 子句中包含的任何变量都能在 CONSTRUCT 子句中重用，类似于将字面量值手动写入 CONSTRUCT 子句。

清单 5.16　CONSTRUCT 查询

CONSTRUCT 子句组件采用在 WHERE 子句中绑定的变量

```
CONSTRUCT {
  <http://dbpedia.org/resource/Linked_Data> ?p ?o
}
WHERE {
  <http://dbpedia.org/resource/Linked_Data> ?p ?o .
  filter langMatches( lang(?title), "EN" )
}
```

CONSTRUCT 查询采用 WHERE 子句中的变量创建了一个新的 RDF 图谱

WHERE 子句确定哪些变量可以在 CONSTRUCT 子句中使用

5.4.5　SPARQL 1.1 Update

多年以来，SPARQL 标准仅定义了在仓库中查询数据的方法，但并未定义如何添加或删除数据，这种奇怪的情况成为语义网标准发展中的一个难题。SPARQL 1.1 Update[①]修复了这个明显的缺陷，它定义了使用 SPARQL 更新 RDF 数据的标准语法。

如清单 5.17 所示，SPARQL 1.1 Update 引入了 INSERT 函数，可以将 RDF 三元组插入到兼容的仓库中。

清单 5.17　SPARQL 的 INSERT 函数

用户只能在具有写入权限的 SPARQL 1.1 端点上执行 INSERT 这样的操作

```
PREFIX dc: <http://purl.org/dc/elements/1.1/>
INSERT DATA
{
  <http://www.linkeddatadeveloper.com/> dc:title "Linked Data" ;
                                dc:creator "David Wood" ;
                                dc:creator "Marsha Zaidman" ;
                                dc:creator "Luke Ruth" ;
                                dc:creator "Michael Hausenblas" .
}
```

SPARQL 1.1 Update 还引入了从图谱中删除三元组（DELETE）、将 URL 的内容载入图谱（LOAD）、从图谱中清除所有三元组（CLEAR）等操作。图谱可以被创建（CREATE）或移除（DROP）。COPY 操作将所有数据从一个图谱复制到另一个图谱，该操作将首先删除目标图谱中现有的数据。与之类似，MOVE 操作将所有数据从一个图谱中移动到另一个图谱，并清空源图谱中的信息。COPY 的另一种形式是 ADD，该操作将数据从源图谱复制到目标图谱，但不会删除源图谱或目标图谱中的任何信息。

注意　SPARQL Update 请求只能在具有写入权限的 SPARQL 1.1 端点上执行，但允许陌生用户写入数据的公共 SPARQL 端少之又少。一般而言，我们只能在受控的 RDF 数据库中进行 SPARQL Update 操作。

---

① 参见 https://www.w3.org/TR/sparql11-update/。

5.5 SPARQL 结果格式（XML 与 JSON）

前面介绍了通过 ARQ 程序创建文本格式的 SPARQL 结果，SPARQL 标准还定义了 XML 格式的 SPARQL 结果。此外，JSON 也是 SPARQL 结果广泛使用的格式，它深受具有 JavaScript 背景的 Web 开发人员的青睐。附录 B 将详细介绍这些格式，本节对此作一概述。

顾名思义，XML 格式是 SPARQL 结果集（result set）的 XML 表示，它属于 W3C 正式推荐标准，可以在所有 SPARQL 端点上实现。对于清单 5.2 所示的查询，其 XML 格式的查询结果如清单 5.18 所示。请注意，`<head>`元素列出了查询的 SELECT 子句中命名的所有变量，这对解析很有帮助（虽然也能在`<results>`元素中找到这些变量名）。`<results>`既可以为空，也可以包含多个`<result>`元素，每个`<result>`元素包含一个结果。

查询结果中的每个变量都包含`<binding>`元素，其中 `name` 属性用于指定变量名，附带的标签用于指定所绑定的数据类型（如本例中的 `literal` 或 `uri`，其他数据类型有 `date`、`integer` 等）。

清单 5.18　清单 5.2 所示的查询的 SPARQL 结果（XML 格式）

SPARQL 结果文档，`<sparql>`元素用于指定 SPARQL 结果命名空间

这是一个 XML 文档，因此以 XML 标头开始

`<head>`元素列出了查询的 SELECT 子句中命名的所有变量

`<results>`元素可以为空，也可以包含多个`<result>`元素

```xml
<?xml version="1.0"?>
<sparql xmlns="http://www.w3.org/2005/sparql-results#">
  <head>
    <variable name="name"/>
    <variable name="url"/>
  </head>
  <results>
    <result>
      <binding name="name">
        <literal>Michael Hausenblas</literal>
      </binding>
      <binding name="url">
        <uri>
http://semanticweb.org/wiki/Special:ExportRDF/Michael_Hausenblas</uri>
      </binding>
    </result>
  </results>
</sparql>
```

结果中的每个变量都包含`<binding>`元素，其中 `name` 属性用于指定变量名，附带的标签用于指定绑定的数据类型

截至本书写作时，JSON 格式尚未成为 W3C 正式推荐标准，它仍然属于 W3C 工作组备注。不过在正式标准获批前，不妨将其视为标准。由于 JSON 格式受到 Web 开发人员的青睐，因此也得到了广泛应用。

如清单 5.19 所示，JSON 格式是一种 JSON 对象，采用花括号（`{ }`）将其括起来。标头由名为 `head` 的键-值成员表示，其值是另一个对象 `vars`。`vars`（内部对象）的内容是 JSON 数组，后者包含作为字符串的变量（来自清单 5.2 所示查询的 SELECT 子句）。

清单 5.19　清单 5.2 所示查询的 SPARQL 结果（JSON 格式）

```
{                           ←── JSON 对象
  "head": {                              head 成员包括一个 vars 成员，后者包含变量数
    "vars": [ "name" , "url" ]           组（来自清单 5.2 所示查询的 SELECT 子句）
  } ,
  "results": {              ←──┐  results 成员包括一个 bindings 成员，后者既可以
    "bindings": [            ──┘  为空，也可以包含多个对象，每个对象表示一条记录
      {
        "name": { "type": "literal" , "value": "Michael Hausenblas" } ,
        "url": { "type": "uri" , "value":
➥     "http://semanticweb.org/wiki/Special:ExportRDF/Michael_Hausenblas" }
      }
    ]
  }
}
```

　　查询结果保存在另一个名为 results、值为对象的成员中，results（内部对象）包括一个名为 bindings 的成员。bindings 既可以为空，也可以包含多个对象，每个对象表示一条记录。此外，每个绑定变量都有一个记录对象，名称为变量字符串，值为包含 JSON 数组的对象。从清单 5.19 可以看到，记录数组包含 type 和 value 成员。

5.6　利用 SPARQL 查询创建网页

　　通过 FOAF 配置文件提供的 foaf:based_near 属性，我们还能获取用户的大概位置。无论是最近城市的经纬度，还是方便查找但不那么精确的地标，都能用于标注用户的大致方位，且不会在公共网络上泄露确切的用户住址。接下来，我们将利用这个属性，演示如何通过关联开放数据的 SPARQL 查询动态地创建网页。读者会发现，这个过程与处理关系数据源（relational data source）的过程非常类似。

　　我们首先从万维网上下载 David Wood 和 Michael Hausenblas 的 FOAF 配置文件，并利用文件提供的姓名和 foaf:based_near 信息编写一个 SPARQL 查询。之后，我们使用这些信息在地图上绘制相应的位置，并将文本信息写入 HTML 表格。最终结果如图 5.7 所示。不少实际的应用程序利用数据源创建用户界面，示例程序作了一定程度的简化，它使用已发布的关联数据作为数据源。

　　其步骤如下。

1. 编写 SPARQL 查询以收集所需的信息。
2. 执行 SPARQL 查询并获取 JSON 格式的结果。
3. 创建 HTML 页面。
4. 编写使用 JSON 数据的 JavaScript 代码，以便在 HTML 中显示。

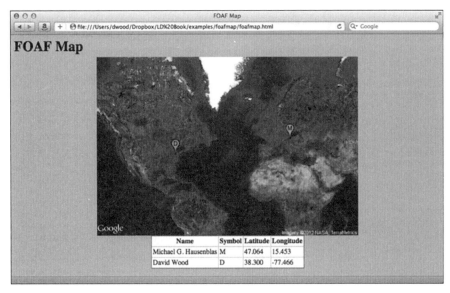

图 5.7 FOAF 地图截图

5.6.1 创建 SPARQL 查询

清单 5.20 显示了一个查找某个用户"附近"位置的查询。

清单 5.20 查找用户位置的 SPARQL 查询

```
prefix foaf: <http://xmlns.com/foaf/0.1/>
prefix pos: <http://www.w3.org/2003/01/geo/wgs84_pos#>

select ?name ?latitude ?longitude
from <http://3roundstones.com/dave/me.rdf>
from <http://semanticweb.org/wiki/Special:ExportRDF/Michael_Hausenblas>
where {
  ?person foaf:name ?name ;
          foaf:based_near ?near .
  ?near pos:lat ?latitude ;
     pos:long ?longitude .
}
```

pos:前缀表示采用 WGS84[1] Position 词表，后者用于对经纬度进行编码

我们希望获取每个用户的姓名和位置

查询 David 和 Michael 的 FOAF 配置文件

选定 foaf:based_near 资源，它是一个空节点

通过 foaf:based_near 资源获取经纬度

执行上述查询，并将结果保存为 JSON 格式。我们既可以采用前面介绍的 ARQ 程序进行操作，也可以输入清单 5.21 中的代码。在实际应用中，JSON 可能由服务器端进程实时、动态地生成。动态创建 JSON 的优点在于，示例程序由若干个独立的文件构成，避免受到当前 Web 浏览器的跨站点脚本约束。

---

① 1984 版世界大地测量系统（World Geodetic System 84），参见 https://www.w3.org/2003/01/geo/。

清单 5.21　执行 FOAF 地图查询并将其保存为 JSON 格式

```
$ /Applications/ARQ-2.8.8/bin/arq --query foafmap.rq --results JSON
    > foafmap.js
```
执行查询并请求返回　　　　　　　　　　将查询结果保
JSON 格式的结果　　　　　　　　　　　存为文件

将查询结果保存到名为 foafmap.js 的文件中，并在第一行代码的起始位置（左花括号之前）添加 var results =。后者将 results 对象赋给一个变量，支持在 HTML 页面中立即使用 foafmap.js 文件而无需进行任何编码。这是为了简化示例程序，而在实际应用中，用户可以按自己喜欢的方式处理 JSON。

查询结果如图 5.8 所示，可以看到第一行增加的变量赋值 var results =。观察两个 FOAF 配置文件的查询结果可以发现，二者存在细微差别：一个文件使用了英文的显式语言标签，另一个则没有。"现实世界的数据是肮脏的（Real-world data is dirty）[①]"这句谚语既适用于关联数据，也适用于任何其他类型的数据。对含义的曲解、格式化或简单的拼写错误，往往会导致查询结果出现偏差。

```
var results = {
  "head": {
    "vars": [ "name" , "latitude" , "longitude" ]
  },
  "results": {                    方便起见，已经在查询结果中添加了变量赋值
    "bindings": [
      {
        "name": { "type": "literal" , "xml:lang": "en" ,
"value": "Michael G. Hausenblas" },
        "latitude": { "type": "literal" , "xml:lang": "en" ,
"value": "47.064" } ,
        "longitude": { "type": "literal" , "xml:lang": "en" ,
"value": "15.453" }
      } ,
      {
        "name": { "type": "literal" , "value": "David Wood" } ,
        "latitude": { "type": "literal" , "value": "38.300" } ,
        "longitude": { "type": "literal" , "value": "-77.466" }
      }
    ]
  }
}
```

图 5.8　调整后的 JSON 查询结果显示了变量赋值

5.6.2　创建 HTML 页面

接下来，我们需要创建一个 HTML 页面以保存地图和表格。清单 5.22 显示了一个简单的 HTML 模板，该模板由标题、标头以及仅包含两个分区的主体构成。两个分区用于保存地图和表格（采用 JavaScript）。

---

① 这里的"肮脏"指数据不完整、含噪声或不一致。使用"肮脏"的数据难以获得预期的结果，因此需要对其进行去重、过滤、标准化等操作，以便后期处理。——译者注

清单 5.22　FOAF 地图 HTML 结构

```
<!DOCTYPE html PUBLIC "-//W3C//DTD HTML 4.01 Transitional//EN"
    "http://www.w3.org/TR/html4/loose.dtd">
<html lang="en">
<head>
        <meta http-equiv="Content-Type" content="text/html; charset=utf-8">
        <title>FOAF Map</title>
        <link rel="stylesheet" href="main.css">
...
</head>
<body>
    <h1>FOAF Map</h1>
    <div id="resultsmap"></div>
    <div id="resultstable"></div>
</body>
</html>
```

本例采用 HTML 4.01 Transitional，不过也可以采用其他格式的 HTML

CSS 样式表使结果看起来更美观

JavaScript 函数出现在标头中

用于保存地图的分区

用于保存表格的分区

上述代码包含了一个指向 CSS 样式表的链接。虽然这并非强制要求，但实际的应用程序通常都会包含这样的链接。样式表能让结果看起来更美观。

5.6.3　创建 JavaScript 表格

如清单 5.23 所示，我们为 HTML 页面的标头添加了 3 种 JavaScript 组件。第一种是非常流行的 jQuery 库，能有效提高 JavaScript 编程的效率。使用 jQuery 并非强制要求，但它广受开发人员的青睐。

第二种 JavaScript 组件是包含查询结果的文件 foafmap.js，其内容与图 5.8 所示的内容相同。

最后，JavaScript 需要使用查询结果来绘制地图和表格。我们通过 jQuery 的 `$(document).ready()` 函数调用 `drawTable()` 和 `drawMap()`，二者分别用于绘制表格和地图。当浏览器完全载入 HTML 页面及其依赖（如 JavaScript 库）后，`$(document).ready()` 函数才会运行。而如果在依赖加载完成之前运行函数，将导致 JavaScript 报错。

清单 5.23　FOAF 地图页面所用的 JavaScript 库

```
<script src="jquery-1.7.1.min.js"></script>
<script src="foafmap.js"></script>
<script type="text/javascript">
<!--
$(document).ready(function(){
    drawTable();
    drawMap();
});
-->
</script>
```

jQuery 库使编写脚本更容易，代码更简洁

调用函数以绘制表格和地图

外部文件 foafmap.js 用于保存 SPARQL 查询（清单 5.20）的结果[1]

自定义 JavaScript 函数是在 HTML 页面中内联创建的

---

[1] 在实际应用中，该文件可能由服务器端进程动态生成。

　　清单 5.24 所示的 `drawTable()` 函数创建了一个 HTML 表格，该表格包含所有用户的姓名和经纬度位置。如果希望使用表格作为地图的关键字，则需要在表格中添加一个名为 symbol（符号）的列，并将每个用户姓名的第一个字母作为符号。地图标记使用这些符号来标识用户的位置。通过以下命令生成符号：

```
symbol = name.substring(0,1);
```

　　JavaScript 的 `forEach()` 函数可以从 JSON 结果对象中提取每个用户的姓名和经纬度。之后，我们将表格插入到 ID 为 `resultstable` 的分区中。

清单 5.24　利用 JavaScript 的 `drawTable()` 函数在 FOAF 地图页面中绘制表格

```
function drawTable() {
    var table = "<table><tr><th>Name</th><th>Symbol</th>" +
                "<th>Latitude</th><th>Longitude</th></tr>";
    results.results.bindings.forEach( function(record, idx) {
        name = record.name.value;
        symbol = name.substring(0,1);
        latitude = record.latitude.value;
        longitude = record.longitude.value;

        table += "<tr><td>" + name + "</td><td>" + symbol +
                 "</td><td>" + latitude + "</td><td>" + longitude +
                 "</td>";
    });
    table += "</table>";
    $("#resultstable").html(table);
}
```

创建一个 HTML 表格，用于保存 SPARQL 查询结果的数据

JavaScript 的 `forEach()` 函数对结果记录进行遍历

从当前记录中提取姓名和经纬度的值

每个用户姓名的第一个字符用于创建在地图图标中使用的符号

为每条记录创建一个 HTML 表格行

HTML 表格被插入到 ID 为 `resultstable` 的分区中

5.6.4　创建 JavaScript 地图

　　为绘制地图，我们采用 Google Static Maps API[①]构建一个调用 Google 服务的 URL，并以某种常见的图片格式（PNG、GIF 或 JPEG）返回静态图片。用户既可以在地图图片上添加标记，也可以控制与 Google Maps 相同类型的图面（如路线视图、卫星视图、地形视图或混合视图），还可以设置缩放级别和居中。Google Static Maps API 与 Google Maps API 在功能上非常类似，只不过前者返回的是静态图片。开发人员可以藉此在网页中插入简单的图片，最终用户的浏览器不需要像 Google Maps API 那样下载、解析和执行大量的 JavaScript。

　　如清单 5.25 所示，`drawMap()` 函数创建了一个 Google Static Maps URL，并将其置于 HTML 的 `image` 标签中。图片随后由渲染浏览器取出并显示。

---

① 参见 https://developers.google.com/maps/documentation/static-maps/（原链接跳转至此）。

清单 5.25　利用 JavaScript 的 `drawMap()` 函数在 FOAF 地图页面中绘制地图

drawMap() 函数用
于绘制地图

JavaScript 的
`forEach()`
函数对结果记
录进行遍历

为每个地图
标记随机分
配一种颜色

从当前记录中
提取姓名和经
纬度的值

每个用户姓名的第一
个字符用于创建在地
图图标中使用的符号

通过管道符号（｜）
隔开地图标记的
参数，管道符号的
Hex 转义值为 `%7C`

```javascript
function drawMap() {
var image = "<img src='http://maps.googleapis.com/maps/api/
    staticmap?center=43.0,-
    35&zoom=2&size=600x400&&maptype=satellite&format=png&sensor=false";
  results.results.bindings.forEach( function(record, idx) {
    color = chooseColor();
    sep = "%7C";
    name = record.name.value;
    symbol = name.substring(0,1);
    latitude = record.latitude.value;

    longitude = record.longitude.value;
    image += "&markers=color:" + color + sep + "label:" + symbol
+ sep + latitude + "," + longitude;
  });
  image += "'>";
  $("#resultsmap").html(image);
}
```

为每条记录创建一个标
记参数列表，以使用不
同的颜色和符号

图片被插入到 ID 为 `resultsmap`
的分区中

图片的 URL 由 Google Static Maps 的基准 URL[①]以及一系列查询字符串参数构成。`center`、`zoom`、`size`、`maptype`、`format`、`sensor` 等参数的详细描述请参考 API 文档，不过它们的含义不难理解。`center` 用于设置地图图片居中时的经纬度。`zoom` 是 0～21 之间的某个整数，其中 0 表示整个地球的尺度，21 表示某栋建筑的尺度。本例使用 2 作为以北大西洋为中心的缩放级别。如果希望在当前没有显示的地图区域添加数据（如中国、澳大利亚或美国阿拉斯加），则需要同时调整缩放级别和中心点。

`size` 参数用于设置图片大小的水平和垂直像素尺寸。`maptype` 参数用于设置地图类型，`satellite` 表示卫星图面。`sensor` 是一个神秘的参数，它能控制是否使用移动设备的 GPS 传感器自动绘制用户的位置，大部分网页将 `sensor` 被设置为 `false`。

`drawMap()` 函数创建了两组地图标记，每组标记用于绘制 SPARQL 查询中所找到的用户位置。清单 5.20 所示的查询使用了两个 FOAF 配置文件，因此每个用户各有一个标记。如果希望查询使用更多的 FOAF 配置文件，则需要交给 JavaScript 处理。每组标记参数为标记分配一个随机产生的颜色，并将每个用户姓名的第一个字母作为标记的符号。后者与 HTML 表格中所用的符号相同，因此表格可以作为地图的键使用。

---

① 即 http://maps.googleapis.com/maps/api/staticmap。

标记参数之间由管道符号（|）隔开。管道符号的 Hex 转义值为%7C，它在 JavaScript 中用作分隔符。

从 JSON 查询结果中提取姓名和经纬度时，采用与创建 HTML 表格完全相同的方法。最后，将 image 标签插入到 ID 为 resultsmap 的分区中。

清单 5.26 显示了用于生成颜色的几个函数。它们与本例的关系不大，但能让代码在发生变化时看起来更美观，也让整个示例程序更完整。如果希望改变颜色的产生方式，可以对这些函数进行调整。例如，修改变量 frequency 和 randomnumber 的定义将从不同的频谱产生颜色，并可以控制模式变化的粒度。如果不希望地图标记的颜色发生变化，可以将清单 5.25 中的 color = chooseColor();替换为单个颜色赋值语句。

清单 5.26　用于在 FOAF 地图页面中产生随机颜色标记的 JavaScript 函数

```
// Thanks to Jim Bumgardner's color tutorial:
// http://krazydad.com/tutorials/makecolors.php
function chooseColor () {                                    返回在 Google Static Map 中
var frequency = .3;                                          用作标记参数的随机颜色
var randomNumber = Math.floor(Math.random() * 32);
red = Math.sin(frequency * randomNumber + 0) * 127 + 128;
green = Math.sin(frequency * randomNumber + 2) * 127 + 128;
blue = Math.sin(frequency * randomNumber + 4) * 127 + 128;
return RGB2Color(red,green,blue);                           从红、绿、蓝的色彩组
}                                                           合中生成 24 位颜色
function RGB2Color (r,g,b) {
return '0x' + byte2Hex(r) + byte2Hex(g) + byte2Hex(b);
}
function byte2Hex (n) {                                      返回一个以字节表
    var nybHexString = "0123456789ABCDEF";                 示的 Hex 字符串
    return String(nybHexString.substr((n >> 4) & 0x0F,1)) +
        nybHexString.substr(n & 0x0F,1);
}
```

最终结果如图 5.7 所示。HTML 中包括若干次要样式（minor style），它们位于 HTML 标头引用的 CSS 文件中。有关创建示例程序所需的全部文件，请浏览本书配套网站。

请注意，本例使用静态图片作为地图，而非动态的 Google Maps 服务。但利用 Google Maps JavaScript API，很容易就能将静态图片转换为动态地图。有关使用 JavaScript 创建 Google Maps 的更多信息，请参考 Google Maps API 网站[①]。

读者可以尝试将示例程序加以扩展，以包含 FOAF 配置文件中的其他信息，比如工作地点、学校或其他朋友。如果在查询所有 FOAF 配置文件后都没有找到这些信息，应将它们置于 OPTIONAL 块中，后者的用法请参考清单 5.10。我们可以将朋友分类，并采用不同的颜色加以区分；也可以使用 Google Maps API / Google Static Maps API 进行标注，显示那些称得上朋友的用户。我们还可以为 SPARQL 查询添加更多的 FROM 子句，以便引用互联网上发布的其他 FOAF

---

① 参见 https://developers.google.com/maps/documentation/javascript/（原链接跳转至此）。

配置文件，甚至添加自己的 FOAF 配置文件。可以从万维网获取的数据非常多，读者不妨一试。

本章介绍的 FOAF 地图示例简单且直观，它使用 SPARQL 查询从关联开放数据中动态地生成网页，所涉及的概念几乎可以直接用于实际开发。主要区别在于，当请求数据源的 URL 时，JSON 格式的 SPARQL 结果是动态生成的。这既可以通过从 Java Servlet、CGI 脚本或其他服务器端进程调用的 ARQ 来实现，也可以采用适用于各种编程语言的 SPARQL 库。

5.7 小结

本章介绍了 RDF 所用的 SPARQL 查询语言，后者可以像查询数据库一样查询数据网——尽管数据网是一种非常庞大的、由大量分布式数据集构成的数据库。

我们讨论了简单 SPARQL 查询的工作原理，并对读者感兴趣的一些概念作了介绍。SPARQL 具备执行分布式查询、整合不同数据集、动态连接数据、使用现代查询语言构造处理数据的能力，深受开发人员的青睐。

但是，本章所讨论的内容远远无法描述 SPARQL 的强大，这门完整的查询语言具有丰富的功能和良好的扩展性。为充分了解这门语言，建议读者阅读官方 SPARQL 规范。

> **注意** SPARQL 是一门表现力很强的语言，单独一章难以描述它的复杂性。我们强烈推荐由 Bob DuCharme 编写、O'Reilly Media 在 2011 年出版的 *Learning SPARQL* 一书[1]。有关 SPARQL 的详细信息，请参考 W3C 网站[2]。

---

[1] O'Reilly Media 在 2013 年推出了本书第二版。——译者注

[2] 参见 https://www.w3.org/TR/sparql11-query/。

第 3 部分

关联数据实战

什么是 RDFa，如何利用它提高 HTML 网页质量并改善 SEO 性能？什么是 GoodRelations 词表，如何利用它增加点击率？什么是 Schema.org，如何利用它的词表及其 RDFa 增强业务网页的性能？RDF 数据库有哪些优点？哪些技术有助于优化万维网上的数据和项目共享？什么是站点地图，为何要使用它？

前面的章节已经介绍了如何使用并发布关联数据，第 6 ~ 8 章将讨论更为复杂的关联数据应用。我们将演示提高网页质量和改善 SEO 性能的方法，并讨论 RDF 如何促进不同格式的数据源（包括非 RDF 数据）的聚合。我们还将介绍几个应用程序，它们将不同来源（包括 EPA 和 NOAA 源）的数据聚合在一起，然后存储在 RDF 数据库中，并通过 SPARQL 查询数据的内容。

通过发布项目的 DOAP 文件、数据集的 VoID 文件以及语义网站点地图，我们可以对语义网搜索结果中包含的项目和数据集进行优化。此外，我们可以将符合要求的数据集发布到 LOD 云上（关联开放数据云），供其他用户使用。

第6章 强化搜索引擎的结果

本章内容
- 将 RDFa 添加到 HTML 中
- 利用 RDFa 和 GoodRelations 词表改进 HTML
- 使用 RDFa 和 Schema.org
- 对提取的 RDFa 执行 SPARQL 查询

前面的章节介绍了如何发现万维网上的关联数据，这一章将讨论利用 RDFa（RDF in Attributes，属性中的资源描述框架）提高网页质量。我们从一个专为人类可读性设计的典型 HTML 网页入手，演示如何将 RDFa 内容嵌入其中，以使网页既能被人类用户使用，也可以被机器处理。这种关联数据不仅能改善 SEO（search engine optimization，搜索引擎优化），也能让网页内容更容易被其他用户发现。

接下来，我们对一个消费者产品展示网页进行改进。我们在其中嵌入使用 GoodRelations 词表的 RDFa，以增加产品被 Google、Microsoft、Yandex[①]、Yahoo!等常用搜索引擎发现的概率。最后，我们将演示如何通过 Schema.org 词表获取类似的结果。嵌入网页的 RDFa 同样可以被提取出来，并采用 SPARQL 进行查询。

总而言之，这一章将讨论为用户的网页内容提供语义含义（semantic meaning），并介绍提取关联数据的方法。我们将使用第 4 章介绍过的 FOAF 词表，读者对后者应该不会感到陌生。由于 GoodRelations 词表在电子商务中扮演了重要角色，我们将以此为例进行探讨。Schema.org 也是这一章讨论的重点，Yahoo!、Bing、Google 等主流搜索引擎为这种词表提供了良好的支持。通过在 HTML 中嵌入 RDFa，搜索引擎可以提供相关性更高的搜索结果，Web 内容也能成为万维网上

---

① 俄罗斯知名互联网企业，负责运营俄罗斯最大的、全球第 4 大搜索引擎。——译者注

的关联数据。

6.1 通过嵌入 RDFa 以强化 HTML

不能将"数字可访问（digitally accessible）"与"机器可理解（machine comprehensible）"这两个概念混为一谈。例如，某出版物的封面或许包含数字可访问的照片，但照片的意义难以被机器所理解。封面上的条形码则是机器可读的，程序可以藉此识别该出版物，还可能获得价格信息并跟踪销售过程。网页中的 RDFa 与条形码的作用相同，搜索引擎可以藉此识别数字化数据的含义，并将其转换为结构化数据。

RDF 提供了一种表达数据和关系的机制。而 RDFa 是一门在 HTML 文档中表达 RDF 数据的语言，嵌入 RDFa 的网站可以同时被机器和人类用户使用。HTML 是描述内容所需的视觉外观（visual appearance）的一种手段，它并不关心书名（book title）和职称（job title）之间的区别，只是根据作者需要显示相应的字体。人类读者需要根据上下文背景解读信息，以确定页面描述的是书名还是职称。RDFa 则支持作者嵌入能识别二者不同的结构化数据。作者可以通过浏览器、搜索引擎和其他程序来标记可以被人类使用的信息，以供进一步解读。特定于 RDFa 的属性不会影响 HTML 内容的视觉显示，浏览器将忽略这些属性，就像忽略其他无法识别为 HTML 的属性一样。

我们从一个传统的基本 HTML 文档入手编写应用程序。如清单 6.1 所示，这个文档包含《星球大战》主角 Anakin Skywalker 的相关信息。我们将通过嵌入 RDFa 来标记 HTML，并解释每一步的作用。如果 HTML 页面中不包含 RDFa，浏览器将负责解释页面内容，但不会考虑其语义含义。所显示的页面可以包含任何内容，HTML 元素会影响页面的视觉外观。图 6.1 的文档 A 显示了未使用 RDFa 的效果。

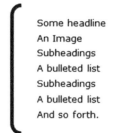

文档A：未使用RDFa　　　　　　　　文档B：使用RDFa

图 6.1　HTML 文档的机器解释和人类解释

作为人类读者，我们理解图 6.2 所示的网页是关于 Anakin Skywalker 的描述：他的图片、一些个人信息以及所认识的人的联系方式（如图 6.1 的文档 B 所示）。我们将嵌入若干 RDFa 属性，以便机器能自动解读页面所表达的信息（如同人类读者那样）。清单 6.1 显示了未嵌入任何 RDFa 标记的基本 HTML 描述。

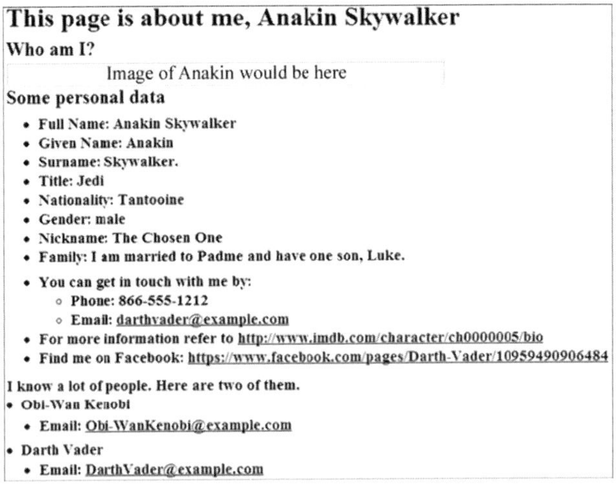

This page is about me, Anakin Skywalker

Who am I?

Image of Anakin would be here

Some personal data

- Full Name: Anakin Skywalker
- Given Name: Anakin
- Surname: Skywalker.
- Title: Jedi
- Nationality: Tantooine
- Gender: male
- Nickname: The Chosen One
- Family: I am married to Padme and have one son, Luke.
- You can get in touch with me by:
  - Phone: 866-555-1212
  - Email: darthvader@example.com
- For more information refer to http://www.imdb.com/character/ch0000005/bio
- Find me on Facebook: https://www.facebook.com/pages/Darth-Vader/10959490906484

I know a lot of people. Here are two of them.
- Obi-Wan Kenobi
  - Email: Obi-WanKenobi@example.com
- Darth Vader
  - Email: DarthVader@example.com

图 6.2　清单 6.1 生成的网页

清单 6.1　未嵌入 RDFa 标记的 HTML 描述

```
<html>
<head>
<title>Anakin Skywalker</title>
<meta content="text/html; charset=UTF-8" http-equiv="Content-Type"
➥  />
</head>

<body>
<h1> This page is about me, Anakin Skywalker </h1>
<h2>Who am I?</h2>
<img
➥  src="http://www.starwars.com/img/explore/encyclopedia/
➥  characters/anakinskywalker_detail.png"
➥  alt="http://www.starwars.com/img/explore/encyclopedia/
➥  characters/anakinskywalker_detail.png">

<h2>
<p>I was born on the planet Tatooine. I like to invent.
I invented my own droid, C-3PO, from salvaged parts.
My mother is Shmi and she says that I do not have a father.
I was trained as a Jedi knight by Obi-Wan Kenobi.
I am an excellent knight but I don't like authority figures.

While I was assigned to guard Padme, I fell in love with her.
She knew that I loved her and that I distrusted the
political process. I wished we had one strong leader. </p>

<p>As a Jedi Knight, I fought many battles for the Republic
```

and I rescued many captives. However, after a series
of such episodes, I was injured and succumbed to the
Dark Side.</p>
</h2>
<h2>

Some personal data
</h2>
<ul>
<h3>
<li>Full Name: Anakin Skywalker </li>

<li>Given Name: Anakin </li>

<li>Surname: Skywalker.</li>

<li>Title: Jedi </li>

<li>Nationality: Tatooine </li>

<li>Gender: male</li>

<li>Nickname: The Chosen One </li>

<li>Family: I am married to Padme and have one son, Luke.</li>
</h3>
</ul>

<h3>
<ul>
<li> You can get in touch with me by: </li>
    <ul>
    <li>Phone: 866-555-1212</li>
    <li>Email:
➥   <a href="mailto:darthvader@example.com">
➥   darthvader@example.com</a></li>
    </ul>
<li> For more information refer to
➥   <a href= "http://www.imdb.com/character/ch0000005/bio">
➥   http://www.imdb.com/character/ch0000005/bio </a> </li>
<li> Find me on Facebook:
➥   <a href= "https://www.facebook.com/pages/Darth-
➥   Vader/10959490906484">
➥   https://www.facebook.com/pages/Darth-Vader/10959490906484 </a> </li>
</ul>
</h3>

<h3>
I know a lot of people. Here are two of them.

```
<li> Obi-Wan Kenobi</li>
    <ul>
    <li>Email: <a href="mailto:obiwankenobi@example.com">
➡   Obi-WanKenobi@example.com</a></li>
    </ul>
<li> Darth Vader</li>
    <ul>
    <li>Email:<a href="mailto:darthvader@example.com">
➡   DarthVader@example.com</a></li>
    </ul>
</h3>
</body>
</html>
```

6.1.1　利用 FOAF 词表添加 RDFa 标记

接下来，我们向清单 6.1 所示的 HTML 代码中插入若干 RDFa，经过调整的完整 HTML 文档如清单 6.2 所示。我们对改进后的文档（清单 6.2）进行分析，看看它与基本文档（清单 6.1）有哪些不同。使用 RDFa 对 HTML 文档进行改进后，应定期验证文档正确与否。我们推荐一种简单易用的验证工具——RDFa 1.1 Distiller and Parser[①]。

注意清单 6.2 起始部分的两条语句，它们表示程序需要支持 HTML5 和 RDFa：

```
<!DOCTYPE HTML>
<html version="HTML+RDFa 1.1" lang="en" >
```

为了在文档中嵌入 RDFa 元素，需要共同应用 RDFa 元素与 HTML 标签。在 HTML5 内容模型中，以下 RDFa 属性可用于所有元素：

- vocab
- typeof
- property
- resource
- prefix
- content
- about
- rel
- rev
- datatype
- inlist

RDFa 可以处理的其他属性（如 href 和 src）仅能用于 HTML5 规范[②]定义的元素。

观察下面的代码段可以看到，从清单 6.2 提取的 HTML body 标签中包含 prefix 属性，它的作用与在 Turtle 文档中的作用相同。通过使用所定义的关联简写前缀，可以很方便地在整个文档中引用 prefix 属性列出的各种词表。

```
<body id=me
prefix = "
rdf: http://www.w3.org/1999/02/22-rdf-syntax-ns#
rdfs: http://www.w3.org/2000/01/rdf-schema#
xsd: http://www.w3.org/2001/XMLSchema#
```

---

① 参见 https://www.w3.org/2012/pyRdfa/。

② 参见 W3C 正式推荐标准 HTML+RDFa 1.1 (Second Edition), Support for RDFa in HTML4 and HTML5（2015 年 3 月 17 日）：https://www.w3.org/TR/html-rdfa/。

```
dc: http://purl.org/dc/elements/1.1/
foaf: http://xmlns.com/foaf/0.1/
rel: http://purl.org/vocab/relationship/
stars: http://www.starwars.com/explore/encyclopedia/characters/ "
>
```

进一步观察清单 6.2 可以发现，代码中大量使用了 HTML div 和 span 标签。二者主要用作分组指示符（grouping indicator），不会影响文档的视觉外观。span 和 div 元素类似于另起一行的 `<div>a contained block</div>`。`<span>some text</span>`是一种内联分隔符（inline separator），用于将封闭文本标识为单个实体。此外，typeof 属性将封闭实体定义为 foaf:Person 类型的对象。

清单 6.2　嵌入 RDFa 标记（来自 FOAF 词表）的 HTML 描述

```
<!DOCTYPE html>                                        ─┐ 提醒浏览器使用
<html version="HTML+RDFa 1.1" lang="en">                │ RDFa 和 HTML5
<head>
<title>Anakin Skywalker</title>
<meta http-equiv="Content-Type" content="text/html; charset=UTF-8"/>
<base href= "http://rosemary.umw.edu/~marsha/starwars/foaf.ttl#" >

</head>

<body id=me
prefix = "                                             ─┐ 前缀语句
rdf: http://www.w3.org/1999/02/22-rdf-syntax-ns#
rdfs: http://www.w3.org/2000/01/rdf-schema#
xsd: http://www.w3.org/2001/XMLSchema#
dc: http://purl.org/dc/elements/1.1/
foaf: http://xmlns.com/foaf/0.1/
rel: http://purl.org/vocab/relationship/
stars: http://www.starwars.com/explore/encyclopedia/characters/ "    定义 container
>                                                                    块的起始位置
<div id="container"
about="http://rosemary.umw.edu/~marsha/starwars/foaf.ttl#me"     将封闭实体定义为 foaf:Person
typeof="foaf:Person">                                            类型的对象
<h1> This page is about me, Anakin Skywalker </h1>

<h2>Who am I?</h2>                                        标识所显示的图片，并将该对
<img property="foaf:img" class="flr"                      象标识为 foaf:img 属性
src="http://www.starwars.com/img/explore/encyclopedia/characters/
➥   anakinskywalker_detail.png" alt="http://www.starwars.com/img/explore/
    encyclopedia/characters/anakinskywalker_detail.png">

<h2>
<p>I was born on the planet Tatooine. I like to invent. I invented my own
    droid, C-3PO, from salvaged parts. My mother is Shmi and she says that I
    do not have a father.
I was trained as a Jedi knight by Obi-Wan Kenobi. I am an excellent knight
```

```
but I don't like authority figures.

While I was assigned to guard Padme, I fell in love with her. She knew that I
    loved her and that I distrusted the political process. I wished we had
    one strong leader. </p>

<p>As a Jedi Knight, I fought many battles for the Republic and I rescued
    many captives. However, after a series of such episodes, I was injured
    and succumbed to the Dark Side.</p>
</h2>
<h2>

Some personal data
</h2>
<ul>
<h3>
<li>Full Name: <span property="foaf:name">Anakin Skywalker</span> </li>
<li>Given Name: <span property="foaf:givenname">Anakin</span> </li>
<li>Surname: <span property="foaf:family_name">Skywalker</span></li>
<li>Title: <span property="foaf:title">Jedi</span> </li>
<li>Nationality: Tatooine </li>
<li>Gender: <span property="foaf:gender">male</span></li>
<li>Nickname: <span property="foaf:nick">The Chosen One</span></li>
<li>Family: I am married to <span property="foaf:knows rel:spouseOf">Padme</
    span> and have one son, <span property="foaf:knows">Luke Skywalker</
    span>.</li>
</h3>
</ul>

<h3>
<ul>
<li> You can get in touch with me by: </li>
    <ul>
    <div vocab="http://xmlns.com/foaf/0.1/">
    <li>Phone: <span property="phone">866-555-1212</span></li>
    <li>Email: <span property="mbox_sha1sum"
        content="cc77937087f686e222bcf1194fb8c671d8591e00">
    <a href="mailto:darthvader@example.com">AnakinSkywalker</a>
        </span></li>
    </div>
    </ul>

<li> For more information refer to <a property="foaf:homepage" href= "http://
    www.imdb.com/character/ch0000005/bio">http://www.imdb.com/character/
    ch0000005/bio </a> </li>
<li> Find me on Facebook: <a typeof="foaf:account" href= "https://
```

将 Padme 定义为 Anakin Skywalker 的所认识的人，并声明两人是 Relationship 词表[1]所描述的配偶关系

---

[1] 参见 Ian Davis 和 Eric Vitiello Jr.创建的 *Relationship: A vocabulary for describing relationships between people*：http://vocab.org/relationship/（原链接跳转至此）。

```
      www.facebook.com/pages/Darth-Vader/10959490906484"> https://
      www.facebook.com/pages/Darth-Vader/10959490906484   </a> </li>
</ul>
I know a lot of people. Here are two of them.
<div rel="foaf:knows" typeof="foaf:Person">
<ul>
    <li>
    <a property="foaf:homepage" href="http://live.dbpedia.org/page/
        Obi-Wan_Kenobi" />
    <span property="foaf:name">Obi-Wan Kenobi</span>
    <ul>
      <li>
      Email: <span property="foaf:mbox_sha1sum"
          content="aadfbacb9de289977d85974fda32baff4b60ca86">
      <a href="mailto:obiwankenobi@example.com">Obi-Wan Kenobi</a>
      </li>
    </ul>
    </li>
</ul>
</div>

<div rel="foaf:knows" typeof="foaf:Person">
<ul>
    <li>
    <a property="foaf:homepage"
        href="http://www.imdb.com/character/ch0000005/bio" />
    <span property="foaf:name">Darth Vader</span>
    <ul>
      <li>
      Email: <span property="foaf:mbox_sha1sum"
          content="cc77937087f686e222bcf1194fb8c671d8591e00">
      <a href="mailto:darthvader@example.com">DarthVader</a>
      </li>
    </ul>
    </li>
</ul>
</div>
</h3>
</div>
</body>
</html>
```

6.1.2　在 HTML span 属性中使用 RDFa

从清单 6.2 提取出的部分代码如清单 6.3 所示，注意项目符号列表中的<span></span>和 RDFa 的 property 属性，后者标识了所定义的类属性。观察以下语句：

```
<li>Full Name: <span property="foaf:name">Anakin Skywalker</span> </li>
```

这条语句将"Anakin Skywalker"定义为 `foaf:name`。因此,"Anakin Skywalker"现在不仅是需要显示的文本,也和 `foaf:name` 定义的含义关联在一起。

清单 6.3 从清单 6.2 提取出的项目符号列表

```
<li>Full Name: <span property="foaf:name">Anakin Skywalker</span> </li>
<li>Given Name: <span property="foaf:givenname">Anakin</span> </li>
<li>Surname: <span property="foaf:family_name">Skywalker</span></li>
<li>Title: <span property="foaf:title">Jedi</span> </li>
<li>Nationality: Tatooine </li>
<li>Gender: <span property="foaf:gender">male</span></li>
<li>Nickname: <span property="foaf:nick">The Chosen One</span></li>
<li>Family: I am married to <span property="foaf:knows rel:spouseOf">Padme</span> and have
➥    one son, <span property="foaf:knows">Luke Skywalker</span>.</li>
```

注意 有关 RDFa 1.1 规范的详细信息,请参考 W3C 网站[①]。

6.1.3 从包含 FOAF 的 HTML 文档中提取关联数据

将清单 6.2 所示的 HTML 文档输入验证工具 RDFa 1.1 Distiller and Parser,将生成 Turtle 格式的内容,如清单 6.4 所示。虽然这项操作并非必须,但它说明了两个值得注意的问题:

- 可以将嵌入 HTML 的 RDFa 提取为关联数据;
- 如清单 6.4 所示,可以将提取出的 RDF 数据保存为独立的文件并发布,或作为其他应用程序的输入使用。

清单 6.4 根据嵌入 RDFa 标记的 HTML 描述(清单 6.2),生成 Turtle 格式的内容

```
@prefix foaf: <http://xmlns.com/foaf/0.1/> .
@prefix rdfa: <http://www.w3.org/ns/rdfa#> .
@prefix rel: <http://purl.org/vocab/relationship/> .

<http://rosemary.umw.edu/~marsha/starwars/foaf.ttl> rdfa:usesVocabulary foaf: .

<http://rosemary.umw.edu/~marsha/starwars/foaf.ttl#me> a foaf:Person;
    rel:spouseOf "Padme";
    foaf:family_name "Skywalker";
    foaf:gender "male";
    foaf:givenname "Anakin";
    foaf:homepage <http://www.imdb.com/character/ch0000005/bio>;
    foaf:img <http://www.starwars.com/img/explore/encyclopedia/characters/
➥    anakinskywalker_detail.png>;
    foaf:knows [ a foaf:Person;
            foaf:homepage <http://live.dbpedia.org/page/Obi-Wan_Kenobi>;
            foaf:mbox_sha1sum "aadfbacb9de289977d85974fda32baff4b60ca86";
            foaf:name "Obi-Wan Kenobi" ],
```

---

① 参见 https://www.w3.org/TR/rdfa-core/。

```
 "Padme",
 [ a foaf:Person;
     foaf:homepage <http://www.imdb.com/character/ch0000005/bio>;
     foaf:mbox_sha1sum "cc77937087f686e222bcf1194fb8c671d8591e00";
     foaf:name "Darth Vader" ],
 "Luke Skywalker";
foaf:mbox_sha1sum "cc77937087f686e222bcf1194fb8c671d8591e00";
foaf:name "Anakin Skywalker";
foaf:nick "The Chosen One";
foaf:phone "866-555-1212";
foaf:title "Jedi" .
```

```
<https://www.facebook.com/pages/Darth-Vader/10959490906484> a foaf:account .
```

可以看到，清单 6.4 的输出与我们在第 4 章创建的 FOAF 配置文件非常类似。

我们也可以通过 Google 结构化数据测试工具（Google Structured Data Testing Tool）[①]观察结果，注意输入的字符不能超过 1500 个。

本节介绍了如何利用 RDFa 强化典型的 HTML 主页，以便为 Web 内容提供有意义的结构，从而让机器能更好地解读内容。一般来说，嵌入 RDFa 标记有助于增强 SEO 性能。接下来，我们将进一步讨论如何利用 RDFa 改进业务网站。

6.2 采用 GoodRelations 词表嵌入 RDFa

GoodRelations 是电子商务中应用最为广泛的 RDF 词表，它支持用户发布产品和服务的详细信息，以便搜索引擎、移动应用与浏览器扩展能利用这些信息，从而增加网站的点击率。本节，我们将使用 GoodRelations 词表强化描述 Sony Cyber-shot DSC-WX100 数码相机的网页，从而使描述更有意义，并改进其 SEO 性能。

类似于 Google 和 Yahoo!这样的搜索引擎，有能力识别 Sears、Kmart、Best Buy 等超过 10 000 家产品供应商网页中的 GoodRelations 数据。

慕尼黑联邦国防军大学（Bundeswehr University Munich）综合管理与电子商务系教授、GoodRelations 本体的创建者 Martin Hepp[②]表示，初步证据显示，利用 RDFa 强化网页可以将点击率提高 30%，这与 Best Buy 首席 Web 开发工程师 Jay Myers 得出的结论不谋而合[③]。

6.2.1 GoodRelations 概述

Martin Hepp 在其网站中对 GoodRelations 及其应用作了详细介绍[④]，用户指南（User's Guide）

---

① 参见 https://search.google.com/structured-data/testing-tool（原链接跳转至此）。

② Martin Hepp 教授的个人主页为 http://www.heppnetz.de/。

③ 参见 Paul Miller 的 *SemTechBiz Keynote: Jay Myers discusses Linked Data at Best Buy*（2012 年 6 月 6 日）：http://www.dataversity.net/semtechbiz-keynote-jay-myers-discusses-linked-data-at-best-buy/（原链接跳转至此）。

④ 参见 http://www.heppnetz.de/projects/goodrelations/。

①部分描述了这种词表所用的概念模型。根据介绍，GoodRelations 旨在为电子商务定义一种行业无关和语法无关的对象，无论原材料、零售还是售后服务，都可以应用这种对象。

我们仅使用以下 4 种实体，就能表示各种电子商务场景。

- 代理（如个人或组织）。
- 对象（如相机、房屋或单车）或服务（如修甲）。
- 转让对象的某些权利（所有权、临时使用权、特定许可）或提供某种补偿服务（如一笔钱）的承诺，也称为要约（offer）。承诺（要约）由代理作出，与对象或服务有关。
- 提供要约的地点。

这种"代理-承诺-对象"原则（Agent-Promise-Object Principle）存在于大部分行业中，它是 GoodRelations 强大、稳定的基石。只要遵循这种原则，就能使用同一个词表描述相机销售、修甲服务或二手摩托车处理。

与上述 4 种实体相对应的 GoodRelations 类如下。

- gr:BusinessEntity 对应于代理，即企业或个人。
- gr:Offering 对应于销售、修理、租赁的要约，或表达对此类要约的兴趣。
- gr:ProductOrService 对应于对象或服务。
- gr:Location 对应于提供要约的商店或地点。

如表 6.1 所示，第一列是需要指定的产品特性，第二列是与每种特性相关联的 GoodRelations 术语。某些属性是 GoodRelations 特有的，另一些属性则来自其他词表（如 FOAF 和 RDF-data 词表）。我们将在描述 Sony 相机的 HTML 页面（嵌入 RDFa 标记）中应用尽可能多的属性。我们将这些表格列出来供读者参考，以了解支持电子商务所要增强的数据类型。

表 6.1　Google 支持的、与产品或服务相关联的 GoodRelations 属性②

产 品 特 性	GoodRelations 属性
name	gr:name
image	foaf:depiction
brand	gr:hasManufacturer (用于品牌链接) 和 gr:BusinessEntity （用于制造商名称）
description	gr:description
review information	v:hasReview (来自 http://rdf.data-vocabulary.org/#)
review format	v:Review-aggregate (来自 http://rdf.data-vocabulary.org/#)
identifier	gr:hasStockKeepingUnit gr:hasEAN_UCC-13 gr:hasMPN gr:hasGTN

① 参见 http://wiki.goodrelations-vocabulary.org/Documentation/Conceptual_model。
② 参见 Google Webmaster Tools 的 *Product properties: GoodRelations and hProduct*（2013 年 5 月 27 日）：http://support.google.com/webmasters/bin/answer.py?hl=en&answer=186036（原链接已失效）。

表 6.2 列出了要约特性以及 GoodRelations 词表中的相关术语，可以使用这些术语对特性建模。第二列显示了 GoodRelations 中的关联术语以及使用须知。`foaf:page` 是唯一一个没有包含在 GoodRelations 词表中的术语。

表 6.2　Google 支持的、与要约相关联的 GoodRelations 属性[①]

要 约 特 性	GoodRelations 属性
price	价格信息包含在 `gr:hasPriceSpecification` 标签中，采用子级 `gr:hasCurrencyValue` 的内容属性来指定实际价格（仅使用小数点作为分隔符）
priceRangeLow	价格信息包含在 `gr:hasPriceSpecification` 标签中，采用子级 `gr:hasMinCurrencyValue` 的内容属性来指定可用范围内的最低价格（仅使用小数点作为分隔符）
priceRangeHigh	价格信息包含在 `gr:hasPriceSpecification` 标签中，采用子级 `gr:hasMaxCurrencyValue` 的内容属性来指定可用范围内的最高价格（仅使用小数点作为分隔符）
priceValidUntil	`gr:validThrough`
currency	价格信息包含在 `gr:hasPriceSpecification` 标签中,采用子级 `gr:hasCurrency` 来指定实际所用的货币
seller	`gr:BusinessEntity`
condition	`gr:condition`
availability	库存等级信息包含在 `gr:hasInventoryLevel` 标签中，采用子级标签 `gr:QuantitativeValue` 来指定库存数量。例如，如果 `gr:hasMinValue` 的内容属性的值大于 0，说明该商品尚有存货；`availability` 属性的应用请参考清单 6.6
offerURI	`foaf:page`

identifier	`gr:hasStockKeepingUnit`
	`gr:hasEAN_UCC-13`
	`gr:hasMPN`
	`gr:hasGTN`

如果一个产品具有不同的要约（比如不同商家都在销售同一双跑鞋），可以使用总要约（aggregate offer）。表 6.3 列出了这些属性及其关联的 GoodRelations 术语。不出所料，许多术语都和要约关联在一起。

表 6.3　Google 支持的、与总要约相关联的 GoodRelations 属性

总要约特性	GoodRelations 属性
priceRangeLow	价格信息包含在 `gr:hasPriceSpecification` 标签中，采用子级 `gr:hasMinCurrencyValue` 的内容属性来指定可用范围内的最低价格（仅使用小数点作为分隔符）
priceRangeHigh	价格信息包含在 `gr:hasPriceSpecification` 标签中，采用子级 `gr:hasMaxCurrencyValue` 的内容属性来指定可用范围内的最高价格（仅使用小数点作为分隔符）

① 参见 Google Webmaster Tools 的 *Product properties: GoodRelations and hProduct*（2013 年 5 月 27 日）：http://support.google.com/webmasters/bin/answer.py?hl=en&answer=186036（原链接已失效）。

续表

总要约特性	GoodRelations 属性
currency	价格信息包含在 `gr:hasPriceSpecification` 标签中, 采用子级 `gr:hasCurrency` 来指定实际所用的货币
seller	`gr:BusinessEntity`
condition	`gr:condition`
availability	库存等级信息包含在 `gr:hasInventoryLevel` 标签中, 采用子级标签 `gr:QuantitativeValue` 来指定库存数量。例如, 如果 `gr:hasMinValue` 的内容属性的值大于 0, 说明该商品尚有存货; `availability` 属性的应用请参考清单 6.6
offerURI	`foaf:page`
identifier	`gr:hasStockKeepingUnit`　　`gr:hasEAN_UCC-13` `gr:hasMPN`　　　　　　　　　`gr:hasGTN`

6.2.2　利用 GoodRelations 强化嵌入 RDFa 的 HTML

与 6.1 节类似, 我们从一个基本的 HTML 文件入手, 采用 RDFa 和 GoodRelations 词表对文件进行标记。如前所述, GoodRelations 是电子商务领域所用的一种重要词表。在第 4 章, 我们已经将描述 Sony 相机的基本 HTML 网页加入到愿望清单中, 网页内容如清单 6.5 所示。接下来, 我们将使用表 6.1 和表 6.2 列出的多种属性对文档进行注释。

清单 6.5　未使用 GoodRelations 标记的基本 HTML 页面

```
<html>
<head>
<title>SONY Camera</title>
<meta content="text/html; charset=UTF-8" http-equiv="Content-Type" />
</head>

<body>

<h2> Sony - Cyber-shot DSC-WX100 <BR>
  18.2-Megapixel Digital Camera - Black
</h2>
 <BR>
<img src="http://images.bestbuy.com/BestBuy_US/images/products/5430/
➥  5430135_sa.jpg" alt="http://http://images.bestbuy.com/BestBuy_US/images/
➥  products/5430/5430135_sa.jpg">
<BR>
Model: DSCWX100/B    SKU: 5430135 <BR>
Customer Reviews: 4.9 of 5 Stars(14 reviews)
<BR>
Best Buy
http://www.bestbuy.com
<BR>
Sale Price: $199.99<BR>
Regular Price: $219.99<BR>
```

```
In Stock <BR>

<h3>
  Product Description
  <ul>
  <li>10x optical/20x clear image zoom </li>
  <li>2.7" Clear Photo LCD display</li>
  <li>1080/60i HD video</li>
  <li>Optical image stabilization</li>
  </ul>
</h3>
<BR>
Sample Customer Reviews<BR>
<BR>
Impressive - by: ABCD, November 29, 2012 <BR>

At 4 ounces this is a wonder. With a bright view screen and tons of features,
    this camera can't be beat.
<BR>
5.0/5.0 Stars<BR>
<BR>
Nice Camera, easy to use, panoramic feature by: AbcdE, November 26, 2012 <BR>
Great for when you don't feel like dragging the SLR around. Panoramic feature
    and video quality are very good.<BR>
4.75/5.0 Stars<BR>
<BR>
</body>
</html>
```

虽然 RDFa 支持整个 GoodRelations 词表[①]，但我们仅对 Google 支持的属性（表 6.1）进行标记。建议读者采用 GoodRelations 提供的工具生成富摘要（rich snippets）[②]，并留意 GoodRelations 开发人员总结的建议[③]。

清单 6.6 利用 GoodRelations 词表对清单 6.5 所示的基本 HTML 页面进行注释，它描述了加入愿望清单的 Sony 相机。之所以选择相机，是因为它是一种常见的网上销售的产品。藉由 GoodRelations，我们可以对产品的售价、供应商、制造商以及评论进行注释。

清单 6.6[④] **使用 GoodRelations 标记的 HTML 页面**

```
<!DOCTYPE html>
<html version="HTML+RDFa 1.1" lang="en">
```

---

① 参见 GoodRelations Language Reference V1.0（2011 年 10 月 1 日）：http://www.heppnetz.de/ontologies/ goodrelations/v1.html。

② 参见 Google Webmaster Tools 的 Product properties: GoodRelations and hProduct（2013 年 5 月 27 日）： http://support.google.com/webmasters/bin/answer.py?hl=en&answer=186036（原链接已失效）。

③ 参见 http://wiki.goodrelations-vocabulary.org/Quickstart。

④【勘误】代码中的 RDFa 遗漏了 GoodRelations 词表的命名空间。在第 12 行（rdf: http://www.w3.org/1999/ 02/22-rdf-syntax-ns#）与第 18 行（>）之间的任何位置插入以下语句：gr: http://purl.org/goodrelations/v1#。

```
<head>
<title>Illustrating RDFa and GoodRelations</title>
<meta content="text/html; charset=UTF-8" http-equiv="Content-Type" />
<base href =
"http://rosemary.umw.edu/~marsha/other/sonyCameraRDFaGRversion3.html" />
</head>

<body id="camera"
prefix = "
review: http://purl.org/stuff/rev#
rdf: http://www.w3.org/1999/02/22-rdf-syntax-ns#
rdfs: http://www.w3.org/2000/01/rdf-schema#
xsd: http://www.w3.org/2001/XMLSchema#
foaf: http://xmlns.com/foaf/0.1/
rel: http://purl.org/vocab/relationship
v: http://rdf.data-vocabulary.org/# "
>
```

这部分代码通过脚注中的 URL 生成，修改将所有前缀声明集中在 body 标签下[1]

```
<!—Company related data—Put this on your main page -->
  <div typeof="gr:BusinessEntity" about="#company">
    <div property="gr:legalName" content="Linked Data Practitioner's
➥ Guide"></div>
    <div property="vcard:tel" content="540-555-1212"></div>
    <div rel="vcard:adr">
      <div typeof="vcard:Address">
        <div property="vcard:country-name" content="United States"></div>
        <div property="vcard:locality" content="Fredericksburg"></div>
        <div property="vcard:postal-code" content="22401"></div>
        <div property="vcard:street-address" content="1234 Main
➥ Street"></div>
      </div>
    </div>
    <div rel="foaf:page" resource=""></div>
  </div>

  <div typeof="gr:Offering" about="#offering">
    <div rev="gr:offers" resource="http://www.example.com/#company"></div>
    <div property="gr:name" content="Cyber-shot DSC-WX100
➥ ml:lang="en"></div>
    <div property="gr:description" content="18.2-Megapixel
➥ Digital Camera - Black &lt;li&gt;10x optical/20x
➥ clear image zoom &lt;/li&gt; &lt;li&gt;2.7&quot; Clear Photo LCD
➥ display&lt;/li&gt; &lt;li&gt;1080/60i HD video&lt;
➥ /li&gt; &lt;li&gt;Optical image stabilization&lt;/li&gt;"
➥ xml:lang="en"></div>
    <div property="gr:hasEAN_UCC-13" content="0027242854031
➥ datatype="xsd:string"></div>
```

---

① 通过 Rich Snippet Generator 生成，参见 http://www.ebusiness-unibw.org/tools/grsnippetgen/。

```
    <div rel="foaf:depiction"
➡ resource="http://images.bestbuy.com/BestBuy_US/images/products
➡ /5430/5430135_sa.jpg"></div>
    <div rel="gr:hasPriceSpecification">
      <div typeof="gr:UnitPriceSpecification">
        <div property="gr:hasCurrency" content="USD"
➡ datatype="xsd:string"></div>
        <div property="gr:hasCurrencyValue" content="199.99"
➡ datatype="xsd:float"></div>
        <div property="gr:hasUnitOfMeasurement" content="C62"
➡ datatype="xsd:string"></div>
      </div>
    </div>

    <div rel="gr:hasBusinessFunction"
➡ resource="http://purl.org/goodrelations/v1#Sell"></div>
    <div rel="foaf:page" resource="http://www.example.com/dscwx100/"></div>
    <div rel="gr:includes">
      <div typeof="gr:SomeItems" about="#product">
        <div property="gr:category" content="ProductOrServiceModel"
➡ xml:lang="en"></div>
        <div property="gr:name" content="Cyber-shot DSC-WX100"
➡ xml:lang="en"></div>
        <div property="gr:description" content="18.2-Megapixel Digital
➡ Camera - Black &lt;li&gt;10x optical/20x clear image zoom &lt;/li&gt;
➡ &lt;li&gt;2.7&quot; Clear Photo LCD display&lt;/li&gt;
➡ &lt;li&gt;1080/60i HD video&lt;/li&gt; &lt;li&gt;Optical image
➡ stabilization&lt;/li&gt;" xml:lang="en"></div>
        <div property="gr:hasEAN_UCC-13" content="0027242854031"
➡ datatype="xsd:string"></div>
        <div rel="foaf:depiction"
➡ resource="http://images.bestbuy.com/BestBuy_US/images/products/
➡ 5430/5430135_sa.jpg"></div>
        <div rel="foaf:page"
➡ resource="http://www.example.com/dscwx100/"></div>
      </div>
    </div>
</div>

<h2> Sony - Cyber-shot DSC-WX100 <BR>
 18.2-Megapixel Digital Camera - Black </h2>
 <BR>
 <img src="http://images.bestbuy.com/BestBuy_US/images/products/5430/
➡ 5430135_sa.jpg" alt="http://http://images.bestbuy.com/BestBuy_US/images/
    products/
➡ 5430/5430135_sa.jpg">
 <BR>

<span rel="v:hasReview">
  <span typeof="v:Review-aggregate" about="#review_data">
Customer Reviews:
<span property="v:average" datatype="xsd:string"> 4.9 </span>
```

```
of <span property="v:best">5.0</span> Stars (<span property="v:count"
    datatype="xsd:string">14 </span>reviews)
<BR>
  </span>
</span>
Best Buy <BR>
<div rel="foaf:page" resource="http://www.bestbuy.com"></div>
<BR>


<span rel="gr:hasPriceSpecification">
<span typeof="gr:UnitPriceSpecification">
Sale Price: $<span property="gr:hasCurrencyValue v:lowprice"
    datatype="xsd:float">199.99</span><BR>
Regular Price: $<span property="gr:hasCurrencyValue v:highprice"
    datatype="xsd:float">219.99</span><BR>
</span>
</span>
Availability: <div rel="gr:hasInventoryLevel">
      <div typeof="gr:QuantitativeValue">
        <div property="gr:hasMinValue" content="1" datatype="xsd:float">Instock</div>
      </div>
    </div>
    <BR>


<h3>
Product Description
<ul>
<li>10x optical/20x clear image zoom </li>
<li>2.7" Clear Photo LCD display</li>
<li>1080/60i HD video</li>
<li>Optical image stabilization</li>
</ul>
</h3>
<BR>


Sample Customer Reviews<BR>
<BR>
```

附加属性能提高数据的可访问性

在 RDFa 中，如果不存在资源属性，则 div 标签中的 typeof 属性将隐式地设置标签中标记的属性主体

聚合评论示例

```
<br />Product Reviews:
<div rel="review:hasReview v:hasReview">
<span typeof="v:Review-aggregate review:Review">
<br />Average:
<span property="review:rating v:average" datatype="xsd:float">4.5</span>, avg.:
<span property="review:minRating" datatype="xsd:integer">0</span>, max:
<span property="review:maxRating" datatype="xsd:integer">5</span> (count:
<span property="review:totalRatings v:votes"
datatype="xsd:integer">45</span>)<br />
</span>
```

```
</DIV>

<div rel="review:hasReview v:hasReview" typeof="v:Review">
Impressive - by: <span property="v:reviewer">ABCD</span>, <span
➥   property="v:dtreviewed" content="2012-11-29">November 29, 2012
➥   </span><BR>
<span property="v:summary">At 4 ounces this is a wonder. with a bright view
➥   screen and tons of features this camera can't be beat </span>
<span property="v:value">5.0</span>of
<span property="v:best">5.0</span> Stars<BR>
</div>
<BR>
<BR>

<div rel="review:hasReview v:hasReview" typeof="v:Review">
Nice Camera, easy to use, panoramic feature by: <span property="v:reviewer">
➥   AbcdE</span>, <span property="v:dtreviewed" content="2012-11-26">November
➥   26, 2012 </span><BR>
<span property="v:summary">Great for when you don't feel like dragging the
➥   SLR around. Panoramic feature and video quality are very good.</span><BR>
<span property="v:value">4.75</span> of
<span property="v:best">5.0</span> Stars<BR>
</div>
<BR>
<div rel="gr:hasBusinessFunction"
resource="htt;://purl.org/goodrelations/v1#Sell"></div>
<div property="gr:hasEAN_UCC-13" content="0027242854031"
➥   datatype="xsd:string"></div>
<div rel="foaf:page" resource=""></div>
<div rev="gr:offers" resource="http://www.bestbuy.com"></div>
</div>
</body>
</html>
```

来自 GoodRelations
网站

从清单 6.6 可以看到，GoodRelations 词表实现了既定目标。页面中与业务有关的各项都与各自的含义相关联。为标记页面，Martin Hepp 建议开发人员遵循原始 Google 模式[①]以及下面列出的附加原则。遵循这些原则有助于用户数据被所有可以识别 RDFa 的搜索引擎、购物比较网站、移动服务所理解。注意，Google 的建议仅适用于 Google 的产品。附加原则如下。

- 添加 about 属性可以将关键的数据元素转换为可标识资源，从而实现对要约数据的引用。
- 为所有字面量值添加 datatype 属性，以满足有效的 RDF 要求。
- 为所有图片添加 alt="Product image"以兼容 XHTML。
- 添加 foaf:page 链接。如果链接不存在，使用空引号即可。

---

① 参见 Google Webmaster 的 *Product properties: GoodRelations and hProduct*（2013 年 5 月 27 日）：http://support.google.com/webmasters/bin/answer.py?hl=en&answer=186036（原链接已失效）。

- 为 EAN/ISBN-13 添加 `gr:hasEAN_UCC-13`。通过附加前导 0，很容易就能将 UPC（通用产品代码）转换为 EAN/ISBN-13。这有助于将用户的要约信息与制造商提供的数据表链接在一起。
- 添加 `gr:hasBusinessFunction` 以表明正在销售该产品。
- 通过 `rev` 属性添加指向公司的 `gr:offers` 链接，也可以将其插入到主页中。

因此，根据 Martin Hepp 的建议，清单 6.6 应包括以下代码：

```
<div rel="gr:hasBusinessFunction"
resource="http://purl.org/goodrelations/v1#Sell"></div>
<div property="gr:hasEAN_UCC-13" content="0027242854031"
datatype="xsd:string"></div>
<div rel="foaf:page" resource=""></div>
<div rev="gr:offers" resource="http://www.bestbuy.com"></div>
```

请注意与每种字面货币值相关联的数据类型。

```
Sale Price: $<span property="gr:hasCurrencyValue v:lowprice"
datatype="xsd:float">199.99</span><BR>
Regular Price: $<span property="gr:hasCurrencyValue v:highprice"
datatype="xsd:float">219.99</span><BR>
```

6.2.3　对选择 RDFa GoodRelations 的进一步观察

逐段分解清单 6.6 所示的 HTML 文档，可以看到起始部分包含以下语句：

```
<!DOCTYPE html>
<html version="HTML+RDFa 1.1" lang="en">
<head>
<title>Illustrating RDFa and GoodRelations</title>
<meta content="text/html; charset=UTF-8" http-equiv="Content-Type" />
<base href = "http://www.example.com/sampleProduct/">
</head>
```

上述语句将文档类型标识为 HTML5，并将 `html version` 属性设置为 HTML+RDFa 1.1。这些设置可以确保大部分客户端能正确地提取和识别 RDF。`<base href...>` 提供了一个可供引用的绝对 URI，它应该包含公司 Web 引用的 URI。

注意　使用与所发布的产品文档相关联的实际 URI 替换引号内的 URL。

如清单 6.7 所示，我们在 `<body...>` 语句中包含以下 `prefix` 语句，以便在文档中建立对这些词表的访问模式。

清单 6.7　前缀信息的集中化

```
<body id="camera"
prefix = "
review: http://purl.org/stuff/rev#
```

```
rdf: http://www.w3.org/1999/02/22-rdf-syntax-ns#
rdfs: http://www.w3.org/2000/01/rdf-schema#
xsd: http://www.w3.org/2001/XMLSchema#
foaf: http://xmlns.com/foaf/0.1/
rel: http://purl.org/vocab/relationship
v: http://rdf.data-vocabulary.org/# "
>
```

清单 6.8 中的代码通过 Rich Snippet Generator[①]生成，我们对输出结果略作修改：删除命名空间声明以简化代码，并采用与之对应的 HTML5 替换 `xmlns`。此外，我们还整合并集中了所有前缀声明。

清单 6.8 所示的代码段描述了公司网页和法定名称，以及公司所在的国家、城市、邮编和实际地址。

清单 6.8　描述公司信息的代码段

```
<div typeof="gr:BusinessEntity" about="#company">
  <div property="gr:legalName"
➥ ontent="Linked Data Practitioner's Guide"></div>
  <div property="vcard:tel" content="540-555-1212"></div>
  <div rel="vcard:adr">
    <div typeof="vcard:Address">
      <div property="vcard:country-name" content="United States"></div>
      <div property="vcard:locality" content="Fredericksburg"></div>
      <div property="vcard:postal-code" content="22401"></div>
      <div property="vcard:street-address"
➥ content="1234 Main Street"></div>
    </div>
  </div>
  <div rel="foaf:page" resource=""></div>
</div>
```

清单 6.9 所示的代码段同样通过 Rich Snippet Generator 生成，我们对输出结果略作修改，以反映目前存在的前缀声明。这段代码对 Sony 相机的产品信息进行注释，包括名称、描述、数字图片、UPC、销售商和成本等信息。

清单 6.9　描述产品信息的代码段

```
<div typeof="gr:Offering" about="#offering">
  <div rev="gr:offers" resource="http://www.example.com/#company"></div>
<div property="gr:name" content="Cyber-shot DSC-WX100"
➥ xml:lang="en"></div>
  <div property="gr:description" content="18.2-Megapixel Digital Camera
➥ - Black &lt;li&gt;10x optical/20x clear image zoom &lt;/li&gt;
➥ &lt;li&gt;2.7&quot; Clear Photo LCD display&lt;/li&gt;
➥ &lt;li&gt;1080/60i HD video&lt;/li&gt; &lt;li&gt;Optical image
➥ stabilization&lt;/li&gt;" xml:lang="en"></div>
```

---

① 参见 http://www.ebusiness-unibw.org/tools/grsnippetgen/。

```
       <div property="gr:hasEAN_UCC-13" content="0027242854031"
➥   datatype="xsd:string"></div>
       <div rel="foaf:depiction"
resource="http://images.bestbuy.com/BestBuy_US/images/products/5430/
➥   5430135_sa.jpg"></div>
       <div rel="gr:hasPriceSpecification">
         <div typeof="gr:UnitPriceSpecification">
           <div property="gr:hasCurrency"
➥   content="USD" datatype="xsd:string"></div>
           <div property="gr:hasCurrencyValue"
➥   content="199.99" datatype="xsd:float"></div>
           <div property="gr:hasUnitOfMeasurement"
➥   content="C62" datatype="xsd:string"></div>
         </div>
       </div>
```

清单 6.10 所示的代码段显示了对相机评论的注释。可以看到，为了建立相机和评论之间的联系，所有评论都包含在<div rel=…>中。清单 6.6 包括两个单独评论和一个聚合评论（aggregate review），三者采用类似的注释。聚合评论属于综合性评论，因此某些属性与清单 6.10 中出现的属性不同。

清单 6.10　描述产品评论注释的代码段

```
<div rel="review:hasReview v:hasReview" typeof="v:Review">
Nice Camera, easy to use, panoramic feature by: <span
➥   property="v:reviewer"> AbcdE</span>, <span property="v:dtreviewed"
➥    content="2012-11-26">November 26, 2012 </span><BR>
<span property="v:summary">Great for when you don't feel like dragging
➥   the SLR around. Panoramic feature and video quality are very
➥    good.</span><BR>
<span property="v:value">4.75</span> of
<span property="v:best">5.0</span> Stars<BR>
</div>
```

6.2.4　从包含 GoodRelations 的 HTML 文档中提取关联数据

与 6.1 节类似，将清单 6.6 所示的 HTML 文档输入验证工具 RDFa 1.1 Distiller and Parser 中，将生成 Turtle 格式的内容，如清单 6.11 所示。前面曾经介绍过，我们可以保存并发布 Turtle 格式的输出结果，也可以将其作为其他应用程序的输入。6.5 节将讨论如何利用 SPARQL 挖掘这种关联数据。

清单 6.11　使用 GoodRelations 标记的 HTML 页面（Turtle 格式）

```
@prefix foaf: <http://xmlns.com/foaf/0.1/> .
@prefix gr: <http://purl.org/goodrelations/v1#> .
@prefix rev: <http://purl.org/stuff/rev#> .
```

```
@prefix v: <http://rdf.data-vocabulary.org/#> .
@prefix vcard: <http://www.w3.org/2006/vcard/ns#> .
@prefix xsd: <http://www.w3.org/2001/XMLSchema#> .

<http://rosemary.umw.edu/~marsha/other/sonyCameraRDFaGRversion3.html
   #company> a gr:BusinessEntity;
   gr:legalName "Linked Data Practitioner's Guide"@en;
   vcard:adr [ a vcard:Address;
           vcard:country-name "United States"@en;
           vcard:locality "Fredericksburg"@en;
           vcard:postal-code "22401"@en;
           vcard:street-address "1234 Main Street"@en ];
   vcard:tel "540-555-1212"@en;
   foaf:page
   <http://rosemary.umw.edu/~marsha/other/sonyCameraRDFaGRversion3.html> .


<http://www.example.com/#company> gr:offers
   <http://rosemary.umw.edu/~marsha/other/sonyCameraRDFaGRversion3.html
   #offering> .


<http://rosemary.umw.edu/~marsha/other/sonyCameraRDFaGRversion3.html
   #offering> a gr:Offering;
   gr:description "18.2-Megapixel Digital Camera - Black
   <li>10x optical/20x clear image zoom </li>
   <li>2.7\" Clear Photo LCD display</li>
   <li>1080/60i HD video</li>
   <li>Optical image stabilization</li>"@en;
   gr:hasBusinessFunction gr:Sell;
   gr:hasEAN_UCC-13 "0027242854031"^^xsd:string;
   gr:hasPriceSpecification [ a gr:UnitPriceSpecification;
           gr:hasCurrency "USD"^^xsd:string;
           gr:hasCurrencyValue "199.99"^^xsd:float;
           gr:hasUnitOfMeasurement "C62"^^xsd:string ];
   gr:includes
   <http://rosemary.umw.edu/~marsha/other/sonyCameraRDFaGRversion3.html
   #product>;
   gr:name "Cyber-shot DSC-WX100"@en;
   foaf:depiction
   <http://images.bestbuy.com/BestBuy_US/images/products/5430/
   5430135_sa.jpg>;
   foaf:page <http://www.example.com/dscwx100/> .

<http://rosemary.umw.edu/~marsha/other/sonyCameraRDFaGRversion3.html
   #product> a gr:SomeItems;
   gr:category "ProductOrServiceModel"@en;
   gr:description "18.2-Megapixel Digital Camera - Black
   <li>10x optical/20x clear image zoom </li>
   <li>2.7\" Clear Photo LCD display</li>
   <li>1080/60i HD video</li> <li>Optical image stabilization</li>"@en;
```

```
        gr:hasEAN_UCC-13 "0027242854031"^^xsd:string;
        gr:name "Cyber-shot DSC-WX100"@en;
        foaf:depiction
➥        <http://images.bestbuy.com/BestBuy_US/images/products/5430/
        5430135_sa.jpg>;
        foaf:page <http://www.example.com/dscwx100/> .


<http://rosemary.umw.edu/~marsha/other/sonyCameraRDFaGRversion3.html#
➥    review_data> a v:Review-aggregate;
        v:average " 4.9"^^xsd:string;
        v:best "5.0"@en;
        v:count "14"^^xsd:string .
<http://www.bestbuy.com> gr:offers
➥        <http://rosemary.umw.edu/~marsha/other/sonyCameraRDFaGRversion3.html> .


<http://rosemary.umw.edu/~marsha/other/
➥    sonyCameraRDFaGRversion3.html> gr:hasBusinessFunction
➥     <http://rosemary.umw.edu/~marsha/other/#Sell>;
➥    gr:hasEAN_UCC-13 "0027242854031"^^xsd:string;
        gr:hasInventoryLevel [ a gr:QuantitativeValue;
                gr:hasMinValue "1"^^xsd:float ];
        gr:hasPriceSpecification [ a gr:UnitPriceSpecification;
                gr:hasCurrencyValue "199.99"^^xsd:float,
                    "219.99"^^xsd:float;
                v:highprice "219.99"^^xsd:float;
                v:lowprice "199.99"^^xsd:float ];
        rev:hasReview _:_7a58d778-3981-4844-96e6-71b32fe1b439,
            _:_8d4ade4e-7085-4104-9a4e-d6131abe5853,
            _:_c6154cb1-03bf-4ba9-b237-67e0984a7a86;
        v:hasReview _:_7a58d778-3981-4844-96e6-71b32fe1b439,
            _:_8d4ade4e-7085-4104-9a4e-d6131abe5853,
            _:_c6154cb1-03bf-4ba9-b237-67e0984a7a86,
            <http://rosemary.umw.edu/~marsha/other/sonyCameraRDFaGRversion3.html
➥    #review_data>;
        foaf:page <http://rosemary.umw.edu/~marsha/other/
         sonyCameraRDFaGRversion3.html>,
            <http://www.bestbuy.com> .


_:_7a58d778-3981-4844-96e6-71b32fe1b439 a v:Review;
    v:best "5.0"@en;
    v:dtreviewed "2012-11-26"@en;
    v:reviewer " AbcdE"@en;
    v:summary "Great for when you don't feel like dragging the SLR
➥    around. Panoramic feature and video quality are very good."@en;
    v:value "4.75"@en .


_:_8d4ade4e-7085-4104-9a4e-d6131abe5853 a rev:Review,
        v:Review-aggregate;
    rev:maxRating 5;
```

_:_7a58d778-3981-4844-96e6-71b32fe1b439 表示空节点，有关空节点的详细解释请参考第 2 章

_:_8d4ade4e-7085-4104-9a4ed6131abe5853 表示空节点，有关空节点的详细解释请参考第 2 章

```
    rev:minRating 0;
    rev:rating "4.5"^^xsd:float;
    rev:totalRatings 45;
    v:average "4.5"^^xsd:float;
    v:votes 45 .

_:_c6154cb1-03bf-4ba9-b237-67e0984a7a86 a v:Review;
    v:best "5.0"@en;
    v:dtreviewed "2012-11-29"@en;
    v:reviewer "ABCD"@en;
    v:summary "At 4 ounces this is a wonder. with a bright view screen and
tons of features this camera can't be beat "@en;
    v:value "5.0"@en .
```

> _:_c6154cb1-03bf-4ba9-b237-67e0984a7a86 表示空节点,有关空节点的详细解释请参考第 2 章

本节中,我们采用 GoodRelations 词表将 RDFa 嵌入 HTML。这种专业词表支持在网页中嵌入产品、服务、公司等信息,这些额外的信息有助于改善 SEO 性能并提高点击率。请读者继续关注 GoodRelations 的发展,开发人员正在将它集成到 Schema.org。

6.3 采用 Schema.org 词表嵌入 RDFa

Schema.org 是 Yahoo!、Bing、Google 等 3 种主流搜索引擎共同合作的成果,旨在为网页上的结构化数据标记(structured data markup)提供一套通用的模式。网站管理员可以利用这种词表标记页面,以改进搜索结果并提高用户体验。我们将按与 6.2 节类似的流程讨论 Schema.org:首先对这种词表作一简要介绍,然后讨论如何将 RDFa 嵌入到描述 Sony 相机的基本 HTML 页面中以应用 Schema.org。

6.3.1 Schema.org 概述

Schema.org 的设计者开发了一套通用的词表和标记语法,这种称为微数据(microdata)[1]的语法得到主流搜索引擎的支持。网站管理员只需使用单一语法即可,不用再为哪种搜索引擎支持哪种标记类型而感到头疼。从表 6.4 可以看到,Schema.org 支持的对象类型集合较为广泛,并不限于电子商务术语。

表 6.4　按类别划分的常用 Schema.org 对象类型

父 类 型	子 类 型
Creative works	CreativeWork, Article, Blog, Book, Comment, Diet, ExercisePlan, ItemList, Map, Movie, MusicPlaylist, MusicRecording, Painting, Photograph, Recipe, Review, Sculpture, SoftwareApplication, TVEpisode, TVSeason, TVSeries, WebPage, WebPageElement
MediaObject(嵌入的非文本对象)	AudioObject, ImageObject, MusicVideoObject, VideoObject

---

① 参见 W3C 工作草案(W3C Working Draft)*HTML Microdata*(2017 年 6 月 26 日):https://www.w3.org/TR/microdata/。

续表

父　类　型	子　类　型
Event	BusinessEvent,　ChildrensEvent,　ComedyEvent,　DanceEvent, EducationEvent, Festival, FoodEvent, LiteraryEvent, MusicEvent, SaleEvent,　SocialEvent,　SportsEvent,　TheaterEvent, UserInteraction, VisualArtsEvent
Organization	Corporation, EducationalOrganization, GovernmentOrganization, LocalBusiness, NGO, PerformingGroup, SportsTeam
Intangible	Audience, Enumeration, JobPosting, Language, Offer, Quantity, Rating, StructuredValue
Person	
Place	LocalBusiness, Restaurant, AdministrativeArea, CivicStructure, Landform,　LandmarksOrHistoricalBuildings,　LocalBusiness, Residence, TouristAttraction
Product	
Primitive Types	Boolean, Date, DateTime, Number, Text, Time

注意　有关 Schema.org 规范的详细信息，请参考 Schema.org[①]。

与 RDF 不同，Schema.org：

■ 无法提供除发现（discovery）之外的资源描述；

■ 无法发布不在网页中显示的数据；

■ 无法促进机器之间的通信；

■ 无法支持 Schema.org 合作伙伴同意的其他本体。

来自 Web 社区的后续反馈鼓励 Schema.org 的开发人员接受并采用 RDFa Lite，将其作为对 Schema.org 术语进行编码的替代语法。作为 Schema.org 的成员，搜索引擎企业对可扩展性极为关心，并大力支持 RDFa Lite 的推广和使用。RDFa 1.1 与 RDFa 1.1 Lite 的区别在于，前者是完整的 RDF 语法（因此可以表达 RDF 所能表达的一切），而后者仅由 vocab、typeof、property、resource、prefix 等 5 种简单的属性组成。RDFa 1.1 Lite 和 RDFa 1.1 预定义了大量常用前缀[②]，这种便捷的功能让用户无需声明就可以使用这些前缀，不过 W3C 推荐样式仍然会包含前缀声明。

有关 RDFa 1.1 Lite 规范的详细信息，请参考 W3C 网站[③]。RDFa Lite 是 RDFa 的子集，仅包含 5 种属性。这些属性与 HTML 标签搭配使用，以便 Web 开发人员利用关联数据对网站进行标记。我们首先对这些属性进行简单介绍（见表 6.5），然后开发一个示例程序，讨论如何利用 RDFa 1.1 Lite 与 HTML 实现有意义的网页标记。

---

① 参见 http://schema.org/docs/schemas.html。

② 参见 https://www.w3.org/2011/rdfa-context/rdfa-1.1.html。

③ 参见 https://www.w3.org/TR/rdfa-lite/。

表 6.5 Schema.org **Product** 类的属性

属　　性	类　　型	描　　述
aggregateRating	AggregateRating	产品整体得分（基于评论或评分的集合）
brand	Organization	产品品牌（如 Sony、Minolta）
description	Text	产品简要叙述
image	URI	产品图片的 URI
manufacturer	Organization	产品制造商
model	Text	产品型号标识符
name	Text	产品名称
offers	Offer	产品销售要约
productID	Text	产品标识符（如 UPC）
review	Review	产品评论
URI	URI	产品 URI

6.1 节曾经介绍过，未使用 RDFa 注释的 HTML 在浏览器中的显示效果类似于：

```
Headline
Some image
More text
Bulleted list
More text
```

添加 RDFa 标记有助于增强文本的意义，使得搜索引擎能像人类读者一样解读这些内容。搜索引擎“看到”的效果类似于：

```
Product name
Product image
Product description
Product rating
More product description
Consumer reviews
```

显而易见，嵌入 RDFa 的网页可读性更强。

6.3.2　通过 Schema.org 强化使用 RDFa Lite 的 HTML

使用 Schema.org 与 RDFa 1.1 Lite 类似于利用 RDFa 对网页进行注释。所不同的是，用户只能使用 Lite 子集定义的术语。示例将只使用定义在 Schema.org 中的术语，这样处理当然不是必须的，但对于这一节的讨论大有裨益。

与 6.1 节类似，我们从一个基本的 HTML 文档入手。如清单 6.12 所示，该文档描述了 Sony Cyber-shot DSC-WX100 数码相机（已加入第 4 章创建的愿望清单），但并无语义注释。接下来，我们通过 RDFa 1.1 Lite 对使用 Schema.org 的文档进行强化。强化后的 HTML 文档如清单 6.13

所示。与 6.2 节类似，网页包含 Sony 相机的产品信息。

前面的示例使用了多种词表，并通过 prefix 语句指定所用的词表。而在本例中，我们仅需指定一种词表 Schema.org，它将作为我们的默认词表：

```
<div vocab = "http://schema.org/" typeof= "Product">
Some other text
</div>
```

我们实际上定义了两种属性，一种是准备使用的默认词表，另一种是后面将要介绍的对象类型。此外，我们还需要标识所讨论的对象属性。仔细观察表 6.5（Schema.org Product 类的属性）可以发现，不少属性都能用于强化描述 Sony 相机的网页。

清单 6.12　基本的 HTML 文档

```
<html>
<head>
<title>SONY Camera</title>
<meta content="text/html; charset=UTF-8" http-equiv="Content-Type" />
</head>

<body>

<h2> Sony - Cyber-shot DSC-WX100 <BR>
  18.2-Megapixel Digital Camera - Black
</h2>
  <BR>
<img
➥   src="http://images.bestbuy.com/BestBuy_US/images/products/5430/
➥   5430135_sa.jpg"
➥   alt="http://http://images.bestbuy.com/BestBuy_US/images/
➥   products/5430/5430135_sa.jpg">
<BR>
Model: DSCWX100/B     SKU:  5430135 <BR>
Customer Reviews:   4.9 of 5 Stars(14 reviews)
<BR>
Best Buy
http://www.bestbuy.com
<BR>
Sale Price: $199.99<BR>
Regular Price: $219.99<BR>
In Stock <BR>

<h3>
  Product Description
  <ul>
  <li>10x optical/20x clear image zoom </li>
  <li>2.7" Clear Photo LCD display</li>
  <li>1080/60i HD video</li>
  <li>Optical image stabilization</li>
```

```
   </ul>
 </h3>
 <BR>
 Sample Customer Reviews<BR>
 <BR>
 Impressive - by: ABCD, November 29, 2012 <BR>

 At 4 ounces this is a wonder. With a bright view screen and tons of features,
     this camera can't be beat
 <BR>
 5.0/5.0 Stars<BR>
 <BR>
 Nice Camera, easy to use, panoramic feature by: AbcdE, November 26, 2012 <BR>
 Great for when you don't feel like dragging the SLR around. Panoramic feature
     and video quality are very good.<BR>
 4.75/5.0 Stars<BR>
 <BR>
 </body>
 </html>
```

6.3.3　对利用 Schema.org 选择 RDFa Lite 的进一步观察

观察清单 6.13 可以发现，我们频繁使用了<span></span>和<div></div>这两个 HTML 标签及其属性，表 6.5（Schema.org Product 类的属性）列出了与这些属性关联的值。一个区别在于，如果某个属性为非基本类型（non-basic type），则需要通过 typeof 加以标识。例如：

```
<div property="offers" typeof="AggregateOffer">
```

这条语句将封装属性指定为 offers 类型。如果一个项目的类型为 offers，则它的 typeof 属性为 AggregateOffer。

清单 6.13　使用 Schema.org 词表将 RDFa 标记嵌入 HTML 文档

```
<!DOCTYPE html>
<html version="HTML+RDFa 1.1" lang="en">
<head>
<title>Illustrating RDFa 1.1 Lite and schema.org</title>

<meta content="text/html; charset=UTF-8" http-equiv="Content-Type" />
<base href = "http://www.example.com/sampleProduct"/>
</head>

<body vocab="http://schema.org/">
<div typeof="Product">
  <h2> <span property="brand" typeof="Organization">Sony </span>          产品描述
  <span property="name"> Cyber-shot DSC-WX100 </span>
  <span property="description">18.2-Megapixel Digital Camera - Black
➡ </span></h2>
  <BR>
  <img property="image" src="http://images.bestbuy.com/BestBuy_US/images/
```

```
         products/5430/5430135_sa.jpg" alt="http://images.bestbuy.com/BestBuy_US/
         images/products/5430/5430135_sa.jpg">
    <BR>
Model: <span property="model">DSCWX100/B </span> SKU: <span
➥    property="productID">5430135 </span>
<div property="aggregateRating" typeof="AggregateRating">
Customer Reviews: <span property="ratingValue">4.9</span> of
<span property="bestRating">5.0</span> Stars (<span property="ratingCount">14
➥    </span>reviews)
<BR>
</div>
Best Buy <BR>
<span property="URI">http://www.bestbuy.com </span>
<BR>
<div property="offers" typeof="AggregateOffer">
Sale Price: $<span property="lowPrice">199.99</span><BR>
Regular Price: $<span property="highPrice">219.99</span><BR>
In Stock <BR>
</div>
<h3>
Product Description
<div property="description">
<ul>
<li>10x optical/20x clear image zoom </li>
<li>2.7" Clear Photo LCD display</li>
<li>1080/60i HD video</li>
<li>Optical image stabilization</li>
</ul>
</div>
</h3>
<BR>
Sample Customer Reviews<BR>
<BR>
<div property="review" typeOf="Review">
Impressive - by: <span property="author">ABCD</span>,
<span property="datePublished" content="2012-11-29">November 29, 2012
➥    </span><BR>
At 4 ounces this is a wonder. with a bright view screen and tons of
➥    features this camera can't be beat
<span property="ratingValue">5.0</span> of
<span property="bestRating">5.0</span> Stars<BR>
</div>
<BR>
<BR>
<div property="review" typeOf="Review">
Nice Camera, easy to use, panoramic feature by: <span
➥    property="author">AbcdE</span>, <span property="datePublished"
➥    content="2012-11-26">November 26, 2012 </span><BR>
Great for when you don't feel like dragging the SLR around. Panoramic feature
```

聚合评论

单个用户评论

```
➥  and video quality are very good.<BR>
<span property="ratingValue">4.75</span> of
<span property="bestRating">5.0</span> Stars<BR>
</div>
<BR>
</div>
</body>
</html>
```

6.3.4　从包含 Schema.org 的 HTML 文档中提取关联数据

将清单 6.13 所示的 HTML 文档输入验证工具 RDFa 1.1 Distiller and Parser，将生成 Turtle 格式的内容，如清单 6.14 所示。前面曾经介绍过，我们可以保存并发布 Turtle 格式的输出结果，也可以将其作为其他应用程序的输入。6.5 节将讨论如何使用 SPARQL 挖掘类似的关联数据。

清单 6.14　经过 Schema.org 词表注释的 HTML 文档（Turtle 格式）

```
@prefix rdfa: <http://www.w3.org/ns/rdfa#> .
@prefix schema: <http://schema.org/> .

<http://www.example.com/sampleProduct> rdfa:usesVocabulary schema: .

[] a schema:Product;
    schema:aggregateRating [ a schema:AggregateRating;
            schema:bestRating "5.0"@en;
            schema:ratingCount "14"@en;
            schema:ratingValue "4.9"@en ];
    schema:brand [ a schema:Organization ];
    schema:description """

10x optical/20x clear image zoom
2.7" Clear Photo LCD display
1080/60i HD video
Optical image stabilization

"""@en,
        "18.2-Megapixel Digital Camera - Black "@en;
    schema:highPrice "219.99"@en;
    schema:image <http://images.bestbuy.com/BestBuy_US/images/products/5430/
      5430135_sa.jpg>;
    schema:lowPrice "199.99"@en;
    schema:model "DSCWX100/B "@en;
    schema:name " Cyber-shot DSC-WX100 "@en;
    schema:offers """
Sale Price: $199.99
Regular Price: $219.99
```

```
In Stock
"""@en;
    schema:productID "5430135 "@en;
    schema:review [ a schema:Review;
            schema:author "AbcdE"@en;
            schema:bestRating "5.0"@en;
            schema:datePublished "2012-11-26"@en;
            schema:ratingValue "4.75"@en ],
        [ a schema:Review;
            schema:author "ABCD"@en;
            schema:bestRating "5.0"@en;
            schema:datePublished "2012-11-29"@en;
            schema:ratingValue "5.0"@en ];
    schema:URI "http://www.bestbuy.com "@en .
```

注意　[ ]表示空节点（blank node）。有关空节点的详细介绍，请参考第 2 章。

采用 Schema.org 词表和 RDFa Lite 对数据进行注释，不仅有助于改善 SEO 性能，也可以让更多用户看到信息，还能为社区提供可公开发布的关联数据。

6.4　选择 Schema.org 还是 GoodRelations

作为 Web 开发人员，"选择哪种词表"这个问题不太好回答，或许不存在一个放之四海而皆准的答案。Schema.org 出现以后，希望针对 Google、Bing、Yahoo!、Yandex 等主流搜索引擎改善 SEO 性能的 Web 作者选择使用这种词表，并通过微数据语法对网页进行注释。Schema.org 现已支持 RDFa 1.1 Lite，这为 Web 作者提供了更多选择。

负责制订 RDFa 标准的 W3C 对来自 Google、Bing 与 Yahoo!的反馈非常重视，提出 RDFa Lite 以回应这些搜索引擎巨头的关切。Schema.org 社区担心 RDFa 过于复杂，不过 W3C RDF Web 应用工作组（W3C RDF Web Applications Working Group）主席 Manu Sporny 表示："RDFa 1.1 的重点在于简化 Web 作者所用的语言。有时候，仅用两个 HTML 属性就能标记 Schema.org 的某些示例。大部分情况下，只需 3 个 HTML 属性就能表达一个提高网页搜索排名的概念——就是这么简单。"[①]藉由 RDFa 1.1 Lite 的支持，开发人员可以采用 Schema.org 词表对网页进行注释，并在需要时使用包括 GoodRelations 在内的其他词表对注释进行补充。

采用 RDFa 1.1 Lite 并搭配 Schema.org 或 GoodRelations 的优点在于，由于 RDFa Lite 是 RDFa 的子集，Web 作者得以应用完整 RDFa 标准的其他功能。就目前而言，Schema.org 社区并不关心 RDFa Lite 之外的功能。有鉴于此，选择 Schema.org 还是 GoodRelations 应根据实际需要而定。用户应对两种词表进行评估，确定最符合当前需要的词表。由于二者可以搭配使用，选择哪种词表取决于个人偏好。

---

① 参见 Eric Franzon 的 Schema.org announces intent to support RDFa Lite!（2011 年 11 月 11 日）：http://www.dataversity. net/breaking-schema-org-announces-intent-to-support-rdfa-lite/#more-24623（原链接跳转至此）。

6.5 从 HTML 中提取 RDFa 并执行 SPARQL 查询

从经过 RDFa 强化的 HTML 文档中提取出 RDF 数据之后，可以对其执行 SPARQL 查询。清单 6.15 显示了一个 SPARQL 查询，它选择了某个用户对 Sony 相机的评论并返回相应的结果。所查询的源文件为 Turtle 格式，提取自 RDFa 1.1 Distiller and Parser。输出结果显示在清单 6.15 之后。

清单 6.15 SPARQL 查询示例（选择某个用户的评论）

```
prefix v: <http://rdf.data-vocabulary.org/#>
prefix rev: <http://purl.org/stuff/rev#>

SELECT ?date ?summary ?value
FROM <http://rosemary.umw.edu/~marsha/other/sonyCameraGRversion3.ttl>

WHERE {
  ?review a v:Review
    ; v:dtreviewed ?date
    ; v:summary ?summary
    ; v:value ?value .
} LIMIT 10
```

上述查询选择了一条可以标识其日期、叙述性摘要与评级值的评论，并从中提取出评论日期、叙述性摘要、评级数值等信息。根据第 5 章的讨论，可以采用 3 列输出分别表示日期、叙述性摘要与数值。清单 6.15 的查询结果如下所示，它显示了所选的两条评论。

```
--------------------------------------------------------------------------
--------------------------------------------------------------------------
| date           | summary
                                            | value    |
==========================================================================
==========================================================================
| "2012-11-29"@en | "At 4 ounces this is a wonder. With a bright view screen
     and
tons of features, this camera can't be beat "@en        | "5.0 "@en  |
| "2012-11-26"@en | "Great for when you don't feel like dragging the SLR
     around.
Panoramic feature and video quality are very good."@en  | "4.75 "@en |
--------------------------------------------------------------------------
--------------------------------------------------------------------------
```

在本例中，我们从描述 Sony 相机的 HTML 页面中提取 RDFa 数据，并对其执行 SPARQL 查询。该查询选择某个用户的评论，并从中提取出所包含的日期、摘要与评级值信息。HTML 页面包含两条评论。

6.6　小结

　　这一章介绍了采用 RDFa 1.1 以强化网页的 3 种技术。6.1 节讨论了如何通过 RDFa 和 FOAF 词表为 HTML 文档添加结构化数据和语义含义。6.2 节介绍了如何利用 RDFa 与面向业务的 GoodRelations 词表对 HTML 文档进行注释，以便为产品描述和销售信息添加结构化数据和语义含义。6.3 节利用 Schema.org 支持的 RDFa 1.1 Lite 达到了同样的目的。

　　第 7 章将讨论数据重用和 RDF 数据库，并开发一个用于抓取关联数据的应用程序。

第 7 章　RDF 数据库基础

本章内容

- RDF 数据库概述
- RDF 数据库和关系数据库的比较
- 在 RDF 数据库中收集关联数据

接下来，我们将讨论关联数据建模较之其他建模形式的优点。这一章不对不同的数据库模型作全面分析，但提供了足够的信息以帮助读者了解 RDF 数据库的相关特性。我们将重点比较传统的关系数据库和 RDF 数据库之间的差异，探讨关联数据社区青睐 RDF 数据库的原因，并分析这种数据库可以解决的问题。我们还将介绍如何将 Excel、CSV、XML 等格式的数据转换为 Turtle 格式，以便集成到其他应用程序中。最后，我们将开发一个实际的应用程序，该程序收集并重用关联数据，然后将内容存储到 RDF 数据库中。

7.1　RDF 数据库分类

一般而言，数据库分为两大类：关系数据库和 NoSQL（Not Only SQL）数据库。RDF 数据库属于众多 NoSQL 数据库中的一员，它是唯一基于国际标准系列的数据库，也是唯一对语义含义（semantic meaning）作了形式化定义的数据库。从图 7.1 可以看到，RDF 是支撑语义网运行的一种底层技术。

RDF 是 3 种定义的数据模型之一，这些模型构成了所有其他 W3C 标准的基础。关联数据采用 RDF 作为数据模型。RDF 是在万维网上表示数据的标准，基于 HTTP、URI 等成熟的底层标准构建。考虑到 LOD 云（关联开放数据云）的规模以及利用 RDFa 强化网页的需求在不断增长，预计 RDF 数据在今后几十年中仍有用武之地。

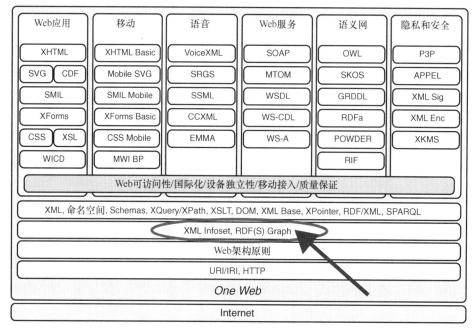

图 7.1　W3C 技术栈

　　如前所述，RDF 是一种基于图谱的通用数据模型，它以三元组的形式表示数据。三元组是由 3 个值（主体、谓词、客体）构成的记录，其形式为(URI, URI, URI)或(URI, URI, value)，可以将这些数据保存为基本格式。第 4 章创建了一些 Turtle 格式的文件。有趣的是，只有在 RDF 中，才能将这些文件视为一个自包含的数据库。我们可以通过 SPARQL 查询每个独立文件，并将提取的结果收集起来，用于数据聚合或作为其他应用程序的输入。例如，来自 IMDb（互联网电影数据库）和 Best Buy RDFa 的数据聚合可以输出为 Turtle 文件，供进一步处理。不过，搜索三元组的大文件可能会耗费很多时间。

　　RDF 数据库需要应付多种挑战，总结如下：

- 必须能唯一标识三元组；
- 给定主体和谓词时，应保持较高的搜索效率和较快的执行速度；
- 给定谓词和客体时，应保持较高的搜索效率和较快的执行速度；
- 必须保留数据中表示的 RDF 图谱。

　　请注意，尽管不少 RDF 数据库是专为完成某种任务而构建的，但仍有相当数量的 RDF 数据库采用关系数据库作为存储层。如表 7.1 所示，可以将关系 RDF 存储分为 3 类，它们对应于存储数据所用的模型。有趣的是，关系数据库管理系统已被证明能有效托管大量数据，因此也可以将其用于存储 RDF。但是，能否将 SPARQL 查询正确转换为 SQL 是关系数据库面临的挑战之一。SQL 并不擅长 RDF 数据的存储和检索，而 SPARQL 可以查询 RDF 三元组中表示的 RDF 图谱。

表 7.1 关系 RDF 存储的分类

分　类	描　述
垂直（三元组）表存储	每个 RDF 三元组直接存储在三列表中（主体、谓词、客体）
属性（n-ary）表存储	多个 RDF 属性建模为单个主体的 n-ary 表列
水平（二进制）表存储	RDF 三元组建模为一张水平表，或一组垂直分区的二进制表（每张表表示一种 RDF 属性）

一般而言，RDF 数据库属于三元组存储（triplestore）。它采用某种形式实现 RDF 数据的持久化存储，支持数据的 SPARQL 查询。许多三元组存储是基于对关系数据库中成熟技术的重用和调整。一种基本方法是创建一张三列表，第一列保存主体，第二列保存谓词，第三列保存客体。尽管可以对这种基本的三列表进行优化（包括建立索引、应用各种散列函数、对基本表方法进行重构等），但至今还没有成熟的最佳实践。

7.1.1 RDF 数据库的选择

可供选择的 RDF 数据库很多，找到最符合项目需求的数据库至关重要。表 7.2 列出了一些常用的三元组存储。

表 7.2 常用的三元组存储

名　称	URL
4Store	http://www.4store.org/
Allegro-Graph	http://www.franz.com/agraph/allegrograph
BigData	http://www.bigdata.com/
Fuseki	http://jena.apache.org/documentation/serving_data/index.html
Mulgara	http://mulgara.org/
Oracle	http://www.oracle.com/technetwork/database/options/semantic-tech/index.html
OWLIM	http://www.ontotext.com/owlim
Redland RDF Library	http://librdf.org/
Sesame	http://www.openrdf.org/
StarDog	http://stardog.com/
Virtuoso	http://virtuoso.openlinksw.com/

归根结底，适合关联数据部署的数据库系统应满足持久化策略、需要处理的数据规模、访问和更新的相对频率等要求。可靠的持久化策略有助于实现数据的存储、一致性和完整性。此外，可能还要考虑软硬件需求、成本、是否支持 SPARQL、嵌入现有系统的能力、实时备份功能、安全级别等其他标准。用户应仔细评估每一项条件，确定它们是否满足要求。

7.1.2 RDF 数据库与关系数据库的比较

RDF 数据库与关系数据库之间存在一些重要的差异。接下来，我们将讨论事务模型的差异、模式描述的差异、打破传统的知识容器（knowledge container）、消除数据仓库（data warehouse）等问题。

事务模型的差异

关系数据库具有可靠性、高效率和一致性等特点，大部分关系数据库都支持 ACID 模型。

- **事务的原子性**（atomicity）：如果多步操作中的任何事务失败，所有相关事务将回滚，数据库将保持不变。
- **每个事务的一致性**（consistency）：原子事务的任何元素都不会违反数据库的业务规则。违反规则的任何事务都会失败，数据库将保持不变。一致性支持原子性。
- **多个事务之间的隔离性**（isolation）：事务必须按顺序发生并完成，事务之间无法观察到彼此的中间状态。
- **持久性**（durability）：通过使用备份和事务日志，可以永久保存成功的事务。

不过，由于万维网的独立性、灵活性与分布式特性，严格遵循 ACID 模型并不现实。NoSQL 数据库（包括 RDF 数据库）认为 ACID 模型过于苛刻，不利于数据库的操作。因此，NoSQL 数据库倾向于采用一种称为 BASE（Basically Available, Soft state, Eventual consistency，基本可用、软状态、最终一致性）的软性模型。BASE 模型包含以下 3 条原则。

- 即便多次出现故障，数据依然能保持基本可用性（basic available）。NoSQL 数据库可以跨多个存储系统传播数据，具有高度复制性。一段数据损坏不会影响其他数据段的可用性，从而避免出现数据库完全中断的情况。
- 软（soft）状态摒弃了 ACID 模型提倡的一致性原则，将维护数据一致性的任务交给开发人员而非数据库。
- 最终（eventual）一致性意味着 NoSQL 系统将在某一时刻收敛到一致的状态，但无法保证何时会达到这种状态。

模式描述的差异

通过为数据添加一定的上下文背景，可以将数据转换为有用的信息。例如，单独的"888771234"并无特定含义，但如果采用另一种格式"888-77-1234"，不少人就会猜到这可能是一个美国社会安全号码（Social Security Number，SSN）。更进一步，如果这个数字出现在 Jane Doe 的档案中一个标记为 SSN 的字段，说明她的社会安全号码很可能就是 888-77-1234。采用关联数据标准发布的数据可以提供类似的上下文背景。

对关系数据库而言，可以将数据存储在表 7.3 所示的数据库表 A 中。其中，字段名表示可能在数据字典中定义的模式（但更有可能不是）。

表 7.3　数据库表 A

id	last	first	ssn	date
1001	Doe	Jane	888771234	11-12-1959

　　图 7.2 显示了一个有代表性的关系数据库，请注意与 ssn 字段相关联的模式。该模式是通用的，不提供对字段含义的任何描述。用户可以在字段名及其含义之间建立关联，但需要依靠数据库设计人员来选择有意义的名称。

图 7.2　有代表性的 SQL 数据库，注意 ssn 字段的记录模式

　　相比之下，RDF 数据库中的数据采用无歧义的记录模式（documented schema）表示，如图 7.3 所示。清单 7.1 显示了采用这种无歧义的模式表示 Jane Doe 的信息（RDF 格式）。

清单 7.1　Jane Doe 的记录（RDF 格式）

```
@base <http://www.example.com/~jdoe/foaf.ttl#>.
@prefix foaf: <http://xmlns.com/foaf/0.1/> .
@prefix vcard: <http://www.w3.org/2001/vcard-rdf/3.0#> .
@prefix datacite: <http://purl.org/spar/datacite/> .

    <me> a foaf:Person;
        foaf:family_name "Doe";
        foaf:givenname "Jane";
        foaf:name "Jane Doe";
        vcard:BDAY "1959-12-11";
        datacite:social-security-number "888771234".
```

　　如图 7.3 所示，任何谓词都有与其关联的 URI，用户可以访问某个谓词的 URI，然后查看与该谓词相关联的模式（如社会保险号）。哪种模式描述更有意义是显而易见的。

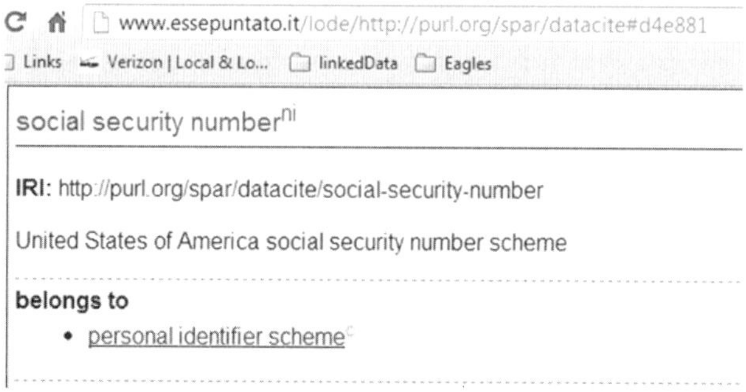

图 7.3　社会安全号码的 DataCite[1] 模式

打破传统的知识容器

RDF 数据库与关系数据库的另一个差异是破除了封装容器的壁垒。我们通过一个简单的示例进行说明。考虑以下两个独立的网站：第一个网站采用 MS SQL 数据库，存储所有格莱美奖信息[2]；第二个网站采用大型 MySQL 数据库，存储音乐艺人的传记[3]。两个网站独立运作，相互之间不存在协作。第一个网站的数据库保存了所有格莱美获奖作品的信息，以及创作、表演或制作这些作品的艺人名单。但除了姓名和生日之外，这个数据库并无艺人的其他信息。第二个网站的数据库则包括大量目前活跃的或淡出舞台的艺人/表演者，以及他们的详细传记和相关音乐作品列表。

那么，用户可能对两个网站的哪些信息感兴趣呢？对第一个网站的用户而言，当选择某个格莱美奖得主的姓名时，将显示对应的个人传记信息，但这些信息保存在第二个网站的数据库中。图 7.4 显示了独立且分离的两个数据库。

对第二个网站的用户而言，当选择某个艺人的音乐作品时，将显示相应的格莱美统计数据，但这些数据保存在第一个网站的数据库中。

遗憾的是，无法通过将两个独立数据库中包含的表相互连接，达到在两个网站之间共享数据的目的。两个网站无法共享主键、元数据或标识符，各自的数据库服务器系统也可能并不兼容。如果希望实现二者之间的协作，必须设计并使用一套通用的数据格式和艺人 ID，即进行词表对齐（vocabulary alignment）操作。然而，想要实现这种不兼容、独立设计数据的系统之间的信息共享，需要投入额外的时间、成本和人力，才能为不同的数据集提供语境解释（contextual interpretation）。

---

① 一个致力于改进数据引用方式的全球非营利组织，旨在帮助研究人员更轻松地查找、访问与使用研究数据。DataCite 于 2009 年在英国伦敦成立，目前包括大英图书馆、普渡大学、电气和电子工程师协会、美国地质勘探局、华大基因等 49 家成员单位。——译者注

② 如 http://www.example.com/grammyWinners。

③ 如 http://www.example.com/artistBios。

图 7.4   独立且分离的关系数据库

接下来，我们考虑另一种情况，即使用 RDF 格式的结构化数据（关联数据）存储所有数据集。在构建数据时，两个网站应遵循关联数据原则。二者采用一个通用的标准词表对数据进行描述，以适当的方式引用 URI，并在可查询的端点上发布数据，从而实现两个网站的跨网络通信。这种通用的标准词表也称为基础本体（base ontology），它具备以下特性。

- 两个网站可以使用通用术语查询对方的数据。
- 第一个网站可以随时随地查询第二个网站保存的数据，并获取某个艺人的详细信息。
- 第二个网站可以随时随地查询第一个网站保存的数据，并获取某部作品的格莱美奖统计信息。

最重要的是，由于关联数据的内在特性，这种协作是有可能实现的。因此，通过相互连接和彼此之间的查询，独立设计并维护的数据集之间可以共享各自的知识领域。

消除数据仓库

RDF 数据库与关系数据库的最后一个差异是消除了构建数据仓库的需求。图 7.5 显示了构建这样一个数据仓库的必要步骤。依照惯例，为合并多个数据库中的资源，构建数据仓库是必不可少的。数据仓库是一种集中式数据存储库，可以集成各种事务、早期/外部系统、应用程序以及信源的数据。收集和存储这些数据的重点在于对查询的隔离与优化，且不会对支撑业务主事务运行的系统造成任何影响。

从图 7.5 可以看到，将多个大型数据库集成为单个数据仓库需要耗费大量的时间和精力，数据的提取、转换和加载相当繁琐。数据库模式的对齐称为词表对齐。

但是，如果采用 RDF 存储，则无需使用数据仓库。通过以下 3 种机制，可以很容易地在关联数据中集成多个数据源：

- 尽可能使用相同的 URI 来命名资源；
- 尽可能重用通用词表；

- 使用 `owl:sameAs` 表示某个特定资源与另一个资源是相同（或几乎相同）的。
  利用上述 3 种机制，可以在创建资源后实现它们的快速对齐。

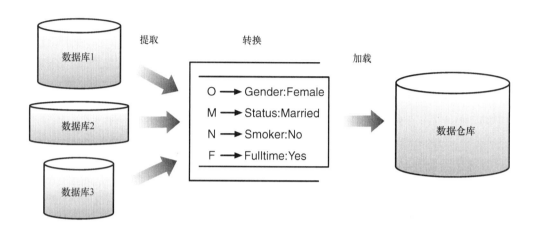

图 7.5　采用多个独立的关系数据库构建数据仓库

7.1.3　RDF 数据库的优点

较之关系数据库，RDF 数据库的优点很多，前面已经进行了不少讨论。采用 RDF 数据库不仅能轻松破除知识容器的藩篱，也可以消除构建数据仓库的需求。表 7.4 总结了 RDF 数据库的优点。

表 7.4　RDF 数据库优点小结

优　　点	描述
SPARQL	可以使用功能强大的标准查询语言
易于协作	基于明确定义、标准化且独立于实现的格式（如 N-Triples/N-Quads），标准序列化格式可以提供输入/输出功能
数据可移植性	可以在内部切换 RDF 存储解决方案或同时使用多种不同的解决方案，还可以与他人共享数据
避免厂商锁定	如果 RDF 数据库解决方案 A 不成功，可以切换到方案 B 或 C，在此过程中无需转换数据
工具链可移植性	如果只是切换到其他 RDF 数据库程序，则无需调整基于 RDF 的代码

一般来说，关联数据社区更倾向于使用 RDF 三元组存储而非其他系统，原因如下。

- **访问**：较之 SQL，采用 SPARQL 查询关联数据的效果更好。SPARQL 能执行分布式查询（通过 `FROM` 和 `FROM NAMED` 子句），这是 SQL 所无法实现的。
- **分布式查询**：这方面存在许多有趣的用例，比如在查询时保留数据源（不进行复制）。

- 适用性：RDF 数据库通过 RDF 数据模型存储并访问 RDF 数据，使用这种数据模型读取和操作 RDF 是顺理成章的事情。
- 效率：与其他机制相比，某些 RDF 数据库能更快地访问和操作 RDF 数据。

在这一节中，我们对 RDF 数据库作了总体介绍，并讨论了选择 RDF 数据库时需要考虑的标准、RDF 数据库和关系数据库之间的差异以及使用 RDF 数据库的优点。此外，我们还重点分析了如何利用 RDF 促进分布式和多样化数据存储的集成和聚合。接下来的章节将介绍非 RDF 数据源的转换和聚合，并利用这种聚合来解决更复杂的问题。

7.2 将电子表格数据转换为 RDF

在构建应用程序时，我们可能发现所需的数据已经存在于 Excel 电子表格、CSV 文件、SQL 关系数据库系统等非 RDF 存储中。为便于集成不同的数据格式，需要将它们转换为 RDF。有不少数据转换工具可供使用，W3C 网站整理了将数据从各种非 RDF 格式转换为 RDF 的软件[①]。此外，我们也可以创建自定义转换工具。

这一节将介绍如何利用 Python 将数据从 Excel 格式转换为 Turtle 格式。免费的 Lingfo Python 库[②]内置有读取二进制 Excel 文件的功能，库的安装请参考教程[③]。Bob DuCharme 撰写的文章 *Integrate disparate data sources with Semantic Web technology*[④]也是不错的资源。在这篇文章中，DuCharme 介绍了如何将 MS Excel 电子表格（XLS 文件）、从 Yahoo!财经[⑤]获取的 CSV 文件、DBpedia 包含的 RDF 数据进行集成。文末列出了程序中使用的源文件链接。

7.2.1 将 MS Excel 转换为 RDF 的简单示例

将大量数据手动转换为 RDF 格式通常由于过于耗时或复杂而难以实现。而清单 7.2 所示的 Python 脚本采用 DuCharme 介绍的方法进行建模，能自动将 Excel 电子表格转换为 RDF。该脚本访问用户输入的 Excel 电子表格，并输出有效的 RDF 数据（Turtle 格式）。这个通用的脚本很有用，它采用与 `field` 前缀相关联的 URI，将列标签（column label）输出为经过 URI 格式化的谓词。清单 7.2 显示了将电子表格转换为 RDF 的过程，但它并未遵循 Tim Berners-Lee 提出的关联数据第 4 原则，即"包含指向其他 URI 的（可解析的）链接"。我们仍然可以使用脚本输出的 RDF 数据，但它对本地化查询的支持有限。用户需要对列标签有所了解，并在 SPARQL 查询中使用它们。在实际应用中，需要将列标签映射到可解析的 URI（如 FOAF 或 vCard 中的 URI）。

---

① 参见 https://www.w3.org/wiki/ConverterToRdf。

② 参见 https://pypi.python.org/pypi/xlrd。

③ 参见 https://wiki.python.org/moin/CheeseShopTutorial。

④ 参见 https://www.ibm.com/developerworks/xml/library/x-disprdf/。

⑤ 参见 https://finance.yahoo.com/。

清单 7.2　将 Excel 电子表格转换为 Turtle 格式的 Python 脚本

```
# Convert inputFile.xls spreadsheet to Turtle.
#
import xlrd
import sys

if(len(sys.argv) < 2):
    inputFile = input( 'Enter
➥ "source:\\\\subdirectory\\\\inputFile.xls " \n==>' )
else:
    inputFile = sys.argv[1]

book = xlrd.open_workbook(inputFile)
sheet = book.sheet_by_index(0) # Get the first sheet
rowCount = sheet.nrows
colCount = sheet.ncols
print "@prefix field: <http://www.example.com/fieldNames#>."
print "@prefix rdf: <http://www.w3.org/1999/02/22-rdf-syntax-ns#>."

for rowNum in range(rowCount):
  rowValues = sheet.row_values(rowNum,start_colx=0, end_colx=None)
  if (rowNum == 0):
    propertyNames = rowValues
    for i in range(colCount):
      propertyNames[i] = propertyNames[i].replace(" ","")
  else:
    print "<field:%s>" % str(rowNum)
    for i in range(colCount-1):
      print ' field:%s "%s";'%(propertyNames[i],rowValues[i])
    print ' field:%s "%s".'%(propertyNames[colCount-1],rowValues[colCount-
➥ 1])
```

有关 Lingfo 库的详细信息，请参考 URL[①]

使用 Python xls2rdf.py input.xls 提供的命令行参数

通过 Lingfo 库获取 Excel 电子表格

输出前缀语句

对电子表格进行处理，并输出 Turtle 格式

第一行包含属性名称

删除名称中出现的空格

属性值，以 RDF 的格式输出这些值

将清单 7.2 所示的脚本应用到图 7.6 所示的电子表格中，其输出为 Turtle 格式。

	A	B	C	D
1	FirstName	LastName	State	EmailAddress
2	Lucas	Aladdin	VA	luke@example.com
3	Pat	Albert	MD	albert@example.com
4	Susan	Alfred	PA	sue@example.com
5	Bob	Anker	FL	bob@example.com
6	Dolores	Ayres	CA	XYXXXY@example.com
7	Rita	Basit	VA	rita@example.com
8	Peter	Decker	MD	pete@example.com
9	Frank	Becker	PA	frank@example.com
10	Joshua	Bernstein	FL	slowone@example.com
11	Alex	Bernstein	CA	alex@example.com
12	Bruce	Bernstein	VA	bruce@example.com
13	Herb	Bloom	MD	herb@example.com
14	Bruce	Bloomfield	PA	bruce@example.com
15	Beth	Braun	FL	beth@example.com
16	Judith	Braun	CA	judith@example.com

图 7.6　示例 Excel 电子表格

---

① 参见 http://www.lexicon.net/sjmachin/xlrd.htm。

Pyhton 脚本输出的内容（Turtle 格式）如下。

```
@prefix field: <http://www.example.com/fieldNames#>.
@prefix rdf: <http://www.w3.org/1999/02/22-rdf-syntax-ns#>.
<field:1>
 field:FirstName "Lucas";
 field:LastName "Aladdin";
 field:State "VA";
 field:EmailAddress "luke@example.com".
<field:2>
 field:FirstName "Pat";
 field:LastName "Albert";
 field:State "MD";
 field:EmailAddress "albert@example.com".
```

上述输出虽然属于有效的 RDF，但并非有用的关联数据，因为输出中不包含指向其他内容的链接，也没有提供映射信息。换言之，上述输出并未遵循第 1 章讨论的关联数据原则。生成有意义的 URI 单调且乏味，通常需要人为干预。而清单 7.3 显示的 Python 脚本可以生成有意义的关联数据（Turtle 格式），后者遵循关联数据原则。

7.2.2　将 MS Excel 转换为关联数据

观察清单 7.3 可以发现，我们需要提供与关联数据术语相关的词表的链接。它们不仅匹配列标题，也匹配与每个列标题相关的实际的关联数据术语。Python 脚本输出的有用关联数据显示在清单 7.3 之后。

清单 7.3　将 Excel 电子表格转换为有用关联数据的 Python 脚本

```
import xlrd                    ←   有关 Lingfo 库的详细信
import sys                         息，请参考 URL[1]

                                              使用 Python xls2rdf.py input.xls
if(len(sys.argv) < 2):                        提供的命令行参数
    inputFile = input( 'Enter filename of spreadsheet as \n' +
                      '"source:\\\\subdirectory\\\\inputFile.xls " \n==>' )
else:
    inputFile = sys.argv[1]                                          ←
#inputFile = "c:\\users\\zaidman\\desktop\\sample1.xls"
book = xlrd.open_workbook(inputFile)           ←
sheet = book.sheet_by_index(0) # Get the first sheet   通过 Lingfo 库获取 Excel
rowCount = sheet.nrows                               电子表格
colCount = sheet.ncols
prefix=""

print "Gathering mapping information to transform spreadsheet data to "
print "Linked Data vocabulary\n\n"
prompt = 'Enter "<url>" of where the rdf form of this spreadsheet will'
```

---

① 参见 http://www.lexicon.net/sjmachin/xlrd.htm。

```
prompt = prompt + ' be published \n'
baseurl = input(prompt)
print 'Now gathering prefix information \n'
print 'Enter "prefix,<URL of vocabulary>"\n'
line = input('Enter ""[return] when all prefix information has been
➥    entered \n')
count = 0;
while (line <> ""):
    count +=1
    prefix= prefix + line +'|'
    print 'Enter next "prefix,<URL of vocabulary>"\n'
    line = input('or enter ""[return] when all prefixes have
➥    been entered\n')
print '\nPreparing to gather predicate information for column headings\n'
propertyNames = sheet.row_values(0,start_colx=0, end_colx=None)
for i in range(colCount):
        propertyNames[i]=input('prefix:term for ' + propertyNames[i] + ' ==> ')


print '\n\n'
print '@prefix base: ' + baseurl
stmts=prefix.split("|");
for i in range(count):
    items=stmts[i].split(",")
    print '@prefix ' + items[0]+': ' + items[1]
#Process spreadsheet
rowNum=1
while (rowNum <rowCount):
    rowValues = sheet.row_values(rowNum,start_colx=0, end_colx=None)
    print "<base:%s>" % str(rowNum)
    for i in range(colCount-1):
      print '%s "%s";'%(propertyNames[i],rowValues[i])
    print '%s "%s".'%(propertyNames[colCount-1],rowValues[colCount-1])
    rowNum +=1
```

第一行包含属性名称

输出前缀语句

处理电子表格

从下面的输出可以看到，通用的 RDF 关联数据词表将电子表格转换为有用的关联数据（Turtle 格式）。我们可以对这种脚本生成的输出文件执行 SPARQL 查询。

```
@prefix base: http://www.example.com/sample.ttl#
@prefix foaf: http://xmlns.com/foaf/0.1/
@prefix v: http://www.w3.org/2006/vcard/ns#
<base:1>
foaf:firstName "Lucas";
foaf:lastName "Aladdin";
v:region "VA";
v:email "luke@example.com".
<base:2>
foaf:firstName "Pat";
foaf:lastName "Albert";
v:region "MD";
v:email "albert@example.com".
```

　　清单 7.3 所示的脚本或许不那么有说服力，但它说明，在将非 RDF 数据转换为有用关联数据（Turtle 格式）的过程中，人工介入的确很有必要。脚本所展示的转换过程并不复杂，也可以自动进行。我们还可以对转换过程作进一步改进，比如在映射文件中保存映射信息，或修改现有的映射文件以便和相关的电子表格一起使用以及自动检测可用的映射文件。虽然这些调整有助于增强脚本的功能，但它们不在本例的讨论范围之内，我们只选择简单的实现方法。后面的章节将讨论其他一些应用程序以展示更为复杂的技术。

7.2.3　选择 RDF 转换工具

　　如果不急于编写自己的脚本，用户也可以选择使用已有的工具。W3C 网站整理了一份 Converter to RDF 工具索引（又称 RDFizer）①，其中列出了将应用程序数据从特定于应用程序的格式转换为 RDF 的软件，包括可以转换 Excel 电子表格和 QIF 格式的工具，以及适用于 SQL 数据库（如 MySQL）的插件。这份索引内容详尽，不过受篇幅所限，我们不对此作详细讨论。

　　这一节介绍了两个将数据从 CSV 格式转换为 Turtle 格式的应用程序。为进一步演示多样化和分布式 RDF 数据的集成，下一节将介绍另一个应用程序，后者收集各种数据格式并将它们转换为 RDF，然后将聚合后的 RDF 数据保存在 Fuseki 三元组存储中。

7.3　应用程序：在 RDF 数据库中收集关联数据

　　在这一节，我们将开发一个示例程序，演示如何合并关联数据格式的、来源于万维网上的多个信源的各种数据。示例程序所用的消息来源（feed）来自以下两个美国政府机构：
- 美国国家环保局（EPA）发起的 SunWise 项目②；
- 美国国家海洋和大气管理局（NOAA）维护的国家数字预报数据库（NDFD）③。

SunWise 是 EPA 大力倡导的项目，旨在教育公众免受阳光和紫外线的伤害。NDFD 提供了与天气信息相关的数字化预报，这些信息由 NOAA 设在美国各地的办公室提供，从最高温度和最低温度到沿海地区的浪高数据，NDFD 无所不包。

7.3.1　过程概述

　　示例程序使用 3 种数据源，它从 NOAA 的 Web 服务检索 XML 数据，从 EPA 的 SunWise 项目检索 CSV 数据，并从一个名为 va-zip-codes.txt 的本地文件中检索邮编数据④。文件中包含的邮编全部来自美国弗吉尼亚州，读者也可以在输入文件中使用自己感兴趣的邮编。

　　在 va-zip-codes.txt 中，每一行代表一个邮编。注意根据需要修改文件名称，文件中的部分邮编如下：

----

① 参见 https://www.w3.org/wiki/ConverterToRdf。
② 参见 https://www.epa.gov/sunsafety（原链接跳转至此）。
③ 关于 NDFD 的性质，参见 *What is the NDFD?*（2012 年 10 月 4 日更新）：http://www.nws.noaa.gov/ndfd/。
④ 参见 http://linkeddatadeveloper.com/Projects/Linked-Data/resources/va-zip-codes.txt。

```
20101
20102
20103
20104
20105
. . .
24649
24651
24656
24657
24658
```

我们使用 Apache Jena Fuseki 服务器来存储经过转换与聚合的数据。Fuseki 包括一个轻量级的内存数据库,非常适合处理少量 RDF 数据。为运行示例程序,请读者参考相关文档①安装 Fuseki 并设置权限。此外,完成第 4 章的学习后,读者应已安装有 Python。

利用从 NOAA 和 EPA 信源中挖掘到的 Turtle 数据,示例程序将创建一个输出文件,该文件随后被载入 Fuseki 数据库进行查询。清单 7.4 显示了文件的部分内容。

清单 7.4　根据天气信息获取的 Turtle 数据

```
@prefix rdfs: <http://www.w3.org/2000/01/rdf-schema#> .
@prefix wh: <http://www.example.com/WeatherHealth/Schema#> .

<http://www.example.com/WeatherHealth/ZipCodes/20101> wh:weather_for
<http://www.example.com/WeatherHealth/ZipCodes/20101/01-09-13> .
<http://www.example.com/WeatherHealth/ZipCodes/20101/01-09-13>
➥   wh:max_temp 57
  ; wh:min_temp 34
  ; wh:uv_value 2
  ; wh:uv_alert "False"
.
<http://www.example.com/WeatherHealth/ZipCodes/24658>
➥   wh:weather_for
➥   <http://www.example.com/WeatherHealth/ZipCodes/24658/01-09-13> .
<http://www.example.com/WeatherHealth/ZipCodes/24658/01-09-13>
➥   wh:max_temp 58
  ; wh:min_temp 39
  ; wh:uv_value 1
  ; wh:uv_alert "False"
.
```

7.3.2　利用 Python 聚合数据源

清单 7.5 显示了示例程序的代码,其执行过程如下。

1. 根据所选的邮编,将从 EPA 和 NOAA 信源中挖掘的数据进行聚合。

---

① 参见 https://jena.apache.org/documentation/fuseki2/。

2. 将聚合后的数据转换为 Turtle 格式。

3. 将 Turtle 格式的数据保存在名为 weatherData.ttl 的文件中。

4. 将 weatherData.ttl 文件的内容载入 Fuseki 内存数据库。

5. 查询数据库，检索给定邮编所在地区的最高温度（maximum temperature）和紫外线指数（UV Index）。

清单 7.5　查找弗吉尼亚州全部邮编所在地区的最高温度和紫外线指数

```
#! /usr/bin/python
import os                                          包含必要
import urllib                                      的库
import urllib2
from urllib2 import Request, urlopen, URLError
import csv
from cStringIO import StringIO
import xml.etree.ElementTree as ET
from datetime import date
import subprocess
from time import sleep


# Variables, input, and output files      修改所引用的文件，以      修改所引用的文件，使
input = open('va-zip-codes.txt', 'r')      匹配实际的用户输入        其指向所需 Turtle 输出
output = open('weatherData.ttl', 'w')                               文件的位置
today = date.today().strftime("%m-%d-%y")

print "\nStarting Fuseki..."                        启动 Fuseki 服务器
os.chdir("/Users/LukeRuth/Desktop/jena-fuseki-0.2.5/")
args1 = ['./fuseki-server', '--update', '--mem', '/ds']
subprocess.Popen(args1)
                                          命令使用的目录必须匹配系
                                          统中 Fuseki 服务器的位置
sleep(10)              等待服务
print "\n"             器响应

print >>output, "@prefix rdfs: <http://www.w3.org/2000/01/rdf-schema#> ."
print >>output, "@prefix wh:
➥   <http://www.example.com/WeatherHealth/Schema#> .\n"    打印前缀


# Cycle through every zip code in the input file    将邮编赋给变量 zip，
for line in input:                                  并删除尾随换行符
    zip = line

    zip = zip.rstrip()                              构建准备发布的
                                                    查询 URL
    noaaQuery =
"http://graphical.weather.gov/xml/sample_products/browser_interface/
➥   ndfdXMLclient.php?ZIP CodeList=" + zip +
➥   "&product=time-series&maxt=maxt&mint=mint"
    epaQuery =
```

```
➡    "http://iaspub.epa.gov/enviro/efservice/getEnvirofactsUVDAILY/ZIP/"
➡    + zip + "/CSV"
     noaaReq = urllib2.Request(url=noaaQuery)
     try:
         noaaContents = urllib2.urlopen(noaaReq).read()
     except URLError, e:
         if hasattr(e, 'reason'):
             print'We failed to reach a server.'
             print 'Reason: ', e.reason
         elif hasattr(e, 'code'):
             print 'The server couldn\'t fulfill the request.'
             print 'Error code: ', e.code
     else:
         # Parse and obtain desired NOAA xml contents
         root = ET.fromstring(noaaContents)
         for temperature in root.findall(".//value/..[@type='maximum']"):
             maxTemp = temperature.find('value').text

         for temperature in root.findall(".//value/..[@type='minimum']"):
             minTemp = temperature.find('value').text
     try:
         epaContents = urllib2.urlopen(epaQuery).read()
     except URLError, e:
         if hasattr(e, 'reason'):
             print'We failed to reach a server.'
             print 'Reason: ', e.reason
         elif hasattr(e, 'code'):
             print 'The server couldn\'t fulfill the request.'
             print 'Error code: ', e.code
     else:
         epaContents = epaContents.rstrip()
         # Loop through EPA CSV file and assign values to variables
         reader = csv.DictReader(StringIO(epaContents), delimiter=',')
         for row in reader:
             uvValue = row['UV_VALUE']
             uvAlert = row['UV_ALERT']


     print >>output, "<http://www.example.com/WeatherHealth/ZipCodes/" +
➡    zip + "> wh:weather_for
➡    <http://www.example.com/WeatherHealth/ZipCodes/" +
➡    zip + "/" + today + "> ."
     print >>output, "<http://www.example.com/WeatherHealth/ZipCodes/"
➡    + zip + "/" + today + ">"

     # Only print values that are present
     if (maxTemp):
         print >>output, " wh:max_temp " + maxTemp
     if (minTemp):
```

检索 NOAA 内容，并将其赋给变量 noaaContents（捕获并打印出现的任何错误）

检索 EPA 内容，并将其赋给变量 epaContents（捕获并打印出现的任何错误）

开始创建 Turtle

```
        print >>output, " ; wh:min_temp " + minTemp
    if (uvValue):
        print >>output, " ; wh:uv_value " + uvValue

    if (uvAlert == "0"):
        print >>output, " ; wh:uv_alert \"False\""
    elif (uvAlert == "1"):
        print >>output, " ; wh:uv_alert \"True\""

    print >>output, ". \n";

# Close zip code input and Turtle output files
input.close()
output.close()

print "Loading Data..."
args2 = ["./s-put", "http://localhost:3030/ds/data", "default", "/Users/
    LukeRuth/Desktop/LinkedData_WeatherHealthApp/Chapter7/weatherData.ttl"]
subprocess.Popen(args2)

sleep(10)
print "\n"

print "Executing Query..."
args3 = ["./s-query", "--service",
    "http://localhost:3030/ds/query",
    "SELECT ?day ?maxTemp ?uvValue WHERE { ?day
    <http://www.example.com/WeatherHealth/Schema#max_temp> ?maxTemp ;
    <http://www.example.com/WeatherHealth/Schema#uv_value>
    ?uvValue . } LIMIT 1"]
subprocess.Popen(args3)

sleep(10)
print "\nScript Complete.\n"
```

将数据文件载入
Fuseki 数据库

等待服务
器响应

查询 Fuseki

等待服务
器响应

7.3.3 理解输出

我们可以通过示例程序获取以下问题的答案："对于给定邮编所在的地区，预计今天的最高温度和紫外线指数是多少？"如果没有设置限制条件 `LIMIT 1`，程序将查询所有邮编，这无疑是一项繁琐耗时的工作。示例程序的输出如清单 7.6 所示。为缩短查询的执行时间，可以减少输入文件中的邮编数量。而删除 SPARQL 查询中的限制条件后，将返回输入文件中所有邮编的结果。

清单 7.6　示例程序（清单 7.5）的输出

```
Starting Fuseki...                          ←—— 启动 Fuseki
09:48:34 INFO  Server    :: Dataset: in-memory
09:48:35 INFO  Server    :: Dataset path = /ds
09:48:35 INFO  Server    :: Fuseki 0.2.5 2012-10-20T17:03:29+0100
09:48:35 INFO  Server    :: Started 2013/01/09 09:48:35 EST on port 3030

Loading Data...
09:55:17 INFO  Fuseki    :: [1] PUT http://localhost:3030/ds/data?default
09:55:17 INFO  Fuseki    :: [1] 204 No Content

Executing Query...
09:55:27 INFO  Fuseki    :: [2] GET http://localhost:3030/ds/
      query?query=SELECT+%3Fday+%3FmaxTemp+%3FuvValue+WHERE+%7B+%3Fday+%3Chttp
      %3A%2F%2Fwww.example.com%2FWeatherHealth%2FSchema%23max_temp%3E+%3FmaxTe
      mp+%3B+%3Chttp%3A%2F%2Fwww.example.com%2FWeatherHealth%2FSchema%23uv_val
      ue%3E+%3FuvValue+.+%7D+LIMIT+10
09:55:27 INFO  Fuseki    :: [2] Query = SELECT ?day ?maxTemp ?uvValue WHERE {
      ?day <http://www.example.com/WeatherHealth/Schema#max_temp> ?maxTemp ;
      <http://www.example.com/WeatherHealth/Schema#uv_value> ?uvValue . }
      LIMIT 10
09:55:27 INFO  Fuseki    :: [2] OK/select
09:55:27 INFO  Fuseki    :: [2] 200 OK
{                                           ←—— 查询的输出
  "head": {
    "vars": [ "day" , "maxTemp" , "uvValue" ]
  } ,
  "results": {
    "bindings": [
      {
        "day": { "type": "uri" , "value": "http://www.example.com/
    WeatherHealth/ZIP Codes/20191/01-09-13" } ,
        "maxTemp": { "datatype": "http://www.w3.org/2001/XMLSchema#integer" ,
      "type": "typed-literal" , "value": "57" } ,
        "uvValue": { "datatype": "http://www.w3.org/2001/XMLSchema#integer" ,
      "type": "typed-literal" , "value": "2" }
      ]
    }
  }
}

Script Complete.
```

右侧批注：将 Turtle 数据载入数据库

右侧批注：执行 SPARQL 查询

右侧批注：结果显示，最高温度为 57℉，紫外线指数为 2

从示例程序不难看出，使用 RDF 作为数据集成的通用数据模型十分简单。如下所示，仅需几条语句就能获取所需的 NOAA 天气数据，并将这些数据从 XML 格式转换为 Turtle 格式。

```
noaaQuery =
➥  "http://graphical.weather.gov/xml/sample_products/browser_interface/
➥  ndfdXMLclient.php?
```

```
➥    ZIP CodeList=" + zip + "&product=time-series&maxt=maxt&mint=mint"

noaaReq = urllib2.Request(url=noaaQuery)

# Parse and obtain desired NOAA xml contents
root = ET.fromstring(noaaContents)
for temperature in root.findall(".//value/..[@type='maximum']"):
    maxTemp = temperature.find('value').text

for temperature in root.findall(".//value/..[@type='minimum']"):
    minTemp = temperature.find('value').text
print >>output, "<http://www.example.com/WeatherHealth/ZIP Codes/" +
➥  zip + "> wh:weather_for
➥  <http://www.example.com/WeatherHealth/ZIP Codes/" + zip + "/" +
➥  today + "> ."
    print >>output, "<http://www.example.com/WeatherHealth/ZIP Codes/"
➥  + zip + "/" + today + ">"

    # Only print values that are present
    if (maxTemp):
        print >>output, " wh:max_temp " + maxTemp
    if (minTemp):
        print >>output, " ; wh:min_temp " + minTemp

    print >>output, ". \n";
```

与之类似，我们也可以收集所需的 EPA 数据，并将这些数据从 CSV 格式转换为 Turtle 格式。示例程序演示了不同数据格式的聚合、转换、组合、存储与查询，从而产生能解决特定问题的结果。根据示例程序的输出，我们可以获知弗吉尼亚州全部邮编所在地区的预期最高温度和紫外线指数。合并这些独立的数据源至关重要，我们可以藉此查询 NOAA 和 EPA 数据集，从而确定指定邮编所在地区当日的预期最高温度和紫外线指数。发布天气警报信息时可以参考最终输出结果，以便高风险地区的居民在进行户外活动时能小心行事。

7.4　小结

本章介绍了传统关系数据库和 RDF 数据库之间的差异，以及 RDF 数据库较之关系数据库的种种优点。我们讨论了关联数据社区青睐 RDF 数据库的原因，并介绍了这种数据库适合解决的问题类型。集成 RDF 格式的信息相对不难，但用户所需的信息通常存储在非 RDF 数据中，需要进行转换以便处理。好在大部分数据都能转换为 RDF 格式，从而集成到其他应用程序中。

为帮助读者理解如何从各种非 RDF 资源中累积数据，我们开发了一个应用程序，该程序从非 RDF 资源中收集数据，并将聚合后的结果存储在 RDF 数据库中。完成本章的学习后，希望读者已做好开发关联数据应用程序的准备。第 8 章将介绍描述 RDF 数据的方法，以便数据可以被万维网上的其他用户发现。第 9 章将讨论 Callimachus 等更为复杂的工具，以及 Callimachus 可以帮助用户解决哪些高难度问题。

第 8 章　数据集

本章内容

- 描述项目所用的 DOAP 词表
- 描述数据集所用的 VoID
- 描述网站所用的站点地图
- 链接其他数据集所用的技术
- 如何加入 LOD 云

前面的章节强调了遵循关联数据原则的重要性。关联数据第二原则指出，应尽量使用 HTTP URI，以便引用是可解析的，且在定义事物时不会产生歧义。我们可以通过 DOAP（Description of a Project，项目描述）词表来描述软件项目、VoID（Vocabulary of Interlinked Datasets，互联数据集词表）来描述数据集、站点地图来描述网站，这不仅有助于遵循关联数据原则，也方便和其他数据集进行连接，还可以将数据发布到 LOD（Linked Open Data，关联开放数据）云上。这一章将介绍上述几种词表，并讨论数据发布的最佳实践。

这一章还将探讨如何描述新创建的关联数据，并将其链接到规模更大的关联数据系统上。和用于描述人物的 FOAF（朋友的朋友）词表类似，DOAP 词表用于描述项目，VoID 用于描述数据集，语义站点地图（semantic sitemap）用于描述网站中的关联数据产品。这些描述准备就绪后，下一步是链接到其他数据集，并请求 DBpedia 链接到自己的数据（可选操作），从而确保符合 LOD 云的规定。接下来，用户可以根据已发布的准则以加入 LOD 云。

下面列出了本章使用的一些术语。

- 数据集（dataset）是一种相关数据的集合，由单一提供商发布、维护和聚合。数据集一般可以作为 RDF 使用，通过可参引（dereferenceable）HTTP URI 或 SPARQL 端点进行访问。

- RDF 链接（RDF link）是一种主体和客体包含在不同数据集中的 RDF 三元组，这些数据集也可能位于不同的服务器。
- 链接集（linkset）是两个数据集之间所有 RDF 链接的集合。
- 元数据（metadata）是描述数据的数据。

8.1　DOAP 词表

完成某个开源项目固然可喜，不过吸引用户和贡献者参与项目才是目的。潜在用户和贡献者需要了解哪些和项目有关的信息？应该如何向他们提供这些信息呢？以下是用户和贡献者可能需要的信息：名称、描述、主页、下载页面和镜像站点、许可类型、限制条件（如特定的操作系统和编程语言要求）、项目分类、错误报告/已知错误确认机制。DOAP 词表不仅可以描述上述信息，也可以描述其他与项目有关的信息。此外，DOAP 文件还能连接到各种在线编目系统（online catalog）的项目注册页面。

DOAP 是一种用于描述软件项目（特别是开源项目）的 XML/RDF 词表，2004 年由 Edd Dumbill[1] 开发。DOAP 文件是共享项目信息所用的文档，能被机器所处理。清单 8.1 显示了一个 DOAP 文件示例。

利用 DOAP 文件，我们可以很轻松地将项目导入目录、自动更新目录、在目录之间交换数据或配置资源（如邮件列表），也可以为打包资源进行分发的软件包维护者提供支持。一言以蔽之，创建并维护 DOAP 文件能节省用户的大量时间。

不少在线编目系统都提供产品注册的服务，用户可以借此通告项目的存在和宗旨。下面列出了其中一些目录：

- Freecode[2]；
- Free Software Directory[3]；
- GNOME Project[4]；
- Open Source Directory[5]；
- SourceForge[6]。

但是，手动进行注册相当耗时。此外，每次发布新版本时，都需要访问目录网站以更新项目信息，这同样是一项繁琐的工作。幸运的是，语义网提供了一种自动注册和维护目录的机制，这通过发布和维护项目的 DOAP 文件来实现。

---

① 参见 http://eddology.com/about（原链接已失效）。

② 参见 http://freecode.com/。

③ 参见 https://directory.fsf.org/wiki/Main_Page。

④ 参见 https://www.gnome.org/。

⑤ 参见 http://osdir.com/（原链接已失效）。

⑥ 参见 https://sourceforge.net/。

8.1.1　创建 DOAP 文件

这一节将介绍如何为 Callimachus[①]创建 DOAP 文件，Callimachus 是 3 Round Stones 开发的一个开源项目。藉由 DOAP A Matic[②]，我们可以轻松创建 DOAP 文件。清单 8.1 显示了利用这种工具创建的基本 DOAP 文件，后者为 XML 格式，已发布在 3 Round Stones 网站[③]。尽管也可以通过编辑器编写 DOAP 文件，不过使用 DOAP A Matic 是更好的选择。除非用户熟悉 XML 的应用，否则从头开始创建 DOAP 文件并非易事。

清单 8.1　为 Callimachus 创建的 DOAP 文件

```
<Project xmlns:rdf=http://www.w3.org/1999/02/22-rdf-syntax-ns#
➥    xmlns:rdfs="http://www.w3.org/2000/01/rdf-schema#"
➥    xmlns=http://usefulinc.com/ns/doap#
➥    xmlns:foaf=http://xmlns.com/foaf/0.1/
➥    xmlns:admin="http://webns.net/mvcb/">
<name>The Callimachus Project</name>
<shortname>Callimachus</shortname>
<shortdesc>
Callimachus is the leading Open Source platform for navigating,
➥    managing, and visualizing applications using the Web of Data.
</shortdesc>
<description>
Callimachus is the leading Open Source platform for navigating, managing,
➥    and visualizing applications using the Web of Data. Use Callimachus to
➥    create and deploy mobile and Web apps using open data and enterprise
➥    content using open Web standards.
</description>
<homepage rdf:resource="http://callimachusproject.org/"/>
<wiki rdf:resource="http://callimachusproject.org/docs/?view"/>
<download-page
➥    rdf:resource="http://code.google.com/p/callimachus/downloads/list"/>
<bug-database
➥    rdf:resource="http://code.google.com/p/callimachus/issues/list"/>
<category rdf:resource="http://dbpedia.org/resource/Category:Semantic_Web"/>
<programming-language>Java</programming-language>
<programming-language>JavaScript</programming-language>
<license rdf:resource="http://usefulinc.com/doap/licenses/asl20"/>          ◁─┐
<maintainer>                                        可用许可列表中的 Apache
<foaf:Person>                                       License Selection
<foaf:name>James Leigh</foaf:name>
<foaf:homepage rdf:resource="http://3roundstones.com"/>
<foaf:mbox_sha1sum>ded445287ad3645499f20d61f1f1fbd3f17b7917</
    foaf:mbox_sha1sum>
```

---

① 参见 http://callimachusproject.org/。

② 参见 http://crschmidt.net/semweb/doapamatic/。

③ 参见 http://3roundstones.com/callimachus/callimachus.doap（原链接已失效）。

```
</foaf:Person>
</maintainer>
<developer>
<foaf:Person>
<foaf:name>David Wood</foaf:name>
<foaf:homepage rdf:resource="http://3roundstones.com"/>
<foaf:mbox_sha1sum>abe8c5daaf522b41c7550a48360be9379e59db2c</
    foaf:mbox_sha1sum>
</foaf:Person>
</developer>
<helper>
<foaf:Person>
<foaf:name>Luke Ruth</foaf:name>
<foaf:homepage rdf:resource="http://3roundstones.com"/>
<foaf:mbox_sha1sum>8e9e08a4cc834f24b69e8fbee7d786493a3f3f9c</
    foaf:mbox_sha1sum>
</foaf:Person>
</helper>
<repository>
<SVNRepository>
<browse rdf:resource="http://code.google.com/p/callimachus/source/browse/"/>
<location rdf:resource="http://callimachus.googlecode.com/svn/trunk/"/>
</SVNRepository>
</repository>
</Project>
```

图 8.1 显示了 DOAP A Matic 的表单。进一步观察清单 8.1 可以发现，清单中的各项和表单内容一一对应。图 8.1 是表单的部分页面，虽然某些表单项中的描述文字没有完全显示出来，但文本长度不受文本框的宽度限制。从 License 菜单中选择许可时，DOAP A Matic 将自动提供相应的 URL。本例选择的许可是 Apache License 2.0。此外，我们跳过了 Download Mirror 等不相关的选项。

单击表单底部的 Generate 按钮（未显示在图 8.1 中），输入表单的信息将被转换为 RDF/XML 格式，如清单 8.1 所示。如有必要，请复制并保存输出结果，供今后编辑或发布时使用。我们可以通过文本编辑器添加其他语句，并手动插入相关内容，以强化 DOAP RDF/XML 文件。观察清单 8.1 可知，FOAF 词表用于描述和项目相关的人员（如维护者和开发者）。如果不熟悉 RDF/XML 格式，理解清单 8.1 的内容可能有些困难，那么不妨将 DOAP A Matic 的输出结果复制并粘贴到某种转换程序[①]中，将结果转换为相应的 Turtle 文件。

---

① 如 https://github.com/JoshData/rdfabout/blob/gh-pages/intro-to-rdf.md（原链接跳转至此）。

DOAP A Matic

This is intended to get you started on creating a description for your Description of a Project file. No wizard can ever anticipate all the options one might interface simply attempts to create as complete of an interface as possible. Once you have the initial file, you can expand it. there is a list of the availabl and you can expand on this list using other schema, such as those in SchemaWeb

Name:	The Callimachus Project
Short Name:	Callimachus
Description:	Callimachus is the leading Open Source platform for navigating, managing, and visualizing applications using the Web of Data. Use Callimachus to create and deploy mobile and Web apps using open data and enterprise content using open Web standards.
Short Description:	Callimachus is the leading Open Source platform for navigating, managing, and visualizing applicat
Homepage:	http://callimachusproject.org/
Wiki:	http://callimachusproject.org/docs/?view
Download Page (url):	http://code.google.com/p/callimachus/downloads/list
Download Mirror (url):	
Bug Database (url):	http://code.google.com/p/callimachus/issues/list
Category (url):	http://dbpedia.org/resource/Category:Semantic_Web
Programming Languages:	Java, JavaScript
	(Comma seperated list)
OS (if OS Specific):	(Comma seperated list)
License: Select one or more	Apache Licen / Artistic / BSD / GPL 2

图 8.1　DOAP A Matic 表单示例

8.1.2　使用 DOAP 词表

读者应对完整的 DOAP 词表有所了解，以便添加其他相关内容。DOAP 词表目前包含以下 3 类。

- Project（项目）类：主项目资源。
- Version（版本）类：发布软件的实例。
- Repository（仓库）类：源代码库。

为便于参考，表 8.1 总结了 DOAP 类和属性。

表 8.1　DOAP 类和所选的属性

Project 类		
name	category：指定类型的 URI	license：关联许可的 URI
shortname	wiki：指定 Wiki 的 URI	download-page：项目下载页面的 URI
homepage	bug-database：错误报告的 URI	download-mirror：镜像网站的 URI
old-homepage	screenshots：网页截图的 URI	repository：源代码的 doap:Repository
created：YYYY-MM-DD 格式	mailing-list：邮件列表的 URI	release：当前版本的 doap:Version
description	programming-language	maintainer：项目维护者或主管的 foaf:Person
shortdesc	os：针对特定操作系统的限制，无特定操作系统则忽略	developer：项目开发人员的 foaf:Person
documenter：文档贡献者的 foaf:Person	translator：翻译贡献者的 foaf:Person	

续表

Repository 类		
anon-root：匿名访问仓库根目录的路径	module：仓库中源代码的模块名称	browse：Web 浏览器与仓库接口的 URL
location：存档文件的基准 URL		
Version 类		
branch：指定版本分支的字符串（如稳定版、非稳定版、GNOME26）	name：发布名称（如 Lion）	created：发布日期（YYYY-MM-DD 格式）
revision：版本修订号（如 2.5）		

有关上述类及其属性的详细信息，请参考 DOAP 命名空间列出的 DOAP 模式[①]。我们也可以采用 Morten Frederiksen 开发的 Schema Reader[②]（一种将 RDF Schema 转换为人类可读格式的在线服务），Schema Reader 以可读性更强的格式显示完整的 DOAP 模式。Schema Reader 的输出如图 8.2 所示。

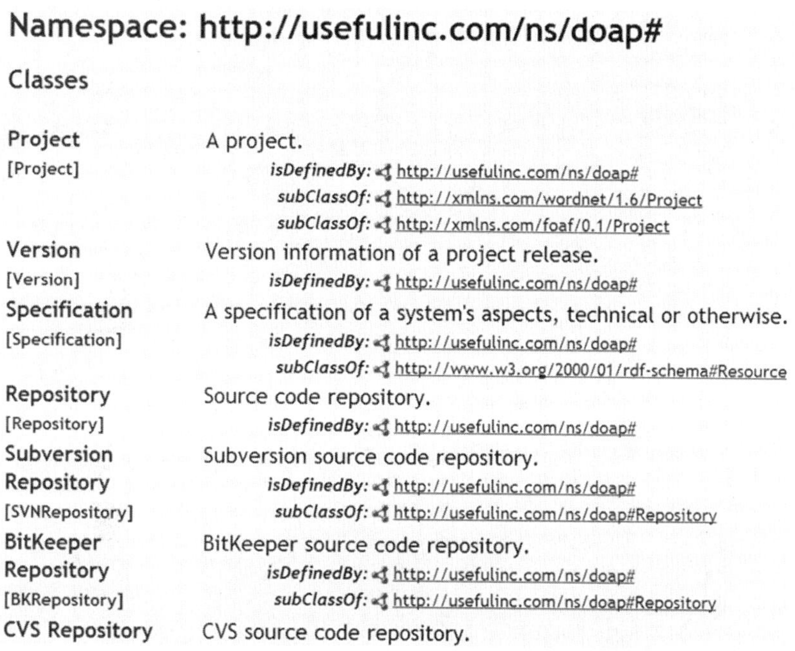
Namespace: http://usefulinc.com/ns/doap#

Classes

Project [Project] — A project.
isDefinedBy: http://usefulinc.com/ns/doap#
subClassOf: http://xmlns.com/wordnet/1.6/Project
subClassOf: http://xmlns.com/foaf/0.1/Project

Version [Version] — Version information of a project release.
isDefinedBy: http://usefulinc.com/ns/doap#

Specification [Specification] — A specification of a system's aspects, technical or otherwise.
isDefinedBy: http://usefulinc.com/ns/doap#
subClassOf: http://www.w3.org/2000/01/rdf-schema#Resource

Repository [Repository] — Source code repository.
isDefinedBy: http://usefulinc.com/ns/doap#

Subversion Repository [SVNRepository] — Subversion source code repository.
isDefinedBy: http://usefulinc.com/ns/doap#
subClassOf: http://usefulinc.com/ns/doap#Repository

BitKeeper Repository [BKRepository] — BitKeeper source code repository.
isDefinedBy: http://usefulinc.com/ns/doap#
subClassOf: http://usefulinc.com/ns/doap#Repository

CVS Repository — CVS source code repository.

图 8.2　采用 Schema Reader 转换的 DOAP 模式示例

① 参见 http://usefulinc.com/ns/doap。

② 参见 http://xml.mfd-consult.dk/ws/2003/01/rdfs（原链接已失效）。

　　DOAP 文件创建完毕后，应采用某种验证程序（如 RDF Validator and Converter[①]）验证文档内容是否为有效的 RDF。接下来，需要将 DOAP 文件发布到一个能够通过 HTTP 或 HTTPS 请求获取的、可公开访问的空间。文件发布之后，项目描述就能用于聚合器站点（aggregator site），后者从不同来源提取项目信息，并将它们合并到单个数据库中。我们既可以将 DOAP 文件的位置直接通知给聚合器，也可以在聚合器采集此类文件的某个网站上进行注册。针对更新的采集将自动进行。DOAP 文件和项目通常会一起存储，项目维护者不必访问聚合器站点以维护记录。如有必要，只需更新本地 DOAP 文件，然后等待聚合器站点采集新信息即可。这就是自动维护数据的优势所在。

　　需要注意的是，DOAP 文件的内容可能会因为在线编目服务的不同而有所不同。例如，Apache 软件基金会（Apache Software Foundation, ASF）[②]提供的表单可以帮助用户创建 ASF 兼容的 DOAP 文件[③]。ASF DOAP 文件的示例如清单 8.2 所示。确定文件的存储位置后，请向 site-dev@apache.org 发送一封邮件，以便将文件包含在项目清单中。注意，ASP DOAP 文件的 URL 只能使用 HTTP，不能使用 HTTPS。

清单 8.2　为 Callimachus 创建的 ASF DOAP 文件

```
<?xml version="1.0"?>
<?xml-stylesheet type="text/xsl"?>
<rdf:RDF xml:lang="en"
        xmlns="http://usefulinc.com/ns/doap#"
        xmlns:rdf="http://www.w3.org/1999/02/22-rdf-syntax-ns#"
        xmlns:asfext="http://projects.apache.org/ns/asfext#"
        xmlns:foaf="http://xmlns.com/foaf/0.1/">
<!--
    Licensed to the Apache Software Foundation (ASF) under one or more
    contributor license agreements. See the NOTICE file distributed with
    this work for additional information regarding copyright ownership.
    The ASF licenses this file to You under the Apache License, Version 2.0
    (the "License"); you may not use this file except in compliance with
    the License. You may obtain a copy of the License at

        http://www.apache.org/licenses/LICENSE-2.0

    Unless required by applicable law or agreed to in writing, software
    distributed under the License is distributed on an "AS IS" BASIS,
    WITHOUT WARRANTIES OR CONDITIONS OF ANY KIND, either express or implied.
    See the License for the specific language governing permissions and
    limitations under the License.
```

① 参见 https://github.com/JoshData/rdfabout/blob/gh-pages/intro-to-rdf.md（原链接跳转至此）。

② 参见 https://projects.apache.org/guidelines.html。

③ 参见 https://projects.apache.org/create.html。

```
-->
  <Project rdf:about="http://callimachusproject.org/">
    <created>2013-01-31</created>
    <license rdf:resource="http://usefulinc.com/doap/licenses/asl20" />
    <name>Apache The Callimachus Project</name>
    <homepage rdf:resource="http://callimachusproject.org/" />
    <asfext:pmc rdf:resource="http://abdera.apache.org" />
    <shortdesc>Callimachus is the leading Open Source platform
    for navigating, managing, and visualizing applications using
    the Web of Data.</shortdesc>
    <description>Callimachus is the leading Open Source platform
    for navigating, managing, and visualizing applications using
    the Web of Data. Use Callimachus to create and deploy mobile
    and Web apps using open data and enterprise content using open
    Web standards.</description>
    <bug-database
    rdf:resource="http://code.google.com/p/callimachus/issues/list" />
    <download-page
    rdf:resource="http://code.google.com/p/callimachus/downloads/list" />
    <programming-language>Java</programming-language>
    <category rdf:resource="http://projects.apache.org/category/content" />
    <release>
      <Version>
        <name>Callimachus</name>
        <created>2010-12-21</created>
        <revision>1.0</revision>
      </Version>
    </release>
    <repository>
      <SVNRepository>
        <location
    rdf:resource="http://callimachus.googlecode.com/svn/trunk/"/>
        <browse
    rdf:resource="http://code.google.com/p/callimachus/source/browse/"/>
      </SVNRepository>
    </repository>
    <maintainer>
      <foaf:Person>
        <foaf:name>James Leigh</foaf:name>
          <foaf:mbox rdf:resource="mailto:james@example.com"/>
      </foaf:Person>
    </maintainer>
  </Project>
</rdf:RDF>
```

可能出现在
ASF DOAP
文件中的其
他内容

注意邮箱引用并未采用
sha1sum 算法进行加密

GNOME DOAP 文件与 DOAP A Matic 生成的文件类似，读者可以在 GNOME Wiki 上浏览相关信息[①]。不同之处在于，GNOME DOAP 文件的邮件条目并未加密。应根据模块名称命名 DOAP

① 参见 https://wiki.gnome.org/MaintainersCorner（原链接跳转至此）。

文件（如 callimachus.doap），并将其保存在主仓库的顶层目录中。由于 DOAP 文件之间只有细微差别，在创建基本的 DOAP 文件之后，可以利用文本编辑器调整其内容，以满足不同在线编目系统的需要。

如前所述，用户应采用 DOAP 文件记录和推广自己的开源项目。聚合器可以利用 DOAP 文件在数据库中编译用户项目的信息。原始文件保存在用户空间中，聚合器将自动更新相应的记录。

8.2　利用 VoID 记录数据集

发布者越来越希望所发布的内容是可搜索和可链接的，且易于聚合与重用。社交媒体网站和搜索引擎希望将内容以丰富而有吸引力的形式展现给合适的用户。数据集发布者需要发布数据集的元数据，以便数据集可以被搜索引擎和 Web 爬虫程序发现并聚合。用户需要了解数据集的内容、位置、所用的词表、所引用的其他数据集等信息。元数据应提供明确的许可信息，便于用户确定如何使用数据与添加贡献者。此外，用户需要掌握访问接口的相关信息。VoID 能满足上述需求，发布数据集的 VoID 文件有助于其他用户使用数据。

8.2.1　VoID 概述

VoID 始于 2009 年，它是一种 RDF Schema 词表，用于描述 RDF 数据集的元数据。VoID 旨在将 RDF 数据的发布者和使用者连接起来，应用范围从数据发现到数据集的编目和归档。这一节将介绍 VoID 词表，后者涵盖 4 个领域的元数据：一般元数据（general metadata）、访问元数据（access metadata）、结构元数据（structural metadata）、数据集之间链接的描述（description of links between datasets）。此外，这一节还将对部署提出建议，并讨论如何发现 VoID 描述。

表 8.2 列出了 VoID 包含的术语。有关这种词表的详细信息，请参考 W3C 网站[①]。

表 8.2　VoID 概览

类			
Dataset	DatasetDescription	Linkset	TechnicalFeature
属性			
class	classPartition	classes	dataDump
distinctObjects	distinctSubjects	documents	entities
exampleResource	feature	inDataset	linkPredicate
objectsTarget	openSearchDescription	properties	property
property-Partition	rootResource	sparqlEndpoint	subjectsTarget
subset	target	triples	uriLookupEndpoint
uriRegexPattern	uriSpace	vocabulary	

---

① 参见 https://www.w3.org/TR/void/。

一般元数据使用都柏林核心模型（Dublin Core model）[1]，包括标题、描述、数据集许可、主题等信息，以及数据集名称、创建者和发布者、创建日期、最近修改日期等属性。

访问元数据描述了如何利用 RDF 数据转储（RDF Data Dumps）、SPARQL 端点、可解析的 HTTP URI 等协议访问 RDF 数据的方法。

结构元数据提供有关数据集的模式和内部结构的高级信息，有助于数据集的探索或查询。结构元数据包括数据集所用的词表、数据集大小的统计信息以及数据集中典型资源的示例，这些信息在查询和数据集成中发挥了重要作用。

数据集之间链接的描述是对多个数据集之间的关系进行描述。void:target 属性用于命名两个数据集，每个链接集必须包括两个不同的 void:target。void:target 包括 void:subjectsTarget 和 void:objectsTarget 两个子属性，二者用于显式地声明链接的主体-客体方向（subject-object direction）：所有链接三元组的主体都在以 void:subjectsTarget 命名的数据集中，而客体都在以 void:objectsTarget 命名的数据集中。

链接集可能不存在多个 void:subjectsTarget 和 void:objectsTarget。RDF 链接具有两种不同的"方向性（directionality）"概念：首先，包含三元组主体的数据集使用 void:subjectsTarget，包含三元组客体的数据集则使用 void:objectsTarget；其次，数据集通过将链接集设置为各自目标数据集的 void:subset 来包含链接。

在引用 owl:sameAs 链接时，这一点尤为重要。由于 owl:sameAs 是对称的，其主体和客体可以互换。那么，哪些链接可以作为数据集的一部分使用呢？发布者应将链接集设置为目标数据集的 void:subset。

8.2.2 准备 VoID 文件

这一节将介绍如何使用 ve[2] 编辑器[2]创建 VoID 文件，我们以两个文件为例进行讨论。第一个文件如清单 8.3 所示，它描述了一个虚构的数据集，后者链接到其他两个数据集。第二个文件如清单 8.4 所示，它描述了一个没有链接到其他数据集的倭黑猩猩数据集。我们曾在第 2 章讨论过这个数据集，读者对此应不会感到陌生。

清单 8.3 描述虚构数据集的 VoID 文件示例

```
@prefix rdf: <http://www.w3.org/1999/02/22-rdf-syntax-ns#> .
@prefix rdfs: <http://www.w3.org/2000/01/rdf-schema#> .
@prefix foaf: <http://xmlns.com/foaf/0.1/> .
@prefix dcterms: <http://purl.org/dc/terms/> .
@prefix void: <http://rdfs.org/ns/void#> .
@prefix : <#> .
```

假设空前缀绑定到当前文件的基准 URL

---

① 参见 https://www.w3.org/TR/void/#metadata。

② 参见 http://lab.linkeddata.deri.ie/ve2/。

```
## your dataset
:myDS rdf:type void:Dataset ;
 foaf:homepage <http://example.org/> ;
 dcterms:title "Example Dataset" ;
 dcterms:description "A simple dataset in RDF." ;
 dcterms:publisher <http://example.org/me> ;
 dcterms:source <http://example.org/source.xml> ;
 dcterms:license <http://opendatacommons.org/licenses/pddl/1.0/> ;
 void:sparqlEndpoint <http://dbpedia.org/sparql> ;
 void:uriLookupEndpoint <http://lookup.dbpedia.org> ;
 void:vocabulary <http://purl.org/dc/terms/> ;
 void:exampleResource <http://example.org/resource/ex> ;
 void:subset :myDS-DS1 .
## datasets you link to

:DS1 rdf:type void:Dataset ;                    互联到 :DS1
 foaf:homepage <http://dbpedia.org/> ;
 dcterms:title "DBpedia" ;
 dcterms:description "Linked Data version of Wikipedia." ;
 void:exampleResource <http://dbpedia.org/resource/Ludwig_van_Beethoven> .

:myDS-DS1 rdf:type void:Linkset ;
 void:linkPredicate <http://www.w3.org/2002/07/owl#sameAs> ;
 void:target :myDS ;
 void:target :DS1 .
```

为创建可供发布的数据集，需要准备一个与数据集一起发布的空文件。我们推荐使用 ve[2] 编辑器，它将引导用户完成 VoID 文件的准备工作，并提供一个用于输入数据集相关信息的表单。

ve[2] 由本书作者 Michael Hausenblas[1]负责维护，它具备多种功能，可以创建、检查并发布 VoID 文件。进入 ve[2] 的主页后可以看到，编辑器允许用户指定所需的大部分元数据。我们可以随时将输出结果复制并粘贴到文本编辑器中，并在需要时插入其他信息。

将清单 8.4 所示的代码输入 ve[2]，生成的 VoID 文件如图 8.3 所示。可以看到，通过 ve[2] 能很容易创建 VoID 文件。

清单 8.4 显示了利用 ve[2] 插入与倭黑猩猩数据集相关的内容。之所以选择这个数据集，是因为我们已在第 2 章对它作过介绍。

---

① 参见 http://mhausenblas.info/。

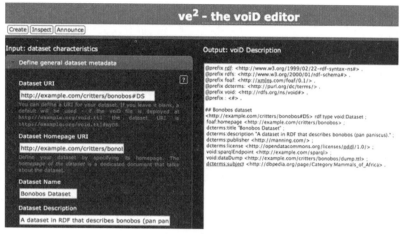

图 8.3　采用 ve² 创建 VoID 文件

清单 8.4　描述虚构倭黑猩猩数据集的 void.ttl 文件示例

```
@prefix rdf: <http://www.w3.org/1999/02/22-rdf-syntax-ns#> .
@prefix rdfs: <http://www.w3.org/2000/01/rdf-schema#> .
@prefix foaf: <http://xmlns.com/foaf/0.1/> .
@prefix dcterms: <http://purl.org/dc/terms/> .
@prefix void: <http://rdfs.org/ns/void#> .
@prefix : <#> .
```
　　　　　　　　　　　　　　　　　　　　　　　　　　→ 假设空前缀与当前
　　　　　　　　　　　　　　　　　　　　　　　　　　　文件的基准 URL 和
　　　　　　　　　　　　　　　　　　　　　　　　　　　发布网站绑定

```
## Bonobos dataset
<http://example.com/critters/bonobos#DS> rdf:type void:Dataset ;
 foaf:homepage <http://example.com/critters/bonobos> ;
 dcterms:title "Bonobos Dataset" ;
 dcterms:description "A dataset in RDF that describes bonobos (pan
➥  paniscus)." ;
 void:exampleResource <http://example.org/critters/bonobos/Mary> ;  ← 示例 URL
 dcterms:publisher <http://manning.com/> ;                             显示数据
 dcterms:license <http://opendatacommons.org/licenses/pddl/1.0/> ;
 void:sparqlEndpoint <http://example.com/sparql> ;
 void:dataDump <http://example.com/critters/bonobos/dump.ttl> ;
 dcterms:subject <http://dbpedia.org/page/Category:Mammals_of_Africa> .
```

　　如前所述，我们需要发布数据集的元数据，以便数据集能被搜索引擎和 Web 爬虫程序发现并聚合，这可以通过准备并发布数据集的 VoID 文件来实现。

8.3　站点地图

　　网站管理员需要告知搜索引擎网站中可供抓取的页面，这可以通过站点地图（sitemap）来实现。站点地图通常是一个 XML 文件，包含网站的 URL 以及每个 URL 的附加元数据，可以描述 URL 的各种信息：

- 最后更新；
- 更新频率；
- URL 的相对重要性；
- 网站中指定内容类型的元数据；
- 视频的播放时间、类别以及是否适合家庭成员观看；
- 图片的主题、类型与许可。

站点地图的内容有助于提高搜索引擎抓取网站信息的效率。在识别动态 Web 内容时，站点地图尤为重要。

Web 爬虫程序一般通过网站的内链和外链来发现页面。站点地图是对这种数据的补充，支持站点地图的爬虫程序可以获取地图中指定的所有 URL。如果网站建立的时间不长且外链很少，或存在大量不良互链的内容页面，则站点地图尤为重要。虽然站点地图无法保证搜索引擎一定能收录用户的网页，但它可以提高网页被发现的概率。

一个好消息是，W3C 定义了描述站点地图的标准协议，该协议称为 Sitemap 0.90[①]。更令人振奋的是，Google、Yahoo!与 Microsoft 都采纳了该协议，从而简化了网站管理员和在线发布者提交网站内容以建立索引的过程。藉由语义网浏览器和搜索引擎，语义站点地图有助于用户使用已发布的 RDF 数据。语义站点地图是对 Sitemap 0.90 协议的扩展，它支持客户端和爬虫程序智能选择访问数据的方式。语义站点地图用于通告 RDF 数据的存在，并处理特定的 RDF 发布需求。8.3.1 节将简要介绍遵循 Sitemap 0.90 协议的站点地图的格式及其创建方法，8.3.2 节将讨论生成语义站点地图所用的扩展。

8.3.1　非语义站点地图

我们根据 Sitemap 0.90 协议提供的指导方针创建了一个站点地图（XML 文件），并验证它在语法上是否正确（可以使用 W3Schools 网站提供的 XML 验证工具[②]）。下面列出了一些需要特别注意的问题。

- 所有数据值必须被实体转义（entity-escaped）[③]。
- XML 文件本身必须经过 UTF-8 编码（采用 UTF-8 格式保存文件），并由文件所在的 Web 服务器进行编码以增强可读性。
- 站点地图中的所有 URL 只能来自一台主机。
- 一个站点地图文件最多能包含 5 万个 URL，且压缩前的大小不得超过 50 MB。如果站点地图较大，应将其分割为若干较小的站点地图。
- 在站点地图索引文件（sitemap index file）[④]中列出多个站点地图，并提交该索引文件。

---

① 参见 https://www.sitemaps.org/protocol.html。
② 参见 https://www.w3schools.com/xml/xml_validator.asp。
③ 参见 https://www.sitemaps.org/protocol.html#escaping。
④ 参见 https://www.sitemaps.org/protocol.html#index。

清单 8.5 显示了一个基本的站点地图，后者仅包含一个 URL，可使用所有必选和可选标记。

清单 8.5 站点地图示例（XML 文件）

包含指定 URL 的所有信息（必选）

包含 URL 集合（位于站点地图中）的所有信息（必选）

```
<?xml version="1.0" encoding="UTF-8"?>
<urlset xmlns="http://www.sitemaps.org/schemas/sitemap/0.9">
   <url>
      <loc>http://www.example.com/Samples/</loc>
      <lastmod>2012-02-01</lastmod>
      <changefreq>monthly</changefreq>
      <priority>0.8</priority>
   </url>
</urlset>
```

指定资源的 URL（必选）

上一次修改 URL 的日期，采用 YYYY-MM-DDThh:mm TZD 格式（必选，但时间值为可选）

描述 URL 相对于网站所有其他 URL 的优先级，范围从 1.0（非常重要）到 0.1（不重要）；URL 的优先级对搜索排名没有影响

页面修改频率的提示（可选），有效值包括 always、hourly、daily、weekly、monthly、yearly、never（归档 URL）

我们既可以通过文本编辑器手动创建站点地图，也可以使用站点地图生成工具[①]。站点地图创建完毕后，将其上传到 Web 服务器。站点地图文件的位置决定了它所包含的 URL。例如，如果站点地图文件位于 http://example.com/Sample/sitemap.xml，则它可以包含以 http://example.com/Sample/ 开头的任何 URL，但无法包含以 http://example.com/catalog/ 开头的 URL。

接下来，我们需要通知遵循 Sitemap 0.90 协议的搜索引擎，以便后者获取所创建的站点地图。这可以通过以下几种方式来实现。

- 通过搜索引擎的提交界面提交站点地图。
- 指定网站中 robots.txt 文件的位置。robots.txt 是一个常规的文本文件，其名称对万维网上的爬行机器人具有特殊的含义。例如，位于 http://www.example.com/robots.txt 的 robots.txt 文件包含以下代码行：`Sitemap: http://www.sitemaphost.com/sitemap1.xml`。
- 发送 HTTP 请求。

完成这项操作后，搜索引擎就能检索到我们创建的站点地图，并利用爬虫程序抓取 URL。

8.3.2 语义站点地图

这一节将讨论创建语义站点地图所需的扩展。这些附加信息有助于提高站点抓取性能、完整抓取断开连接的数据集、有效发现分散和链接不良的 RDF 文档、识别分类 SPARQL 端点、获取授权情况、标识 RDF 转储、对自包含数据执行封闭查询等。由于无需抓取用户网站，语义站点地图能提高大型数据集在建立索引时的效率。读者可以从 Sitemaps.org 下载语义站点地

---

① 参见 https://code.google.com/archive/p/sitemap-generators/wikis/SitemapGenerators.wiki（原链接跳转至此）。

图的模式[①]与索引文件[②]。清单 8.6 和清单 8.7 分别显示了两个语义站点地图，第二个站点地图仍然以倭黑猩猩为例。

清单 8.6 使用语义爬虫扩展的站点地图（XML 文件）[③]

数据集标记为"Example Corp. Product Catalog"

```
<?xml version="1.0" encoding="UTF-8"?>1
<urlset xmlns="http://www.sitemaps.org/schemas/sitemap/0.9"
    xmlns:sc="http://sw.deri.org/2007/07/sitemapextension/scschema.xsd">
  <sc:dataset>
    <sc:datasetLabel>Example Corp. Product Catalog</sc:datasetLabel>
    <sc:datasetURI>http://example.com/catalog.rdf#catalog</sc:datasetURI>
    <sc:linkedDataPrefix slicing="subject-object">
http://example.com/products/</sc:linkedDataPrefix>
    <sc:sampleURI>http://example.com/products/widgets/X42</sc:sampleURI>
    <sc:sampleURI>http://example.com/products/categories/all</sc:sampleURI>
    <sc:sparqlEndpointLocation slicing="subject-object">
    http://example.com/sparql
    </sc:sparqlEndpointLocation>
    <sc:dataDumpLocation>
http://example.com/data/catalogdump.rdf.gz
    </sc:dataDumpLocation>
    <sc:dataDumpLocation>
    http://example.org/data/catalog_archive.rdf.gz </sc:dataDumpLocation>
    <sc:dataDumpLocation>
http://example.org/data/product_categories.rdf.gz </sc:dataDumpLocation>
      #E, #F
    <changefreq>weekly</changefreq>
  </sc:dataset>
</urlset>
```

语义网标识符为 http://example.com/catalog.rdf#catalog，http://example.com/catalog.rdf 可能提供有关数据集的更多 RDF 注释

sitemapextension 词表的命名空间

数据集内容的标识符以 http://example.com/products/ 开头，其描述作为关联数据

整个数据集的转储分为 3 部分

数据集的更新周期为每周一次

表 8.3 列出了语义站点地图中可以使用的标签。创建完毕之后，需要将语义站点地图上传到服务器，并在相应的 robots.txt 文件中标识其存在，以便发布。

表 8.3 语义站点地图扩展

语义站点地图标签	描　述
sc:dataset	声明数据集
sc:linkedDataPrefix	服务器上托管的关联数据的前缀
sc:sparqlEndpointLocation	SPARQL 协议端点的位置

① 参见 https://www.sitemaps.org/schemas/sitemap/0.9/sitemap.xsd。

② 参见 https://www.sitemaps.org/schemas/sitemap/0.9/siteindex.xsd。

③ 参见 http://sw.deri.org/2007/07/sitemapextension/#examples（原链接已失效）。

续表

语义站点地图标签	描　　述
sc:sparqlGraphName	指定 SPARQL 端点内部某个命名图谱的 URI
sc:dataDumpLocation	RDF 数据转储文件的位置
sc:datasetURI	标识当前数据集的可选 URI
sc:datasetLabel	数据集的可选名称
sc:sampleURI	指向数据集内部的代表性示例，有助于人类用户探索数据集

清单 8.7 显示了倭黑猩猩网站中可能存在的语义站点地图。下一节讨论链接到外部数据时，我们将引用这个站点地图。

清单 8.7　倭黑猩猩网站的语义站点地图示例

```
<?xml version="1.0" encoding="UTF-8"?>
<urlset xmlns="http://www.sitemaps.org/schemas/sitemap/0.9"
    xmlns:sc="http://sw.deri.org/2007/07/sitemapextension">
  <sc:dataset>
    <sc:datasetLabel>
    Bonobos Dataset
    </sc:datasetLabel>
    <sc:datasetURI>http://example.com/critters/bonobos#DS
    </sc:datasetURI>
    <sc:sampleURI>http://example.com/critters/bonobos/Mary
    </sc:sampleURI>
    <sc:linkedDataPrefix sc:slicing="subject-object">
      http://example.com/critters/bonobos/</sc:linkedDataPrefix>
    <sc:sparqlEndpoint sc:slicing="subject-object">
      http://example.com/sparql
    </sc:sparqlEndpoint>
    <sc:dataDump>http://example.com/critters/bonobos/dump.ttl
    </sc:dataDump>
    <changefreq>weekly</changefreq>
  </sc:dataset>
</urlset>
```

指向示例数据的 URL

基准 URL 包含在 `<sc:linkedDataPrefix>` 中

8.3.3　启用站点发现

与 Google 对网页建立索引类似，Sindice[1]也可以利用语义站点地图对语义内容建立索引[2]（如图 8.4 所示）。内容提供者需要完成以下工作。

- 根据 RDF 或 RDFa 标准，发布机器可读的数据。
- 采用 sitemap.xml 和 robots.txt 文件，启用有效的发现和同步。务必包含 lastmod、

---

① 2014 年 5 月，创始团队宣布停止对 Sindice 提供支持，Sindice.com 目前已无法访问。——译者注
② 参见 http://sindice.com/developers/publishing（原链接已失效）。

changefreq 与 priorityfields，以便 Sindice 和其他用户仅下载新页面和发生变化的页面。

■ 向 Sindice 通告网站。采用 Sindice Ping API 发送自动通知，以便 Sindice 能迅速更新网站中的各个页面。例如：

```
curl -H "Accept: text/plain" --data-binary
      'http://www.example.com/mypage.html'
      http://sindice.com/api/v2/ping
```

注意   发布数据时，采用实际的 URL 替换'http://www.example.com/mypage.html'。URL 应是可以公开访问的。

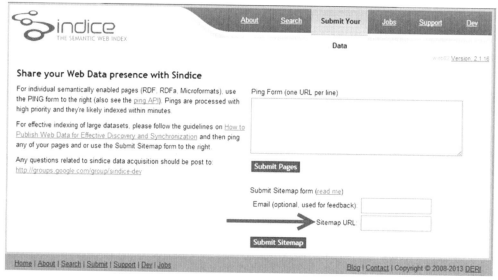

图 8.4   Sindice 站点地图可用性提交表单

此外，也可以使用提交表单[①]。

■ 检查网站是否被发现并同步。在提交网站一天（或者几小时）后搜索 Sindice，确定已建立索引的页面数量。采用实际域名替换以下两个 URL 中的 www.example.com，以查看当天或过去一周内建立索引的页面：

http://sindice.com/search?q=date:today+domain:www.example.com

http:// sindice.com/search?q=date:last_week+domain:www.example.com

VoID 和语义站点地图都能在数据集内部包含示例 URL。然而，第 2 章讨论的倭黑猩猩示例并不包含倭黑猩猩的实例，它只提供倭黑猩猩的一般性描述，因为无法在其中包含示例 URL。

---

① 参见 http://sindice.com/main/submit（原链接已失效）。

不过如有必要，可以为数据集添加指定倭黑猩猩的描述，类似于：

```
http://example.com/critters/bonobos/Mary a dbpedia:Bonobo;
rdfs:label "Mary the bonobo".
```

之后，可以将其作为示例 URL 添加到 VoID 和语义站点地图中。

站点地图三元组为：

```
<sc:sampleURI>http://example.com/critters/bonobos/Mary
</sc:sampleURI>
```

VoID 示例 URL 三元组为：

```
void:exampleResource <http://example.org/critters/bonobos/Mary> .
```

在这一节，我们讨论了如何创建站点地图，以告知搜索引擎网站中可供抓取的页面。

8.4 链接到其他用户的数据

请读者回忆第 2 章讨论的小型倭黑猩猩数据集，假定我们希望将其发布到 LOD 云中。为便于参考，清单 8.8 列出了完整的示例数据。如果倭黑猩猩数据集在发布时包含指向其他已发布的相关数据集的链接，这个数据集将更有意义。为此，我们将在 LOD 云中查找相关内容，以便添加指向数据的链接。

为查找并选择可供连接的目标数据集，一种方法是"按图索骥"，即逐一查看 URL 指向的内容。这无疑是一项繁琐耗时的工作。更好的方案是采用 Sindice 这样的语义索引器（semantic indexer），或类似于 OpenLink Data Explorer①这样的数据网浏览器。此外，如果语义站点地图指出网站中存在可用的 SPARQL 端点，则可以对数据集进行查询。接下来，我们利用 Sindice 和 OpenLink Data Explorer，观察能找到的与倭黑猩猩有关的信息。

清单 8.8　第 2 章讨论的倭黑猩猩示例数据（Turtle 格式）

```
@prefix dbpedia: <http://dbpedia.org/resource/> .
@prefix dbpedia-owl: <http://dbpedia.org/ontology/> .
@prefix foaf: <http://xmlns.com/foaf/0.1/> .
@prefix ex: <http://example.com/> .
@prefix rdf: <http://www.w3.org/1999/02/22-rdf-syntax-ns#> .
@prefix rdfs: <http://www.w3.org/2000/01/rdf-schema#> .
@prefix vcard: <http://www.w3.org/2006/vcard/ns#> .
@prefix xsd: <http://www.w3.org/2001/XMLSchema#> .

dbpedia:Bonobo
    rdf:type dbpedia-owl:Eukaryote , dbpedia-owl:Mammal ,
dbpedia-owl:Animal ;
    rdfs:comment "The bonobo, Pan paniscus, previously called the pygmy
chimpanzee and less often, the dwarf or gracile chimpanzee, is a great ape
```

"倭黑猩猩是哺乳动物"三元组的位置

---

① 参见 http://linkeddata.uriburner.com/ode/。

```
and one of the two species making up the genus Pan; the other is Pan
troglodytes, or the common chimpanzee. Although the name \"chimpanzee\" is
sometimes used to refer to both species together, it is usually understood
as referring to the common chimpanzee, while Pan paniscus is usually
referred to as the bonobo."@en ;
    foaf:depiction <http://upload.wikimedia.org/wikipedia/commons/a/a6/
      Bonobo-04.jpg> ;
    foaf:name "Bonobo"@en ;
    rdfs:seeAlso http://eol.org/pages/326448/overview .

<http://dbpedia.org/resource/San_Diego_Zoo> rdfs:label "San Diego Zoo"@en ;
    <http://semanticweb.org/wiki/Property:Contains> dbpedia:Bonobo ;
    vcard:adr  _:1 ;
    dbpedia:Exhibit  _:2 ;
    a ex:Zoo
  .


<http://dbpedia.org/resource/Columbus_Zoo_and_Aquarium> rdfs:label
    "Columbus Zoo and Aquarium"@en ;
    <http://semanticweb.org/wiki/Property:Contains> dbpedia:Bonobo ;
    a ex:Zoo
  .


_:1 vcard:locality "San Diego" ;
    vcard:region "California" ;
    vcard:country-name "USA"
  .


_:2 rdfs:label "Pygmy Chimps at Bonobo Road"@en ;
    <http://dbpedia.org/property/dateStart> "1993-04-03-08:00"^^xsd:date ;
    <http://semanticweb.org/wiki/Property:Contains> dbpedia:Bonobo
  .


ex:Zoo a rdfs:Class .
```

该三元组包含指向生命大百科全书（Encyclopedia of Life）的外部链接

　　首先，我们在 Sindice 中搜索 "bonobo"（倭黑猩猩）。如图 8.5 所示，搜索结果包括 8000 多份文档，但并非所有文档都与 RDF 数据有关。为此，我们采用高级搜索选项以缩小搜索范围。

　　如图 8.6 所示，搜索结果缩小到 3000 多份文档。观察图 8.7 显示的 LOD 云成员可以发现，DBpedia 和 WordNet（RKBExplorer）都在其中，这有助于我们达到 50 个 RDF 链接的目标[①]。用户需要手动检查这些数据集，确定它们与自己的数据集是否相关。例如，虽然结果中包含对 MusicBrainz 的引用，但它其实指向一个艺名为 "Bonobo" 的音乐家。

---

① 一个数据集要想被 LOD 云图收录，必须通过至少 50 个 RDF 链接与云图中已有的某个数据集相连。也就是说，LOD 云图中任意两个数据集之间至少存在 50 个 RDF 链接。——译者注

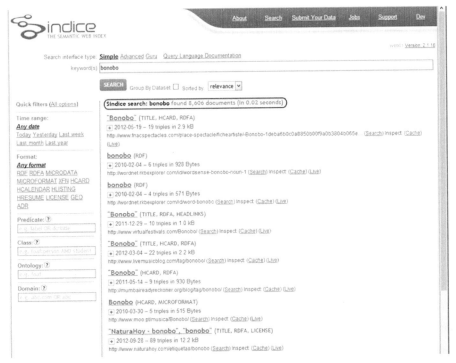

图 8.5 在 Sindice 中对"bonobo"进行基本搜索

图 8.6 在 Sindice 中对"bonobo"进行高级搜索

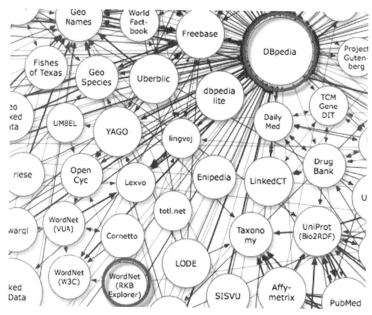

图 8.7　从 LOD 云图中选择

总而言之，我们找到了超过 100 个与倭黑猩猩有关的数据集，包括：

- rdf.opiumfield.com (2080)
- www.bbc.co.uk (198)
- foaf.qdos.com (27)
- www.spin.de (16)
- users.livejournal.com (8)
- dbpedia.org (296)
- api.hi5.com (85)
- identi.ca (18)
- oai.rkbexplorer.com (13)
- products.semweb.bestbuy.com (7)

　　我们将 RDF 数据集加以扩展并更新 VoID 文件，以显示这些链接。在清单 8.8 中插入以下的三元组，如清单 8.9 所示。

```
rdfs:seeAlso http://www.bbc.co.uk/nature/species/Bonobo.rdf ;
rdfs:seeAlso http://www.bbc.co.uk/nature/adaptations/Visual_perception#p00bk61z ;
rdfs:seeAlso http://wordnet.rkbexplorer.com/id/word-bonobo ;
```

清单 8.9　扩展后的倭黑猩猩示例数据（Turtle 格式）

```
@prefix dbpedia:     <http://dbpedia.org/resource/> .
@prefix dbpedia-owl: <http://dbpedia.org/ontology/> .
@prefix foaf:        <http://xmlns.com/foaf/0.1/> .
@prefix ex: <http://example.com/> .
@prefix rdf:     <http://www.w3.org/1999/02/22-rdf-syntax-ns#> .
@prefix rdfs: <http://www.w3.org/2000/01/rdf-schema#> .
@prefix vcard: <http://www.w3.org/2006/vcard/ns#> .
@prefix xsd: <http://www.w3.org/2001/XMLSchema#> .

dbpedia:Bonobo
```

```
      rdf:type dbpedia-owl:Eukaryote , dbpedia-owl:Mammal ,
dbpedia-owl:Animal ;
      rdfs:comment "The bonobo, Pan paniscus, previously called the pygmy
chimpanzee and less often, the dwarf or gracile chimpanzee, is a great ape
and one of the two species making up the genus Pan; the other is Pan
troglodytes, or the common chimpanzee. Although the name \"chimpanzee\" is
sometimes used to refer to both species together, it is usually understood
as referring to the common chimpanzee, while Pan paniscus is usually
referred to as the bonobo."@en ;
      foaf:depiction <http://upload.wikimedia.org/wikipedia/commons/a/a6/
      Bonobo-04.jpg> ;
      foaf:name "Bonobo"@en ;
      rdfs:seeAlso http://eol.org/pages/326448/overview ;
          rdfs:seeAlso http://www.bbc.co.uk/nature/species/Bonobo.rdf ;
          rdfs:seeAlso
              http://www.bbc.co.uk/nature/adaptations/
      Visual_perception#p00bk61z ;
          rdfs:seeAlso http://wordnet.rkbexplorer.com/id/word-bonobo .
```

附加的 RDF 链接

```
<http://dbpedia.org/resource/San_Diego_Zoo> rdfs:label "San Diego Zoo"@en ;
      <http://semanticweb.org/wiki/Property:Contains> dbpedia:Bonobo ;
      vcard:adr _:1 ;
      dbpedia:Exhibit _:2 ;
      a ex:Zoo
 .


<http://dbpedia.org/resource/Columbus_Zoo_and_Aquarium> rdfs:label
      "Columbus Zoo and Aquarium"@en ;
      <http://semanticweb.org/wiki/Property:Contains> dbpedia:Bonobo ;
      a ex:Zoo
 .


_:1 vcard:locality "San Diego" ;
      vcard:region "California" ;
      vcard:country-name "USA"
 .


_:2 rdfs:label "Pygmy Chimps at Bonobo Road"@en ;
      <http://dbpedia.org/property/dateStart> "1993-04-03-08:00"^^xsd:date ;
      <http://semanticweb.org/wiki/Property:Contains> dbpedia:Bonobo
 .


ex:Zoo a rdfs:Class .
```

　　此外，我们还需要修改 VoID 文件，以反映指向这些外部数据集的链接。修改后的文件如清单 8.10 所示。这些外部数据集链接是单向的，也就是说，我们的数据集可以引用它们，但它们无法引用我们的数据集。

清单 8.10　修改后的 VoID 文件，显示指向外部数据集的链接

```
@prefix rdf: <http://www.w3.org/1999/02/22-rdf-syntax-ns#> .
@prefix rdfs: <http://www.w3.org/2000/01/rdf-schema#> .
@prefix foaf: <http://xmlns.com/foaf/0.1/> .
@prefix dcterms: <http://purl.org/dc/terms/> .
@prefix void: <http://rdfs.org/ns/void#> .
@prefix : <#> .


## your dataset
<http://example.com/critters/bonobos#DS> rdf:type void:Dataset ;
 foaf:homepage <http://example.com/critters/bonobos> ;
 dcterms:title "Bonobos Dataset" ;
 dcterms:description "A dataset in RDF that describes bonobos
➥     (pan paniscus)l" ;
 dcterms:publisher <http://manning.com/> ;
 dcterms:license <http://opendatacommons.org/licenses/pddl/1.0> ;
 void:sparqlEndpoint <http://example.com/sparql> ;
 void:dataDump <http://example.com/critters/bonobos/dump.ttl> ;
 void:exampleResource <http://example.org/critters/bonobos/Mary> ;
 void:subset :myDS-DS1 ;
 void:subset :myDS-DS2 .


## datasets you link to


# interlinking to :DS1
:DS1 rdf:type void:Dataset ;
 foaf:homepage <http://www.bbc.co.uk> ;
 dcterms:title "bbc" ;
 dcterms:description "rdf of bonobo data" ;
 void:exampleResource <http://www.bbc.co.uk/nature/species/Bonobo.rdf> .


:myDS-DS1 rdf:type void:Linkset ;
 void:linkPredicate <http://www.w3.org/2000/01/rdf-schema#seeAlso> ;
 void:target <http://example.com/critters/bonobos#DS> ;
 void:target :DS1 .


# interlinking to :DS2
:DS2 rdf:type void:Dataset ;
 foaf:homepage <http://wordnet.rkbexplorer.com> ;
 dcterms:title "wordnet" ;
 dcterms:description "rdf dictionary" .


:myDS-DS2 rdf:type void:Linkset ;
 void:linkPredicate <http://www.w3.org/2000/01/rdf-schema#seeAlso> ;
 void:target <http://example.com/critters/bonobos#DS> ;
 void:target :DS2 .
```

定义与 www.bbc.co.uk, DS1 的关系

定义与 wordnet.rkbexplorer.com 和 DS2 的关系

8.5　示例：利用 `owl:sameAs` 实现数据集之间的互联

`owl:sameAs` 是实现 RDF 数据集互联的重要手段。如果所描述的资源链接到 `owl:sameAs`，机器就可以将资源描述进行合并。`owl:sameAs` 是 OWL（Web 本体语言）的内置属性，经常用于跨标识资源和跨分布式数据集之间的关联数据集成。`owl:sameAs` 为 `rdfs:seeAlso` 引用外部等效资源提供了一种替代方案。在支持 Tim Berners-Lee 提出的关联数据第 4 原则（包含指向其他 URI 的链接）方面，`owl:sameAs` 贡献甚大，它有助于促进相关数据的发现。清单 8.11 显示了应用 `owl:sameAs` 的一个示例，后者是从 FOAF 配置文件中提取的一段代码。藉由 `owl:sameAs`，可以将 FOAF 配置文件与本书作者的 Facebook 和 Twitter 账户中的信息进行集成。

清单 8.11　从 FOAF 配置文件中提取的代码显示了 `owl:sameAs` 的应用

```
@base <http://rosemary.umw.edu/~marsha/foaf.ttl#> .
@base <http://rosemary.umw.edu/~marsha/foaf.ttl#> .
@prefix admin: <http://webns.net/mvcb/> .
@prefix foaf: <http://xmlns.com/foaf/0.1/> .
@prefix rdf: <http://www.w3.org/1999/02/22-rdf-syntax-ns#> .
@prefix rdfs: <http://www.w3.org/2000/01/rdf-schema#> .          附加的前缀语句
@prefix owl: <http://www.w3.org/2002/07/owl#> .         ◁──┘  用于访问 OWL

<me> a foaf:Person;
    foaf:family_name "Zaidman";
    foaf:givenname "Marsha";
    foaf:homepage <http://rosemary.umw.edu/~marsha>;
        owl:sameAs <http://www.facebook.com/marsha.zaidman>;
        owl:sameAs <https://twitter.com/MarshaZman>.
```

标识对本书作者 Facebook 和 Twitter 账户的引用，将其作为远程文档中的匹配资源

近年来，`owl:sameAs` 也用于连接关联数据资源，这方面的例子如清单 8.12 所示。在《纽约时报》（*New York Times*）添加了指向 Geonames URI、DBpedia URI 以及 Freebase URI 的链接之后，所有链接都相当于《纽约时报》的自有资源[①]，这些链接中的所有内容都可以被集成。

清单 8.12　采用 `owl:sameAs` 连接关联数据资源

```
<http://data.nytimes.com/69949648080753147811>
owl:sameAs <http://data.nytimes.com/rhode_island_geo> ;
owl:sameAs <http://dbpedia.org/resource/Rhode_Island> ;
owl:sameAs <http://rdf.freebase.com/ns/en.rhode_island> ;
owl:sameAs <http://sws.geonames.org/5224323/> .
```

───────────────

① 参见 http://data.nytimes.com/69949648080753147811（原链接已失效）。

需要重申的是，这种情况下使用 owl:sameAs 会在指定的等效链接中启用数据的机器聚合（machine aggregation），不过这种简单的聚合也可能发生错误。例如，owl:sameAs 可能会合并不同数据源提供的语境依赖性描述（context-dependent description）。要了解这个问题，读者需要理解蕴含（entailment）的概念。蕴含是可以从语义网数据的意义中推断出的事实集合。普通数据和关联数据的重要区别在于，关联数据包含这些蕴含。以下面这句英文为例：Banana is yellow（香蕉是黄色的）。因为这句话是用语言表达的，除了"香蕉是黄色的"这一事实外，它还具有其他含义。如果我们断言某个特定的对象是香蕉，则蕴含的含义是这个对象同样是黄色的。

请注意，owl:sameAs 的常见用法可能会引发某些问题。我们以美国罗德岛州的人口为例进行说明（见图 8.8）。《纽约时报》通过 owl:sameAs 来显示与自有资源[①]等效的两个资源[②]。然而，两个资源提供的罗德岛人口数据并不一致，二者分别是 1 051 302 和 1 050 292。两个数值在特定情况下都可能是正确的。不过，对于"罗德岛的人口到底是多少"这个简单的问题，Web 用户希望得到一个明确的答案，而非多种可能。之所以出现数据不一致的情况，是因为 OWL 推理器（reasoner）合并了两种语境依赖性。推理器是一种执行逻辑操作（如 OWL 中定义的操作）的程序。当然，人类用户很容易理解人口数据的不同与年份有关。

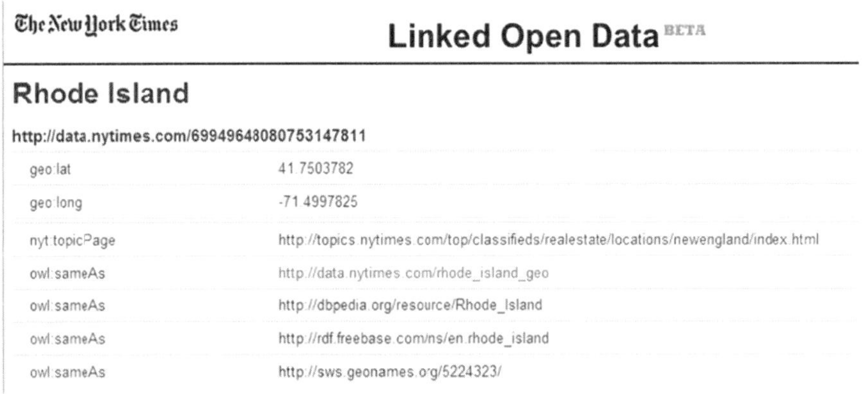

图 8.8　《纽约时报》有关罗德岛的数据

正确应用 owl:sameAs 对于集成相关资源中的数据至关重要，但这种属性也存在某些已知的问题，比如对术语的滥用。一般而言，将 URI 作为标识符和使用 owl:sameAs 的根本问题在于语境和属性的隐式导入。之所以存在这种等价，是因为 owl:sameAs 是对称和可传递的（transitive）。遗憾的是，owl:sameAs 经常用于描述"不同背景下的同一件事"或"两件彼此之间非常类似的事"，而在这种情况下，使用 owl:equivalentTo 才是更好的选择。实际上，owl:sameAs 的应用正确与否，是一个只能由数据创建者作出的价值判断（value judgment）。

① 参见 http://data.nytimes.com/69949648080753147811（原链接已失效）。

② 参见 http://rdf.freebase.com/ns/en.rhode_island（原链接已失效）和 http://www.geonames.org/5224323/rhode-island.html（原链接跳转至此）。

作为链接到其他用户数据的最后一步，我们可以利用 DBpedia 向其他用户通告新的数据集，并要求对方链接到我们的数据集。下一节将讨论这个问题，相关信息请参考 GitHub[①]。

8.6　加入 Data Hub

经过前面的讨论，读者现在可能已迫切希望加入 LOD 云，并与其他用户分享自己的数据。Data Hub.io 列出了在 Data Hub（之前称为 CKAN）上共享数据的步骤[②]。为便于参考，我们对这些步骤作一简要介绍。

1. 进入 Data Hub.io[③]，主页如图 8.9 所示。单击数据集提交页面的链接，如图 8.10 所示。

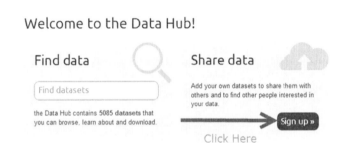

图 8.9　老版 Data Hub 主页

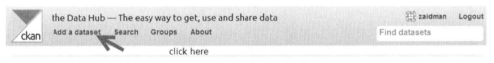

图 8.10　向老版 Data Hub 添加数据集

2. 向 Data Hub 添加数据集时需要遵守某些规定（如命名规范），详细信息请参考 W3C 网站[④]。描述数据集的实际表单如图 8.11 所示，它包括以下信息：

- Data Hub 名称（用户数据集在 Data Hub 中的唯一 ID，格式为：[a-z0-9-]{2+}+"THE NAME OF YOUR DATASET"）；
- 标题（用户数据集的完整名称）；
- URL（指向数据集首页的链接）；

---

① 参见 https://github.com/dbpedia/links（原链接迁移至此）。
② 参见 https://old.datahub.io/about。
③ 参见 https://datahub.io/。这是新版网站，用户也可以继续访问老版网站 https://old.datahub.io/。——译者注
④ 参见 https://www.w3.org/wiki/TaskForces/CommunityProjects/LinkingOpenData/DataSets/CKANmetainformation。

- 三元组数量（用户数据集中 RDF 三元组的大致数量）；
- 链接（用户数据集连接到外部数据集时，与每个外部数据集的单独链接）。

图 8.11　老版 Data Hub 添加数据集提交页面

3. Data Hub 标签：
- 采用 lod 标记新添加的数据集；
- 如果用户数据集不存在任何入站链接（入链）或出站链接（出链），则将数据集标记为 nolinks。

4. 提供尽可能详细的信息（如 SPARQL 端点、VoID 描述、许可、数据集主题等），这些信息有助于社区更好地了解关联数据网（Web of Linked Data）的发展状态。详细信息请参考 W3C 网站[①]。

填写提交表单时请务必包含许可信息，以便其他用户了解如何使用数据。信息越详细，数据集对其他用户的价值越大。

---

① 参见 https://www.w3.org/wiki/TaskForces/CommunityProjects/LinkingOpenData/DataSets/CKANmetainformation。

注意 创建新的 Data Hub 包之前，请浏览 Datasets 频道[1]或使用图 8.10 所示的搜索功能，确认数据集中是否已有相应的包存在。

这一节讨论了如何加入 Data Hub。读者可以利用这一节介绍的方法加入 LOD 云，并向其他用户公开自己的数据集。

8.7 从 DBpedia 请求指向用户数据集的出站链接

第 1 章曾经提到过，应尽可能地发布带有入链（inlink）和出链（outlink）的五星数据。为生成指向用户数据集的入链，可以请求 DBpedia 提供指向用户数据的链接。dbpedia-links 是 DBpedia 所用的版本控制仓库（version-controlled repository），包含格式为 N-Triples 的出站链接。读者可以访问 dbpedia-links 的 GitHub 页面[2]，使用 GitHub 接口上传指向自己数据集的链接（通过 GUI）。

参考以下步骤创建从 DBpedia 指向用户数据集的出站链接。

1. 访问 dbpedia-links 的 GitHub 页面。
2. 登录用户的 GitHub 账户（需要的话可以注册一个）。
3. 将仓库复刻（fork）至用户的 GitHub 空间，该操作将 dbpedia-links 仓库作为起点。如图 8.12 所示，单击 Fork 按钮即可。

图 8.12 Git Hub 的 Fork 按钮

4. 为添加之前未被链接的数据集，请执行以下操作。
   - 创建一个包含数据集域名的目录，如 http://datasets/bonobo.info。
   - 将三元组置于后缀名为.nt 的文件中，如 http://datasets/bonobo.info/bonobo_links.nt。
   - bonobo_links 文件包含类似于以下形式的 N-Triples。`<http://dbpedia.org/resource/Bonobo> owl:sameAs <http://example.com/ species/Bonobo>`
   - N-Triples 也可能包含除 `owl:sameAs` 以外的其他谓词，如 `umbel:isLike` 和 `skos:{exact|close|...}Match`。
   - 从仓库的另一个示例中复制 metadata.ttl 文件。

---

① 参见 https://old.datahub.io/dataset。

② 参见 https://github.com/dbpedia/links（原链接迁移至此）。

注意　metadata.ttl 文件尚未使用，它只是一个存根（stem）。不过在提交请求时，应验证 metadata.ttl 是否仍然属于存根。

N-Triples

　　N-Triples 属于 Turtle 的子集，所有支持 Turtle 输入的工具同样支持 N-Triples。N-Triples 文件的每一行表示一条信息陈述或注释，每条陈述由主体、谓词和客体构成。

　　三者之间由空格隔开，句点（.）表示一条陈述的结束。

　　主体既可以是完整的 URI，也可以是空节点；谓词必须是完整的 URI；客体可以是完整的 URI、空节点或字面量。N-Triples 在 2013 年下半年成为 W3C 正式推荐标准（W3C Recommendation）。

---

5. 如果需要修改现有的数据集，请按第 4 点列出的步骤进行操作。我们既可以调整现有的.nt 文件，也可以创建一个新的.nt 文件。

6. 如图 8.13 所示，最后一步是通过 GitHub 发送拉取请求（pull request），要求 DBpedia 将用户的三元组加入其仓库。

图 8.13　GitHub 的 Pull Request 按钮

注意　上传到 dbpedia-links 仓库的所有信息都将被视为公共域，用户会失去信息的所有权利。信息将根据 DBpedia 所用的许可重新进行授权。

创建 DBpedia 出站链接时，请遵守 GitHub 仓库发布的约定[①]。

8.8　小结

这一章讨论了在万维网上共享用户数据集和项目的最佳方式，以及如何对包含在语义网搜索结果中的项目和数据集进行优化。发布项目的 DOAP 文件、数据集的 VoID 文件以及语义站点地图，有助于将优化效果最大化。此外，我们讨论了如何将符合要求的数据集发布到 LOD 云。第 9 章将介绍 Callimachus 项目，并讨论 Callimachus 如何支持用户的关联数据应用程序。

---

① 参见 https://github.com/dbpedia/links（原链接迁移至此）。

第 4 部分

归纳与整合

C allimachus 是什么？如何利用它从 RDF 数据生成网页并构建 Web 应用程序？语义网上的关联数据的当前状态是怎样的？它的前景又如何呢？

前面的章节介绍了如何认识、了解并应用关联数据，最后 3 章将把之前讨论的知识点串联在一起。第 4 部分将介绍一种高级工具，并将第 7 章讨论的天气应用程序加以扩展。调整后的天气应用程序功能更强，某些功能也可以用于读者自己的程序。天气应用程序以 RDF 数据为基础，这些数据来自美国政府维护的几个开放数据网站。此外，第 4 部分还将总结从准备到发布关联数据的全过程，并介绍构建 URI、自定义词表等一些容易忽视的步骤。在读者创建需要发布的数据集时，希望这些信息能有所帮助。

第 9 章　Callimachus：关联数据管理系统

本章内容
- Callimachus 项目简介
- Callimachus 入门
- 利用 HTML 模板创建网页
- 利用 Callimachus 模板系统创建并编辑 RDF 数据
- 利用 Callimachus 开发 Web 应用程序

　　这一章将把之前讨论的内容加以整合。完成前面章节的学习后，希望读者已做好使用关联数据开发 Web 应用程序的准备。一个好的关联数据开发平台有助于提高开发效率，Callimachus 就是这样一种平台。这一章将介绍 Callimachus 及其用法，并讨论如何利用它构建使用关联数据的 Web 应用程序。

　　尽管项目团队将 Callimachus 定义为关联数据管理系统，但是将其视为关联数据的应用服务器可能更合适。Callimachus 是一种根据 Apache 2.0 许可发布的开源软件，提供基于浏览器的开发工具，能轻松创建使用 RDF 数据的 Web 应用程序。

　　Callimachus 具备以下主要特性。
- 模板系统能自动为 OWL 类（OWL class）的所有成员生成网页。严格来说，OWL 类与 RDF Schema 类本身或其子类并无二致（取决于所用的 OWL 配置文件）。简单起见，我们认为 OWL 类与 RDF Schema 类是等价的。
- 在运行时检索数据，并将其转换为 RDF 格式。
- 将 SPARQL 查询与 URL 关联起来，对查询进行参数化，并使用带有图表库（charting library）的查询结果。
- PURL（持久化 URL）实现。

■　基于 DocBook 的结构化书写系统（structured writing system）包括可视化编辑环境。

简而言之，Callimachus 支持使用关联数据进行导航、可视化、构建应用程序等操作。数据既可以保存在本地，也可以从万维网上采集，甚至可以在载入 Callimachus 时被转换为 RDF。这些特性使得 Callimachus 深受关联数据开发人员的青睐。

有关 Callimachus 的详细信息请参考 Callimachus 文档[①]，这一章不对此作详细讨论。我们将重点讨论如何利用 Callimachus 模板系统从 RDF 类构建网页，开发一个能创建、编辑和查看笔记的简单应用程序，并将第 7 章讨论的天气应用程序加以扩展。之后，读者可以根据需要深入探索 Callimachus 的其他功能。

Callimachus 项目的名称源自古希腊学者 Callimachus。Callimachus 出生在利比亚的昔兰尼（Cyrene），曾任职于著名的亚历山大图书馆（Library of Alexandria），是有史以来第一位对图形数据结构（graph data structure）表现出需求的学者。在 Callimachus 的时代，图书主要以纸莎草纸的形式存在。每本书的标题、作者和主题都写在皮革标签上，并被缝制在草纸边沿。这些皮革标签是 HTML、XML 以及其他标记语言使用的标签的前身。从图 9.1 可以看到，Callimachus 采用皮革标签作为项目标识。

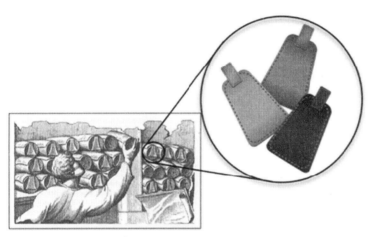

图 9.1　Callimachus 的项目标识源自皮革标签

Callimachus 是一种新型的应用服务器，支持基于关联数据构建应用程序。Callimachus 相当于在关系数据库中构建结构化数据的应用服务器，或对文档进行操作的文档管理系统。Virtuoso Open-Source Edition[②]、TopBraid Composer[③]以及 Callimachus 都是近年来出现的关联数据产品。

---

① 参见 http://callimachusproject.org/documentation.xhtml?view。

② 由 OpenLink Software 开发，参见 http://vos.openlinksw.com/owiki/wiki/VOS/（原链接跳转至此）。

③ 由 TopQuadrant 开发，参见 http://www.topquadrant.com/tools/IDE-topbraid-composer-maestro-edition/（原链接跳转至此）。

9.1　Callimachus 入门

　　显而易见，我们首先需要安装并运行 Callimachus 实例。读者可以从 Callimachus 网站[①]下载最新版本，并根据文档提供的安装指南设置 Callimachus 服务器。启动服务器，并在 Web 浏览器中解析服务的 URL。如果 Callimachus 安装成功，将显示与图 9.2 类似的欢迎页面。

　　请注意，截至本书写作时，Callimachus 1.2 不仅需要 JRE，也需要 JDK 1.7 的支持。Callimachus 不支持更早版本的 Java。

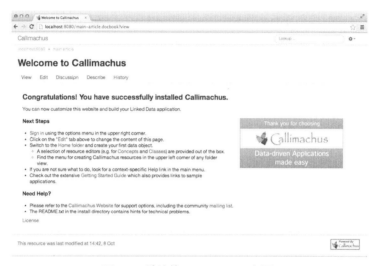

图 9.2　默认的 Callimachus 主页

　　Callimachus 最为简单和实用的功能之一是根据 RDF 数据生成网页。下一节将介绍如何将 RDF 数据载入 Callimachus，并使用后者的模板系统为 RDF 资源类的每个实例生成网页。

9.2　使用 RDF 类创建网页

　　首先，我们需要通过文件管理器为 Callimachus 添加 RDF 数据。使用所创建的初始用户账号登录 Callimachus，并从主菜单中选择 Home Folder。截至本书写作时，可以通过选择默认主题右上角的齿轮图标访问主菜单。Callimachus 文件管理器不仅能创建子文件夹，也可以添加或删除 RDF 和其他资源，其操作与计算机中的文件管理器类似。不同之处在于，Callimachus 文件管理器的资源实际上并不在文件系统中，文件管理器视图是在运行时根据 RDF 产生的。正因为如此，可以将 RDF 资源保存在 RDF 数据库中，而将二进制资源（图片或 HTML 页面）保存在二进制大对象（BLOB）存储中。

---

① 参见 http://callimachusproject.org/。

9.2.1 为 Callimachus 添加数据

为避免污染主文件夹，我们创建一个包含示例数据的子文件夹，并将其命名为 bonobo（倭黑猩猩），不过读者也可以使用任何感兴趣的名称。点击 Callimachus 文件夹视图左上角的齿轮图标，然后选择 Folder。图 9.3 显示了单击齿轮图标后的下拉菜单以及所选的 Folder。

图 9.3　在 Callimachus 中创建文件夹

请注意，需要登录 Callimachus 才能创建文件夹或添加数据。如果页面没有显示齿轮图标，而是显示 Sign in 链接，请先登录。

接下来，我们创建若干示例数据。所创建的 Turtle 文件中包含两只名为 Mary 和 Bonny 的倭黑猩猩。每只倭黑猩猩都是 dbpedia:Bonobo 类的一个实例，且 dbpedia:Bonobo 也属于 OWL 类。之前的示例将 dbpedia:Bonobo 作为 RDF Schema 类进行赋值，这对于 Callimachus 是不够的，因为 Callimachus 只能将资源与 OWL 类相互关联。示例数据如清单 9.1 所示。请注意，我们使用标记（label）和注释（comment）来描述每只倭黑猩猩，它们包含若干信息。标记和注释可以描述任何 RDF 资源，二者提供了最低限度的人类可读信息，有助于用户数据的自我注释（self-commenting）。

清单 9.1　倭黑猩猩示例数据（Turtle 格式）

```
@prefix dbpedia: <http://dbpedia.org/resource/> .
@prefix ex: <http://localhost:8080/bonobos/> .          前缀应匹配用户的
@prefix rdf: <http://www.w3.org/1999/02/22-rdf-syntax-ns#> .   Callimachus 实例
@prefix rdfs: <http://www.w3.org/2000/01/rdf-schema#> .       的主机名和路径①

dbpedia:Bonobo a owl:Class                  将 dbpedia:Bonobo 设
        ;rdfs:label "Bonobo" .              置为 OWL 类

ex:Mary a dbpedia:Bonobo                     描述倭黑猩猩
  ; rdfs:label "Mary"                        Mary 的语句
  ; rdfs:comment "Mary is a pleasant bonobo."
```

① 例如，默认配置的数据 URI 应以 http://localhost:8080/开头。

```
 .
ex:Bonny a dbpedia:Bonobo
  ; rdfs:label "Bonny"
  ; rdfs:comment "Bonny is not very nice. She throws things at visitors."
 .
```

描述倭黑猩猩
Bonny 的语句

将清单 9.1 的内容保存为文件。切换至新创建的文件夹（应该已在该文件夹中），然后单击 Upload 按钮（包含向上箭头的圆圈）上传示例数据文件。上传完毕后，应显示与图 9.4 类似的页面。

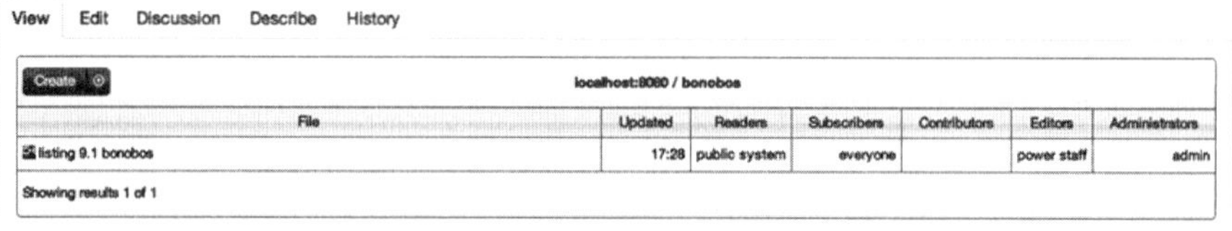

图 9.4　创建倭黑猩猩数据的视图

9.2.2　向 Callimachus 通告 OWL 类

虽然示例数据包含 OWL 类，但 Callimachus 并不会自动将资源与导入的类关联在一起。这其实是个不错的做法，因为用户或许不希望 Callimachus 为所有类的实例自动生成网页。某些用户创建的数据集使用了上万个类，这可能让其他人相当困惑。有鉴于此，我们需要向 Callimachus 通告 Bonobo 类的信息，方法是创建一个与 Bonobo 类等效的 Callimachus 类，并将二者关联起来。

如果希望查看某个文件中包含的所有 OWL 类，单击该文件，再单击页面右上方的齿轮下拉菜单，然后选择 Explore OWL classes in this graph，打开 Callimachus 类资源管理器（Callimachus Class Explorer），如图 9.5 所示。从图中可以看到 dbpedia:Bonobo 类（仅显示后缀 Bonobo），其描述为 null，因为我们尚未在示例数据中添加描述这个类的注释 rdfs:comment[1]。类名旁边有一个 Assign Templates 链接，用于生成等效的 Callimachus 类，并将 Callimachus 模板分配给该类。现在，请单击这个链接。

图 9.5　bonobo 文件夹中显示的 owl:Classes 列表

单击 Assign Templates 链接将切换至 New Class 页面，我们在此创建等效的 Callimachus 类。在 Label 字段输入"Bonobo"，如有必要也可以在 Comment 文本框添加注释，然后在 Page Templates 中单击 View template 右侧的小图标，如图 9.6 所示。

---

① 对数据进行描述始终是一个好习惯。作为练习，读者可以将描述 dbpedia:Bonobo 类的 rdfs:comment 添加到示例数据文件并再次上传。上传完成后，Callimachus 类资源管理器应显示新添加的描述。

图 9.6 为倭黑猩猩创建一个 Callimachus 类，并分配一个视图模板

9.2.3 将 Callimachus 视图模板与用户的类相互关联

Callimachus 视图模板（view template）用于生成某个类实例（class instance）的网页（视图）。可以使用相同的模板查看所有类实例。添加新的视图模板时，既可以创建一个新模板，也可以使用文件管理器中已有的模板。在本例中，我们将创建一个新的视图模板，并使用 Callimachus 提供的默认模板。清单 9.2 显示了默认的视图模板及其组件。

清单 9.2 倭黑猩猩视图模板

该 XHTML 文档中的 XML 命名空间与 Turtle 或 SPARQL 中的 PREFIX 作用相同

```
<?xml version="1.0" encoding="UTF-8" ?>
<html xmlns="http://www.w3.org/1999/xhtml"
      xmlns:xsd="http://www.w3.org/2001/XMLSchema#"
      xmlns:rdf="http://www.w3.org/1999/02/22-rdf-syntax-ns#"
      xmlns:rdfs="http://www.w3.org/2000/01/rdf-schema#">
<head>
      <title resource="?this">{rdfs:label}</title>
      <link rel="edit-form" href="?edit" />
      <link rel="comments" href="?discussion" />
      <link rel="describedby" href="?describe" />
      <link rel="version-history" href="?history" />
</head>
<body resource="?this">
```

"?this"在执行时将被替换为所请求资源（特定的倭黑猩猩）的 URI

基于 rdfs:label
三元组客体的标头

```
      <h1 property="rdfs:label" />
      <pre class="wiki" property="rdfs:comment" />
</body>
</html>
```

基于 rdfs:comment 三
元组客体的预格式化文
本域

观察清单 9.2 可以发现，Callimachus 模板采用 XHTML 编写，并添加了很小一部分语法。熟悉其他模板语言（如 PHP 或 JSP）的读者或许会惊讶于引入的语法是如此之少。实际上，Callimachus 模板仅在 XHTML 的基础上添加了若干 RDFa。Callimachus 利用 RDFa 属性定位需要表示的 RDF 数据。

Callimachus 模板中的 RDFa 经过解析以生成 SPARQL 查询，以便在 Callimachus 的底层 RDF 数据库中查找相应的数据。为此，Callimachus 在标准 XHTML+RDFa 的基础上引入了一些很小的扩展，并将它们控制在最低限度。有关 Callimachus 模板语言的详细信息，请参考 Callimachus 文档。

在视图模板窗口中单击 Create 按钮并输入文件名，以保存新创建的模板。文件名一般由类名称和模板类型构成，因此我们将该模板命名为 bonobo view.xhtml。

接下来，在 New Class 页面单击 Create 按钮，以保存新创建的类。页面将重定向到已保存的类构造视图。

在类资源页面右上角的齿轮下拉菜单中，有一个名为 Bonobos Resources 的链接。单击该链接将显示 Mary 和 Bonny 两个资源，它们都是这个类的成员，均来自示例数据。资源列表如图 9.7 所示。如果向示例数据添加其他命名的倭黑猩猩，就能为列表增加更多的条目。从列表中选择 Mary 或 Bonny，视图模板将生成相应倭黑猩猩的网页。

单击指向 Mary 的链接，显示的页面如图 9.8 所示。系统将使用定义在视图模板中的两个 RDF 三元组（rdfs:label 和 rdfs:comment）为倭黑猩猩 Mary 生成网页。Bonny 的网页与之类似，只是标记和注释采用 Bonny 的信息。

图 9.7　倭黑猩猩资源列表　　　　　　　　图 9.8　倭黑猩猩 Mary 的实例，
　　　　　　　　　　　　　　　　　　　　　　通过倭黑猩猩视图模板渲染

如果希望将上述示例加以扩展，请按以下步骤进行。

1. 为示例数据文件添加更多数据，比如每只倭黑猩猩的毛发颜色或爱吃的食物。这通过为每个资源添加相应的 RDF 来实现。

2. 将服务器上的数据文件替换为用户编辑的文件。如果需要对服务器上的 Turtle 进行编辑，请单击数据文件描述页面中的 Edit 选项。

3. 扩展视图模板以显示新信息。为此，我们在文件夹中查找并选择视图模板，然后单击 Edit 选项。

完成以上步骤后，所生成的页面应能显示新的数据。

这一节介绍了如何利用 RDF 数据生成网页。当然，某些网页还包括允许用户输入的表单。Callimachus 支持在动态生成的网页中创建并编辑 RDF 数据，因此临时用户不会直接看到 RDF 序列化（除非用户想这么做）。

下一节将讨论创建模板（create template）和编辑模板（edit template），并介绍如何利用模板快速开发一个简单的笔记应用程序。

9.3　创建并编辑类实例

这一节将开发一个简单的笔记应用程序。后者使用 Callimachus 的创建模板和编辑模板来生成并修改 RDF 类实例，不需要首先上传 RDF。用户不仅能通过表单来新建笔记，也可以查看已创建的笔记，还能在需要时对笔记进行编辑。每条笔记通过标记命名，且注释中包含相应的信息。当查看某条笔记时，将显示上一次修改笔记的用户以及笔记的创建日期和时间。

请注意，需要登录 Callimachus 才能创建笔记应用程序的组件。

图 9.9 显示了笔记应用程序的结构。我们首先创建一个 Callimachus 文件夹以保存应用程序，再创建一个子文件夹（\notes）以保存所创建的笔记。顶层文件夹将包括 4 个文件：一个描述笔记的类以及 3 个与之关联的模板。模板用于新建、查看和编辑笔记，而类通过齿轮下拉菜单创建。我们将描述笔记的类命名为 Note，并在类创建界面创建这 3 个模板，这与 9.2 节讨论的倭黑猩猩视图模板类似。暂时保持每个模板的默认内容不变，观察清单 9.3、清单 9.4、清单 9.5 的代码，然后根据所需功能对模板进行编辑。

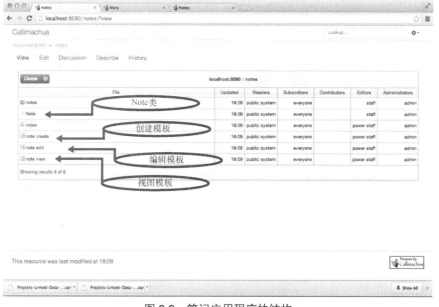

图 9.9　笔记应用程序的结构

Note 类创建完毕后，结果如图 9.10 所示。

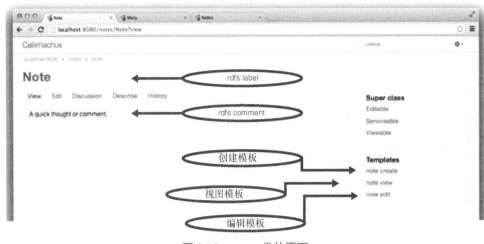

图 9.10　Note 类的页面

9.3.1　新建笔记

创建模板只是一个带有表单元素的 XHTML 页面，它定义了两个字段来收集 rdfs:label 和 rdfs:comment 的数据。创建模板的结构与清单 9.2 所示的倭黑猩猩视图模板非常类似，主要区别在于创建模板增加了表单，且由于资源尚未创建，body 标签不需要一个属性来引用资源的 URI（resource="?this"）。表单的作用是创建 RDF 资源。清单 9.3 显示了创建模板的内容，读者的创建模板应该与之相同（如有不同，是因为所用的 Callimachus 版本可能存在细微差别）。无需对代码进行修改。

清单 9.3　笔记创建模板

```
<?xml version="1.0" encoding="UTF-8" ?>
<html xmlns="http://www.w3.org/1999/xhtml"
    xmlns:xsd="http://www.w3.org/2001/XMLSchema#"
    xmlns:rdf="http://www.w3.org/1999/02/22-rdf-syntax-ns#"
    xmlns:rdfs="http://www.w3.org/2000/01/rdf-schema#">
<head>
    <title>New Note</title>
</head>
<body>
    <h1>New Note</h1>
    <form method="POST" action="" enctype="application/rdf+xml"
typeof="" onsubmit="return
➥   calli.saveResourceAs(event,calli.slugify($('#label').val()))">
        <fieldset>
            <div class="control-group">
                <label for="label" class="control-label">Label</label>
```

```
            <div class="controls">
                <input type="text" id="label" value=
➡  "{rdfs:label}" class="auto-expand" required="required"
➡  autofocus="autofocus" />
            </div>
        </div>
        <div class="control-group">
            <label for="comment" class="control-label">Comment</label>
            <div class="controls">
                <textarea id="comment"
class="auto-expand">{rdfs:comment}</textarea>
            </div>
        </div>
        <div class="form-actions">
            <button type="submit" class="btn
btn-success">Create</button>
        </div>
    </fieldset>
</form>
</body>
</html>
```

标记所用的文本字段，它使用 rdfs:label 谓词来创建三元组

注释所用的文本域，它使用 rdfs:comment 谓词来创建三元组

由于已有创建模板，我们返回 Note 类页面，并单击右上角主菜单中的链接 Create a New Note，进入根据创建模板产生的笔记创建页面。在 Label 和 Comment 字段中填写相应的内容，然后单击 Create 按钮，系统将提示保存新创建的笔记。注意将笔记保存到 notes 子文件夹中，以保持文件系统条理清晰。

如有必要，可以对 Callimachus 进行配置，以便资源能自动保存到某个目录。受篇幅所限，我们不对此作详细讨论。请读者参考 Callimachus 文档以了解如何提高资源保存的效率。

图 9.11 显示了实际的笔记创建模板。

图 9.11　实际的笔记创建模板

笔记创建完毕后，系统将重定向到新笔记的视图，后者是通过视图模板生成的。如果忘记创建视图模板，系统将提示错误信息"没有这种资源可用的方法（No such method for this resource）"。如果出现这种情况，请创建一个视图模板。

9.3.2　为笔记创建视图模板

默认的笔记视图模板与倭黑猩猩视图模板相同，仅包括标记和注释。我们为默认模板添加一些 Callimachus 所跟踪的信息，特别是创建或修改笔记的用户名称以及上一次修改的日期和时间。

清单 9.4 显示了调整后的笔记视图模板，增加的代码用于描述新信息。

清单 9.4　笔记视图模板

```xml
<?xml version="1.0" encoding="UTF-8" ?>
<html xmlns="http://www.w3.org/1999/xhtml"
    xmlns:xsd="http://www.w3.org/2001/XMLSchema#"
    xmlns:rdf="http://www.w3.org/1999/02/22-rdf-syntax-ns#"
    xmlns:rdfs="http://www.w3.org/2000/01/rdf-schema#"
    xmlns:prov="http://www.w3.org/ns/prov#">
<head>
    <title resource="?this">{rdfs:label}</title>
    <link rel="edit-form" href="?edit" />
    <link rel="comments" href="?discussion" />
    <link rel="describedby" href="?describe" />

    <link rel="version-history" href="?history" />
</head>
<body resource="?this">
    <h1 property="rdfs:label" />
    <pre class="wiki" property="rdfs:comment" />
    <hr />
    <p>Time created: <span rel="prov:wasGeneratedBy">{prov:endedAtTime}</span></p>
    <div rel="prov:wasGeneratedBy" resource="?prov">
        Created by: <span rel="prov:wasAssociatedWith">{rdfs:label}</span>
    </div>
</body>
</html>
```

基于 rdfs:label 三元组客体的标头

显示笔记创建时间的段落

"?this" 在执行时被替换为所请求资源（特定的倭黑猩猩）的 URI

基于 rdfs:comment 三元组客体的预格式化文本域

显示笔记创建者名称的分区

新建笔记时无需进行用户认证（除非更改资源的默认权限——如有必要请参考 Callimachus 文档），但只有经过认证的用户才能将用户名与所创建或修改的笔记关联起来。

读者创建的笔记应与图 9.12 大致相同。为查看现有的笔记，既可以切换至 notes 子文件夹，并选择一条特定的笔记；也可以在 Note 类页面的主菜单中单击 Note Resources 链接，并从中选择某条笔记。

图 9.12　由笔记视图模板生成的笔记视图

最后，我们需要创建一个编辑模板，以便在新建笔记后可以对其进行修改。编辑模板是最复杂的 Callimachus 模板，但它其实只是创建模板和视图模板的综合。

9.3.3 为笔记创建编辑模板

与视图模板类似，编辑模板也需要 `resource="?this"` 属性（位于 `<body>` 标签中），以便 Callimachus 找到用户希望编辑的笔记。与创建模板类似，编辑模板同样属于 XHTML 表单，且可以编辑的每一项都存在相应的表单元素。

请注意，Callimachus 允许用户全权控制能创建、查看与编辑的元素。用户既可以添加更多的信息，也可以设置只对某些字段进行编辑，决定权完全在用户。

清单 9.5 显示了笔记编辑模板，该模板与我们已创建的默认模板相同。除非之后需要添加可编辑的字段，否则无需对其进行修改。读者可以查看某条笔记并选择页面上方的 Edit 标签，以熟悉编辑模板的使用。请注意，需要登录 Callimachus 才能编辑资源。

清单 9.5　笔记编辑模板

```
<?xml version="1.0" encoding="UTF-8" ?>
<html xmlns="http://www.w3.org/1999/xhtml"
    xmlns:xsd="http://www.w3.org/2001/XMLSchema#"
    xmlns:rdf="http://www.w3.org/1999/02/22-rdf-syntax-ns#"
    xmlns:rdfs="http://www.w3.org/2000/01/rdf-schema#">
<head>
    <title resource="?this">{rdfs:label}</title>
</head>
<body resource="?this">
    <h1 property="rdfs:label" />
    <form method="POST" action="" enctype=
➥  "application/sparql-update" resource="?this">
        <fieldset>
            <div class="control-group">
                <label for="label" class="control-label">Label</label>
                <div class="controls">
                    <input type="text" id="label" value=
➥  "{rdfs:label}" class="auto-expand" required="required" />
                </div>
            </div>
            <div class="control-group">
                <label for="comment" class="control-label">Comment</label>
                <div class="controls">
                    <textarea id="comment" class=
➥  "auto-expand">{rdfs:comment}</textarea>
                </div>
            </div>
            <div class="form-actions">
                <button type="submit" class="btn
btn-primary">Save</button>
```

注意 `<body>` 标签中用于引用特定笔记的附加属性（与视图模板类似）

标记的文本字段

注释的文本域

```
              <button type="button"
➨   onclick="window.location.replace('?view')"
➨   class="btn">Cancel</button>
              <button type="button"
➨   onclick="calli.deleteResource(event)"
➨   class="btnbtn-danger">Delete</button>      ◁──┐ 保存/取消编辑以及删
          </div>                                    │ 除笔记的附加按钮
        </fieldset>
    </form>
</body>
</html>
```

这一节介绍了在无需直接读写 RDF 的情况下，如何创建一个简单的 Callimachus 应用程序。为创建模板，我们需要跟踪某些 RDF 谓词（rdfs:label 和 rdfs:comment）。

下一节将以第 7 章讨论的天气应用程序为基础，引导读者开发一个更复杂的应用。

9.4　应用程序：利用多个数据源创建网页

我们可以将第 7 章讨论的天气信息收集应用程序加以扩展，以合并多个数据集，并在网页中显示相应的结果。我们将演示如何从万维网的多个数据源检索实际所需的数据，并将它们转换为关联数据，然后使用这些数据开发一个应用程序，后者应用了本书讨论的许多知识点。此外，我们将为天气应用程序设计一个美观的 Web UI。在这一节最后，我们将从现有的政府数据源中提取数据（CSV 和 XML 格式），并利用这些数据开发一个有用的关联数据应用程序。

这一节所用的消息来源（feed）来自以下两个美国政府机构：

■ 美国国家环保局（EPA）发起的 SunWise 项目[①]；
■ 美国国家海洋和大气管理局（NOAA）维护的国家数字预报数据库（NDFD）[②]。

SunWise 是 EPA 大力倡导的项目，旨在教育公众免受阳光和紫外线的伤害。NDFD 提供了最相关天气信息的数字化预报，这些信息由 NOAA 设在美国各地的办公室提供，从最高温度和最低温度到沿海地区的浪高数据，NDFD 无所不包。

图 9.13 显示了天气应用程序的结构及其组件。程序使用了 CSS、JavaScript（位于\js 文件夹）、图片（位于\media 文件夹）、XHTML（位于 index 文件）等基本的 Web 工具和技术。SPARQL 查询（位于\queries 文件夹）和 Turtle 格式的天气数据（位于\data 文件夹）或许对读者来说有些陌生。此外，landing page 文件是程序的说明文件。

天气应用程序的某些构件超出了本书的讨论范围，我们对此不作详细讨论。例如，一些 JavaScript 能更容易地渲染页面元素和 CSS，从而使页面更美观，但它们与程序中的关联数据没有直接关系。如果读者对这些细节感兴趣，可以从 LinkedDataDeveloper.com 获取天气应用程序的源代码[③]。

---

① 参见 https://www.epa.gov/sunsafety（原链接跳转至此）。
② 有关美国国家天气服务和国家数字预报数据库的一般性信息，参见 http://www.nws.noaa.gov/ndfd/。
③ 参见 http://linkeddatadeveloper.com/Projects/Linked-Data/Sample-Apps/?view。

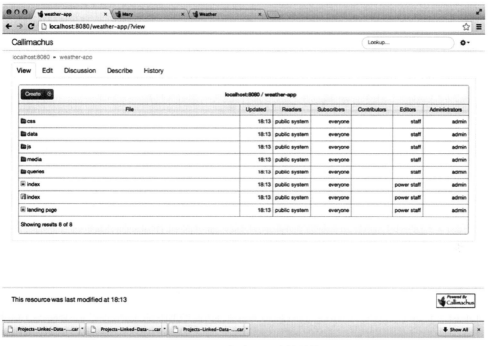

图 9.13　天气应用程序的结构

9.4.1　利用 NOAA 和 EPA 创建并查询关联数据

我们首先对第 7 章讨论的数据采集脚本进行调整，以供 Callimachus 使用。由于 Callimachus 使用 Sesame[①]作为其 RDF 存储，我们不必再将数据保存在 Fuseki 服务器[②]中。因此，应将所有与启动、加载数据或查询 Fuseki 有关的代码删除。调整后的脚本将执行相同的数据检索任务，但只是将结果打印到某个输出文件。接下来，将该文件载入 Callimachus 天气应用程序的\data 文件夹，步骤如下。

1. 进入\data 文件夹。
2. 从左上角的 Create 菜单（包含向上箭头的圆圈）中选择 Upload。
3. 单击 Choose File，并从脚本中选择输出文件。
4. 单击 Upload 按钮。

我们也可以通过 Callimachus REST API 修改脚本并上传文件内容。有关 REST API 的详细描述，请参考 Callimachus 文档。

将数据载入 Callimachus 后，就可以开始编写用于查询数据的支持代码了。我们根据需要对

---

① 用于查询和分析 RDF 数据的一种开源框架，最初由 Aduna Software 开发。2016 年 5 月，Sesame 并入 Eclipse RDF4J 项目。——译者注

② 参见 https://jena.apache.org/documentation/fuseki2/。

数据进行操作，或在 XHTML 页面中渲染数据。首先，我们需要将感兴趣的数据提取出来，这通过 Callimachus 的命名查询（Named Query）来实现。命名查询是一种分配了 URL 的 SPARQL 查询，在解析 URL 时会返回查询结果。以下两种数据集是我们感兴趣的：一种是 NOAA 提供的温度数据（temperature），另一种是 EPA 提供的紫外线指数数据（UV Index）。为构建一个成功的查询，必须了解数据的结构以及它们在应用程序中的用法。观察 URI 的构建方式可以看出，每个 URI 都对应于唯一的邮编和日期。为标识某个数据，可以使用邮编与日期创建一个唯一的 URI，如下所示：

```
<http://www.example.com/WeatherHealth/ZipCodes/22401/02-28-2013>
```

可以看到，应用程序必须根据用户输入（邮编和日期）来构建 URI，并将其作为参数发送给命名查询。通过 wh:max_temp 和 wh:min_temp 两个谓词，可以将 URI 分别链接到最高温度和最低温度。最后，为获取温度值，需要将这些值（?maxTemp 和?minTemp）赋给变量，以便在 SELECT 子句中使用。在获取 3 种所需的信息（主体、谓词、客体）之后，就可以开始构建查询了。切换至\queries 目录，从左上角的 Create 菜单中依次选择 More、More、Query。在出现的文本编辑器中输入清单 9.6 所示的代码，然后使用所选的文件名保存文件。

清单 9.6　通过 SPARQL 查询天气信息

```
PREFIX rdfs: <http://www.w3.org/2000/01/rdf-schema#>
PREFIX wh: <http://www.example.com/WeatherHealth/Schema#>

SELECT ?maxTemp ?minTemp {
  <$zipDateURI> wh:max_temp ?maxTemp        ◁── $符号是参数的句法表征（syntactic
    ; wh:min_temp ?minTemp .                     representation），其后的文本将作为查
}                                                  询 URI 中的参数名
```

接下来，我们可以采用基本相同的步骤，创建用于检索紫外线指数的命名查询。清单 9.7 显示了相应的代码。

清单 9.7　通过 SPARQL 查询紫外线指数

```
PREFIX rdfs: <http://www.w3.org/2000/01/rdf-schema#>
PREFIX wh: <http://www.example.com/WeatherHealth/Schema#>

SELECT ?value ?alert {
  <$zipDateURI> wh:uv_value ?value
    ; wh:uv_alert ?alert .
}
```

只有传入满足参数$zipDateURI 的值，上述两个查询（清单 9.6 和清单 9.7）才会返回相应的结果。接下来将讨论这个问题。

9.4.2　创建包含应用程序的网页

接下来，我们讨论 index.xhtml 文件。该文件不仅包含 HTML，也包含 JavaScript，并支持使用上一节编写的查询。收集数据前，我们需要构建基础设施（本例是 HTML）来保存页面中的数据，

并实现用户与页面之间的交互。清单 9.8 显示了基本的 HTML 代码，我们将以此为基础构建天气应用程序。

清单 9.8 精简的 index.xhtml

```
<?xml version="1.0" encoding="UTF-8" ?>
<html xmlns="http://www.w3.org/1999/xhtml"
    xmlns:xsd="http://www.w3.org/2001/XMLSchema#"
    xmlns:rdf="http://www.w3.org/1999/02/22-rdf-syntax-ns#"
    xmlns:rdfs="http://www.w3.org/2000/01/rdf-schema#">
<head>
<meta charset="utf-8"/>
<title>Linked Data Health App</title>
</head>
<body>
<div id="dashboard">
<div>
<div>
    <div id="location">
<input name="zip" maxlength="5" placeholder="ZIP code" value="" />
<span>Enter a VA ZIP code above</span>
</div>
</div>
<div>
<div id="date">
            <div></div>
              <a></a>
              <a></a>
</div>
            </div>
</div>
<div id="feedback"></div>
<div>
<div>
    <div id="weather"><div>Weather</div></div>
        </div>
        <div>
            <div id="uv-index"><div>UV Index</div></div>
        </div>
        </div>
    </div>
</body>
</html>
```

可以看到，代码中包含大量空标签，这只是为了展示页面的结构。接下来，我们在 JavaScript 中添加 CSS 类和 ID，逐步增加页面的复杂性。如果希望采用 CSS 样式化页面，并通过 JavaScript 强化 HTML，则必须为现有标签添加相应的类与属性。此外，程序需要包含合适的库才能运行 JavaScript 和 CSS。清单 9.9 显示了完整描述的 index.xhtml 文件，接下来只需在代码中增加自定义 JavaScript 即可。

清单 9.9　完整描述的 index.xhtml

```
<?xml version="1.0" encoding="UTF-8" ?>
<html xmlns="http://www.w3.org/1999/xhtml"
    xmlns:xsd="http://www.w3.org/2001/XMLSchema#"
    xmlns:rdf="http://www.w3.org/1999/02/22-rdf-syntax-ns#"
    xmlns:rdfs="http://www.w3.org/2000/01/rdf-schema#">
<head>
<meta charset="utf-8"/>
<title>Linked Data Health App</title>
<style type="text/css" media="all">
@import url(css/bootstrap.min.css);
    @import url(css/weatherhealth.css);
</style>
<script type="text/javascript" src="js/jquery.min.js"></script>
<script type="text/javascript" src="js/date.js"></script>
<script type="text/javascript" src="https://www.google.com/jsapi"></script>
</head>
<body>
<div id="dashboard">
<div class="grid-row location-date">
<div class="w1">
    <div id="location">
<input name="zip" maxlength="5" placeholder="ZIP code" value="" />
<span class="info">Enter a VA ZIP code above</span>
        </div>
</div>
<div class="w1 ml2">
<div id="date">
        <div class="active"></div>
          <a class="alt-1"></a>
          <a class="alt-2"></a>
</div>
        </div>
</div>
<div id="feedback" class="alert alert-info"></div>
<div class="grid-row data" style="margin-left: 200px; margin-right: 200px;">
<div id="weatherPopover" class="w2" rel="popover" data-placement="top" dataoriginal-
    title="Source: NOAA" data-content=
➡  "This data is provided and published by the National Oceanic
➡  and Atmospheric Association (NOAA).">
        <div id="weather" class="tile"><div class="title">Weather</div></div>
        </div>
        <div id="uvIndexPopover" class="w2" rel="popover"
➡  data-placement="top" data-original-title="Source: US EPA SunWise">
            <div id="uv-index" class="tile">
➡  <div class="title">UV Index</div></div>
        </div>
        </div>
    </div>
```

rel、data-placement 与 data-original-title 属性用于设置弹出框（popover）

```
        <script type="text/javascript" src="js/weatherhealth.js"></script>
<script type="text/javascript" src="js/bootstrap.min.js"></script>
</body>
</html>
```

9.4.3　创建用于检索和显示关联数据的 JavaScript

基础设施构建完毕后，就可以开始添加实现页面功能所需的 JavaScript 了。核心代码使用 Google Visualization API[①]发出查询，并将结果保存到变量中以便操作和显示。本例所用的函数为 google.visualization.Query。

如图 9.14 所示，我们首先创建一个显示当日高温和低温的窗口。清单 9.10 定义了一个名为 getWeatherData 的函数，它使用 Google Visualization API 调用来执行搜索天气信息的查询（清单 9.6），并返回相应的结果。

图 9.14　温度窗口

清单 9.10　温度数据检索函数

```
function getWeatherData(queryURI) {
google.load("visualization", "1.0", {callback:function() {
new google.visualization.Query("queries/weather.rq?resul
➡   ts&zipDateURI=" + queryURI).send(
        function(result){
            var data = result.getDataTable();
var rows = data.getNumberOfRows();
if (rows > 0) {
    for (var i=0; i<rows; i++) {
var maxTemp = data.getValue(i,0);
var minTemp = data.getValue(i,1);

wh.renderWeather({value: maxTemp + "&#176;F / " + minTemp + "&#176;F" })
    }
} else {
        wh.renderWeather({value: 'N/A'})
        }
}
);
}});
}
```

为查询和结构包含适当的路径，以传递参数

将温度值赋给变量 maxTemp 和 minTemp 以供整个函数使用

JavaScript 函数 renderWeather() 可以方便地显示天气磁贴（weather tile）中的内容，°是温度符号（°）的 HTML 字符编码

① 参见 https://developers.google.com/chart/interactive/docs/reference。

如图 9.15 所示，我们再创建一个显示当日紫外线指数的窗口。清单 9.11 定义了一个名为 getUVIndexData 的函数，它同样使用 Google Visualization API 调用来执行搜索紫外线指数的查询（清单 9.7）。接下来，我们通过一些自定义 JavaScript 来解释获取的紫外线指数，并将其转换为相应的严重性级别。

图 9.15 紫外线指数窗口

清单 9.11 紫外线指数数据检索函数

```
function getUVIndexData(queryURI) {
google.load("visualization", "1.0", {callback:function() {
        new google.visualization.Query(
➥   "queries/uvindex.rq?results&zipDateURI=" + queryURI).send(
function(result){
var data = result.getDataTable();
var rows = data.getNumberOfRows();
var severity;
for (var i=0; i<rows; i++) {
var index = data.getValue(i,0);
var alert = data.getValue(i,1);

if (index >= 1 && index <= 2) {
    severity = 1;
} else if (index >= 3 && index <= 5) {
    severity = 2;
} else if (index >= 6 && index <= 7) {
    severity = 3;
} else if (index >= 8 && index <= 10) {
    severity = 4;
} else if (index >= 11) {
severity = 5;
} else {
    severity = 0;
}

if (index != "" && index != null && alert != "" && alert != null) {
wh.renderUvIndex({value: index + ' <small>out of 11</small>',
➥   info: 'Alert: ' + alert, severity: severity })
} else {
wh.renderUvIndex({value: 'N/A', info: 'Unavailable', severity: 0 })
        }
    }
    }
);
    }});
}
```

◁— 根据返回的紫外线指数，为 CSS 规则指定相应的严重性级别

　　清单 9.10 和清单 9.11 定义的两个函数构成了应用程序的基础，但我们还需要另一个函数来控制它们并传入适当的参数，onChange 函数的作用就在于此。清单 9.12 显示了这个函数，仅需几行代码即可实现所需的功能。

清单 9.12　函数控制 JavaScript

```
$('body').on('locationChange dateChange', function() {
var queryURI =
➥    "http://www.example.com/WeatherHealth/ZipCodes/"
➥    + wh.getLocation() + "/" + wh.getDate();

wh.feedback('The location is ' + wh.getLocation() +
➥    '. The date is ' + wh.getDate() + '.');
getWeatherData(queryURI);
getUVIndexData(queryURI);
});
```

使用用户输入的邮编和用户选择的日期构建查询字符串

向用户显示反馈消息（邮编和日期）

分别运行两个 JavaScript 函数，以检索天气和紫外线指数数据

9.4.4　将代码段整合在一起

到目前为止，我们编写了大量分工明确的代码段。如果读者对此感到困惑，请参考下面的小结。

1. 编写查询以提取感兴趣的数据（清单 9.6 和清单 9.7）。
2. 编写 HTML 以保存要显示的数据（清单 9.8 和清单 9.9）。
3. 编写 JavaScript 以执行所需的功能（清单 9.10、清单 9.11 和清单 9.12）。
4. 将这些代码段整合在一起（清单 9.13 和图 9.16）。

清单 9.13 显示了完整的 index.xhtml 文件，包括所有相关的 JavaScript。

清单 9.13　完整的 index.xhtml

```
<?xml version="1.0" encoding="UTF-8" ?>
<html xmlns="http://www.w3.org/1999/xhtml"
    xmlns:xsd="http://www.w3.org/2001/XMLSchema#"
    xmlns:rdf="http://www.w3.org/1999/02/22-rdf-syntax-ns#"
    xmlns:rdfs="http://www.w3.org/2000/01/rdf-schema#">
<head>
<meta charset="utf-8"/>
<title>Linked Data Health App</title>
<style type="text/css" media="all">
    @import url(css/bootstrap.min.css);
    @import url(css/weatherhealth.css);
</style>
<script type="text/javascript" src="js/jquery.min.js"></script>
<script type="text/javascript" src="js/date.js"></script>
<script type="text/javascript" src="https://www.google.com/jsapi"></script>
<script>
// <![CDATA[
function getWeatherData(queryURI) {
        google.load("visualization", "1.0", {callback:function() {
```

```
        new google.visualization.Query("queries/
    weather.rq?results&zipDateURI=
➥   " + queryURI).send(
function(result){
var data = result.getDataTable();
var rows = data.getNumberOfRows();
if (rows > 0) {
for (var i=0; i<rows; i++) {
var maxTemp = data.getValue(i,0);
var minTemp = data.getValue(i,1);

wh.renderWeather({value: maxTemp + "&#176;F / " + minTemp + "&#176;F" })
}
} else {
wh.renderWeather({value: 'N/A'})
} // Close else
}
        );
}});
}

function getUVIndexData(queryURI) {
google.load("visualization", "1.0", {callback:function() {
        new google.visualization.Query(
➥   "queries/uvindex.rq?results&zipDateURI=" + queryURI).send
➥   (function(result){
var data = result.getDataTable();
var rows = data.getNumberOfRows();
var severity;
for (var i=0; i<rows; i++) {
var index = data.getValue(i,0);
var alert = data.getValue(i,1);

if (index >= 1 && index <= 2) {
severity = 1;
} else if (index >= 3 && index <= 5) {
    severity = 2;
} else if (index >= 6 && index <= 7) {
    severity = 3;
} else if (index >= 8 && index <= 10) {
    severity = 4;
} else if (index >= 11) {
    severity = 5;
} else {
    severity = 0;
}

if (index != "" && index != null && alert != "" && alert != null) {
    wh.renderUvIndex({value: index + ' <small>out of 11</small>',
➥   info: 'Alert: ' + alert, severity: severity })
} else {
    wh.renderUvIndex({value: 'N/A', info: 'Unavailable', severity: 0 })
```

```
}
}
}
);
}});
}
// ]]>
</script>
</head>
<body>
<div id="dashboard">
<div class="grid-row location-date">
<div class="w1">
    <div id="location">
<input name="zip" maxlength="5" placeholder="ZIP code" value="" />
<span class="info">Enter a VA ZIP code above</span>
            </div>
</div>
<div class="w1 ml2">
<div id="date">
            <div class="active"></div>
            <a class="alt-1"></a>
            <a class="alt-2"></a>
</div>
        </div>
</div>
<div id="feedback" class="alert alert-info"></div>
<div class="grid-row data" style="margin-left: 200px;
➡    margin-right: 200px;">
<div id="weatherPopover" class="w2" rel="popover" data-placement=
➡   "top" data-original-title="Source: NOAA" data-content=
➡   "This data is provided and published by the National Oceanic
➡   and Atmospheric Association (NOAA).">
    <div id="weather" class="tile"><div class="title">Weather</div></div>
        </div>
        <div id="uvIndexPopover" class="w2" rel="popover"
➡   data-placement="top" data-original-title="Source: US EPA SunWise">
            <div id="uv-index" class="tile"><div class="title">
➡   UV Index</div></div>
        </div>
        </div>
    </div>
    <script type="text/javascript" src="js/weatherhealth.js"></script>
<script type="text/javascript" src="js/bootstrap.min.js"></script>
<script>
// <![CDATA[
$('body').on('locationChange dateChange', function() {
var queryURI =
➡   "http://www.example.com/WeatherHealth/ZipCodes/" +
➡   wh.getLocation() + "/" + wh.getDate();

wh.feedback('The location is ' + wh.getLocation() +
➡   '. The date is ' + wh.getDate() + '.');
```

```
getWeatherData(queryURI);
getUVIndexData(queryURI);
});

$('#weatherPopover').popover({trigger: 'hover'})
$('#uvIndexPopover').popover({trigger: 'hover', html: true,
content: function () {
return 'This data is published by the US EPA SunWise Program. <img
    src="media/uvindexscale.gif" />';
        }
})
// ]]>
</script>
</body>
</html>
```

为天气磁贴设置弹出框

在弹出框中显示图片

我们仅用相对较少的时间和代码，就创建了一个功能强大的应用程序。现在，我们成功检索到权威的政务数据，并将其转换为关联数据。RDF 的种种优点很容易将这些数据进行聚合，并将其显示在美观的交互式网页中供公众使用。

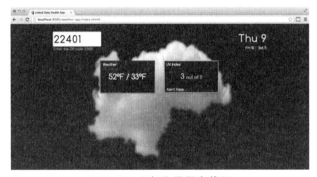

图 9.16　天气应用程序截图

实际的天气应用程序请参考 LinkedDataDeveloper.com[①]。

9.5　小结

本章介绍了用于关联数据的开源应用服务器 Callimachus。我们讨论了 Callimachus 的基本用法以及如何利用 RDF 数据生成网页，并展示了如何通过 Callimachus 构建应用程序。

本章介绍了视图、创建、编辑等 3 种 Callimachus 模板，并利用这些模板开发了一个使用关联数据的笔记应用程序。我们还讨论了一些能增强程序趣味性的改进。

本章将第 7 章讨论的天气应用程序加以扩展。新程序的界面更美观，某些功能可以直接用于实际开发。天气应用程序以 RDF 数据为基础，这些数据来自美国政府维护的几个开放数据网站。

读者可以从本书配套网站 LinkedDataDeveloper.com 获取天气应用程序的源代码。

---

① 参见 http://linkeddatadeveloper.com/Projects/Linked-Data/Sample-Apps/Weather/index.xhtml（原链接跳转至此）。

第 10 章　回顾发布关联数据

本章内容

■　发布关联数据小结

这一章将总结从准备到公开发布关联数据的全过程，并重点讨论其中的关键环节。RDF 数据模型是在万维网上表示数据的国际标准，我们采用这种模型发布数据。我们通过关联数据原则对数据进行描述，以便于其他用户查找并重用数据。关联数据虽然存在多种序列化格式（如第 2 章所述），但只有一种数据模型。藉由这种标准化模型：

■　搜索引擎能轻松抓取数据源；

■　使用通用数据浏览器就能访问数据源；

■　数据源很容易就能与不同数据源中的数据进行集成；

■　可以使用不同的模式（schemata）表达数据源；

■　可以使用不同的序列化格式表达数据源；

■　可以通过指向附加信息的 URI 挖掘数据源；

■　可以在万维网上发布并与其他用户轻松共享数据源。

前面的章节分别讨论了上述各个环节，不过将这些环节串联起来以纵览全局并非易事。这一节将重点讨论发布关联数据时的步骤顺序。与之前一样，我们遵循指导关联数据发布的最佳实践，其中包括关联数据原则。这些原则提供了在万维网上发布并使用数据的框架，但没有提供实现细节。实现步骤如下。

1. 准备数据。

2. 将数据与其他数据集进行互联。

3. 发布数据。

10.1 准备数据

准备数据时，需要将数据从现有的非 RDF 格式转换为某种 RDF 格式，用户不妨选择最简单的格式（第 2 章）。转换过程可能需要构建 URI、选择合适的词表并以所选的 RDF 格式保存数据。第 4 章、第 5 章、第 6 章分别介绍了各个环节的实施方法。最后，我们需要确定所用的格式。最常见的序列化格式包括 RDF/XML、Turtle、RDF/JSON 与 RDFa。不要忘记在发布前对数据进行验证，并更正可能存在的错误。可以采用 RDF 数据库来存储数据（第 7 章），RDF 数据库有助于 SPARQL 访问用户数据。

第 1 章和第 2 章介绍了万维网之父 Tim Berners-Lee 提出的 4 条关联数据原则：

- 使用 URI 作为事物名称；
- 使用 HTTP URI 以便于用户查找事物名称；
- 当用户查找 URI 时，通过 RDF*[1]、SPARQL 等标准提供有用的信息；
- 包含指向其他 URI 的链接，以便于用户发现更多的内容。

数据质量的高低取决于是否遵循上述原则。Tim Berners-Lee 在 Gov 2.0 Expo 2010[2] 上做了题为"为全球社区打造开放的关联数据（Open, Linked Data for a Global Community）"的主题演讲，并提出了数据质量的概念，如图 10.1 所示。

发布五星关联数据应始终是用户追求的目标。在万维网上发布数据涉及多个层面。接下来，我们将对某些不应忽视的细节进行讨论。

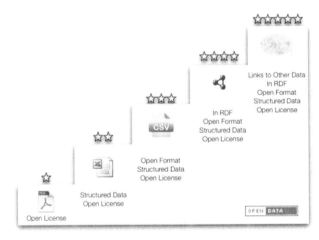

图 10.1 五星数据

---

① 术语 RDF*有时用于指代整个 RDF 标准家族。

② Gov 2.0（政府 2.0）是世界知名出版商 O'Reilly Media 创始人 Tim O'Reilly 于 2009 年提出的一个概念。Gov 2.0 提倡"政府即平台（Government as a Platform）"，通过新一代信息技术实现政府治理的创新。Gov 2.0 Expo 2010 于 2010 年 5 月 25 日～27 日在美国首都华盛顿举行。——译者注

10.2　构建 URI

简而言之，我们通过将 URI 分配给希望描述的资源来构建 URI。这对于关联数据的两个方面有所促进：首先，它们作为所描述事物的全局唯一名称；其次，通过使用 HTTP URI，很容易就能在线链接到每个描述并访问它们的内容。根据第 2 章的讨论，以下几点需要注意：在受控且可以公开访问的 HTTP 命名空间中定义 URI；使用能被引用的 URI；避免在 URI 中暴露实现细节；使用简短的助记名（mnemonic name）；使用稳定和持久的 URI。此外，如果之后对 URI 进行修改，将破坏所有已建立的链接，规划时应对此详加考虑。

为避免发布数据时出现问题或造成混淆，应确定 URI 的构建方式。我们可以使用多种方式构建 URI，每种方式都有其优点和不足。本书介绍的各种模式已经将这些利弊均考虑在内。

不少 URI 都具有以下模式。

```
http://{authority}/{container}/{item_key}
```

- {authority}通常是 DNS 机器名，也可能包含端口名，{authority}对于在万维网上解析 URL 必不可少。如果担心机器名发生变化，可以采用 PURL（持久化 URL）替换机器名称；
- {container}用于将键与上下文隔开以避免冲突（比如使用了在关系数据库中最初用作标识符的数字）。"addresses"、"facilities"、"people"以及"books"都能作为容器。如有必要，也可以使用嵌套容器（如/offices/US/NewYork/）；
- {item_key}用于唯一标识容器中的特定资源，它应是清晰且人类可读的自然键（natural key），便于其他用户进行链接。因此，如果{container}描述的是地址，则{item_key}可能是由门牌号码、街道名称、城市等地址组件构成的字符串；如果{container}描述的是人物，则{item_key}可能是人名。显然，所有使用自然键的{item_key}都应经过 URL 编码，而更好的选择是采用连字符或其他具备同等可读性的符号替换{item_key}中的空格。

对于每种 URI 模式，以下 3 项决策非常关键。

- 合适的容器名是什么？
- 资源应位于数据的最底层，还是嵌套在其他资源中？
- 项目键由哪些元素构成？

上述决策不仅有助于确保 URI 模式的稳健，对今后的扩展也至关重要。

10.3　选择词表

选择合适的词表是一项颇具挑战性的工作。用户应考虑所表达的信息种类。需要表达哪些信息？这些信息描述的是人物还是事件？首先尝试在现有词表中进行搜索，确定是否存在满足需要的词表。如果希望自己的数据便于和其他数据集互联，应尽量重用通用词表。表 10.1 列出了一些选定词表的链接，以及最适合采用这些词表描述的术语。有关通用词表的详细信息，请参考第 2 章。如果现有词表仍然无法满足需要，不妨考虑对它进行扩展，而不是创建新的词表。

表 10.1 选定的词表（按类别划分）

分　　组	通 用 词 表
人物相关	FOAF (http://smlns.com/foaf/0.1/) vCard (http://www.w3.org/2006/vcard/ns#) Relationship (http://purl.org/vocab/relationship)
一般用途	RDF 核心(http://www.w3.org/1999/02/22-rdf-syntax-ns#) RDF Schema (http://www.w3.org/2000/01/rdf-schema#) Schema.org (http://schema.org)
知识组织	简单知识组织系统（SKOS）(http://www.w3.org/2004/02/skos/core#)
空间（位置）	基本 Geo (http://www.w3.org/2003/01/geo/)
时间（事物和事件）	都柏林核心(http://dublincore.org/documents/dcmi-terms/) 事件本体(http://purl.org/NET/c4dm/event.owl)
电子商务	GoodRelations (http://purl.org/goodrelations/v1#)
图谱对象	开放图谱协议词表
数据集	VoID (http://rdfs.org/ns/void#)
开源项目	DOAP (http://usefulinc.com/ns/doap#)
站点地图	Sitemaps 0.9 (http://www.sitemaps.org/schemas/sitemap/0.9)

10.4 自定义词表

如果现有词表无法满足需要，用户也可以创建自定义词表（第 2 章和第 4 章）。创建 RDF 词表是个不错的选择。可以考虑使用 Neologism[①]这样的工具，以帮助创建并发布词表。无论采用何种方式，务必遵守以下准则。

- 通过在受控命名空间中发布术语来扩展现有的词表，避免从头开始定义新词表。
- 为创建的每个术语添加 `rdfs:comments` 和 `rdfs:label` 属性，以便于人类用户和机器使用。
- 使术语的 URI 可引用，并遵循 W3C 制订的 *Best Practice Recipes for Publishing RDF Vocabularies*（发布 RDF 词表最佳实践）[②]。
- 既可以利用现有的术语，也可以通过 `rdfs:subClassOf` 或 `rdfs:subPropertyOf` 提供对现有术语的映射。
- 显式地声明谓词的所有范围和作用域。

举例如下。

---

① 参见 http://neologism.deri.ie/。

② 参见 https://www.w3.org/TR/swbp-vocab-pub/。

```
tri:reporting_year
rdf:type rdf:Property ;
rdfs:label "reporting year" ;
rdfs:comment "Indicates a year when a TRI Report was submitted to the U.S.
     EPA's Toxic Release Inventory system." ;
rdfs:domain tri:Report ;
rdfs:range rdfs:Literal .
```

10.5 用户数据与其他数据集的互联

为发现其他可供连接的数据集，我们既可以逐一查看 URL 指向的内容，也可以通过 Sindice[①]这样的语义索引器（semantic indexer）或利用 owl:sameAs、rdfs:subClassOf、rdfs:subPropertyOf 等属性，还可以执行 SPARQL 查询。实现数据集之间的互联有助于数据被其他用户发现，也有助于将数据集发布到数据网。第 4 章、第 5 章、第 6 章、第 8 章讨论了所用的工具和技术。

务必对发现的数据集进行检查或查询，确定数据集确实与用户数据相关。创建用于记录数据集的 VoID 文件（包含连接用户数据与其他数据的三元组），并在和用户数据集相同的 DNS 中发布。VoID 文件的创建方法请参考第 8 章。创建用于描述数据集的语义站点地图，并在和用户数据集相同的 DNS 中发布。站点地图的创建方法请参考第 8 章。此外，应特别注意许可问题，确保以适当的方式对数据授权，以方便其他用户使用数据。正确的许可有助于其他用户了解如何重用我们的数据。

10.6 发布数据

发布数据并不复杂，只需将数据存储在可公开访问的 DNS 并设置合适的权限即可。如有必要，可以将数据集发布到 LOD 云、加入 Datahub、通过在线编目服务注册数据集或创建从 DBpedia 指向用户数据集的出站链接。第 8 章讨论了上述内容。通过注册并将数据集连接到 LOD 云中的其他数据集，有助于提高数据集的可视性，便于和其他用户共享数据。

10.7 小结

本章总结了从准备到公开发布关联数据的全过程，并对构建 URI、自定义词表等容易忽视的环节进行说明。在读者发布自己的数据集时，希望这一章的内容能有所帮助。

---

① 2014 年 5 月，创始团队宣布停止对 Sindice 提供支持，Sindice.com 目前已无法访问。——译者注

第 11 章　不断发展的万维网

本章内容
- 关联数据与不断发展的万维网：目前状态
- 关联数据与不断发展的万维网：未来方向

最后一章将讨论语义网目前的发展状态，以及关联数据在其中所扮演的角色。我们将介绍几个有趣的关联数据应用程序，并尝试对语义网和关联数据今后的发展方向进行预测，还将探讨一些新兴的应用。

11.1　关联数据和语义网之间的关系

许多人认为，可以将不断发展的数据网（Web of Data）视为语义网（Semantic Web）的同义词，但这并不完全正确。在 Tim Berners-Lee 的设想中，最初的万维网应包括带有语义的超链接（semantic hyperlink）。换言之，每个超链接都应具有各自的意义。例如，一个超链接可能指向网页作者的信息，而另一个超链接可能指向特定服务的描述。不过，万维网的发展并未遵从 Tim Berners-Lee 的设想。互联网出现至今的二十多年时间里，万维网上的超链接并没有任何特别的意义，它们只是告诉用户"这里有一个链接"。

Tim Berners-Lee 在 1998 年提出语义网的概念时，讨论的焦点集中在软件代理（software agent）上。人们设想，藉由结构化数据和人工智能，语义网能代表用户预约牙医和订购杂货[①]。虽然这些设想尚未成为现实，但万维网在其他方向得到了发展：数据网（特别是 Tim Berners-Lee 在 2005 年提出

[①] 参见 Tim Berners-Lee 等人发表在 2001 年 5 月号《科学美国人》（*Scientific American*）上的 *The Semantic Web* 一文，杂志购买链接：https://www.scientificamerican.com/magazine/sa/2001/05-01/#article-the-semantic-web （原链接跳转至此）。

的关联数据概念）已然蓬勃兴起，LOD（关联开放数据）项目在万维网上创建的大量结构化数据都得到了有效利用。关联数据之于今天的数据网，如同超文本之于文档网（Web of Documents）。

　　根据最初的设想，语义网是万维网的迭代或演进。在语义网中，计算机通过理解共享的结构化数据来自动执行多种操作。2000 年 12 月，Tim Berners-Lee 在美国首都华盛顿举行的 XML 2000 Conference 上阐述了这一愿景。图 11.1 展示了他的构想。

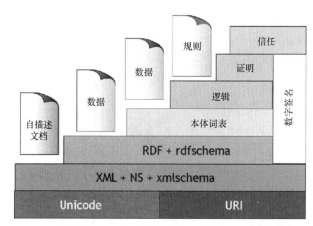

图 11.1　Tim Berners-Lee 在 2000 年提出的语义网"夹心蛋糕"构想

　　RDF 形式的结构化数据将以 XML 格式（RDF/XML）进行序列化。可以使用不同的本体（ontology）描述这些数据，并通过逻辑引擎推断由此得到的高度组织化的信息，从而产生能从基本陈述中逻辑推断出的有意义的新信息。这体现了万维网上传统人工智能技术的一个强烈愿景。此外，个人数据文档将使用公钥加密的方式进行签名，以便计算机验证用户的身份。

　　如果语义网按上述构想发展下去，自动预约牙医有很大几率成为现实——至少计算机也能为我们购买电影票。然而，这种构想被证明过于乐观，因为存在一些难以解决的问题。比如，将所部署的信息管理技术应用到语义网并非易事；只有少数用户有能力开发高级工具；复杂的 RDF/XML 语法让人望而却步；在个人和企业之间分发密钥的难度很大。缺乏一套简单、一致和易于实现的用例，或许是阻碍语义网发展的关键所在。大部分人并不了解语义网，他们只是想通过计算机预约牙医而已。

　　然而，语义网并未因此而消亡。它的基本概念已应用在各种具体问题中，形成了多个发展方向。至少就技术层面而言，语义学已进入目前的主流生活。当人们使用 Apple Siri 服务、浏览 Google 搜索结果或为某个网页"点赞（Like）"时，其实都在应用语义学。而更专业的语义产品能帮助企业完成信息管理、库存控制、数据采集、业务流程等任务。

　　图 11.2 显示了构成语义网的元素以及如何选取解决具体问题所用的技术栈。需要同时使用所有技术的情况相当罕见。基础层也已发生变化，以顺应万维网的国际化进程；XML 的作用被弱化，以支持更简单的语法。

　　读者应该注意到，纵然有诸多变化，数据模型却始终保持 RDF 不变。原因显而易见：现代计算技术有能力处理图谱数据模型，这种模型可以更好地反映真实世界的复杂性，它与人脑的内部工作机制非常类似。由于技术的局限性，我们不必再考虑层次结构，也不指望这种情况会有所改变。相反，随着时间的推移，一个接近 RDF 或由其发展而来的数据模型将变得越来越重要。毕竟，万维网是全球知识库，它本身就是一种信息图谱。

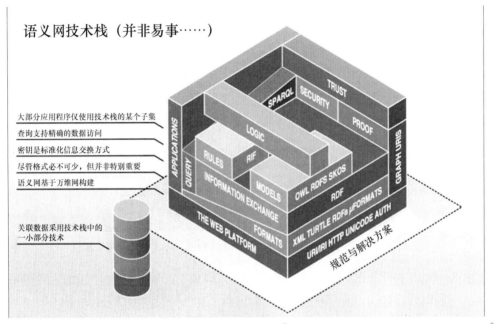

图 11.2　语义网的当前状态（由 Benjamin Nowack 提供[1]），全彩图见 LinkedDataDeveloper.com[2]

进一步观察图 11.2，可以看到主图左侧有一个圆柱体，它表示语义网技术的一小部分子集，它包括关联数据所用的技术。关联数据严格基于万维网构建，使用 RDF 数据模型和各种 RDF 格式，遵循指导数据使用的顶层模型（即关联数据原则）。图 11.3 显示了语义网、RDF 以及各种结构化数据格式之间的关系，从图中可以观察到以下事实：

- 关联数据是语义网技术的一个子集；
- 关联数据基于 RDF 构建；
- 结构化数据不仅包括 RDF；
- Schema.org 支持微数据（microdata）和 RDFa 两种技术。

语义网技术栈中的其他技术同样能用于关联数据。如有必要，可以对关联数据执行 SPARQL 查询、应用规则或逻辑引擎、加密签名及验证文档，并基于关联数据构建应用程序。但其实我们什么都不用做。关联数据本质上并不复杂，外加明确的用例，也许这就是它的价值所在。

---

① 参见 http://www.bnode.org/（原链接已失效）。

② 参见 http://linkeddatadeveloper.com/Projects/Linked-Data/media/fig11.2.png。

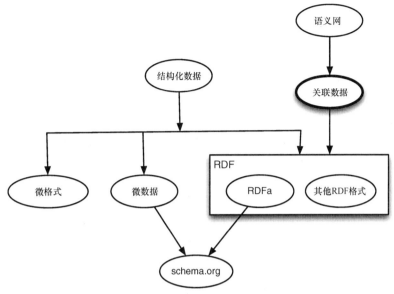

图 11.3 结构化数据生态系统

11.1.1 成功案例

应用关联数据的成功案例包括 Google 富摘要（rich snippets）、Schema.org 采用 RDFa Lite 和 GoodRelations 词表、Best Buy、Sears 等企业在其网页中越来越多地使用 RDFa、开放政务数据和 LOD 云的持续增长等。不过，由于关联数据隐藏幕后，人们可能并未意识到应将这些成功归功于关联数据。

1. Schema.org 采用 RDFa Lite

在生成搜索结果时，搜索引擎利用了语义数据。近年来，Google、Microsoft、Yahoo! 与 Yandex 共同开发的 Schema.org，向外界展示了主流搜索引擎对结构化数据的支持。第 6 章曾经介绍过，Schema.org 提供了许多常见领域所用的模式[1]。而采用 RDFa 进一步促进了 Schema.org 通过兼容格式共享数据，这是对 RDFa 重要性的认可。

2. Google 富摘要

Google 富摘要支持 RDFa、微格式（microformat）[2]和微数据（参考图 11.3），而富摘要技术支持 GoodRelations 和 RDF 数据词表[3]等多种词表。不少企业都在创建包含富摘要的网页，以提高搜索结果的点击率并由此获益。不使用富摘要的网站则可能因为搜索排名下降而遭受严重的销售损失。

---

① 参见 http://schema.org/docs/gs.html。

② 参见 http://microformats.org/。

③ 参见 http://rdf.data-vocabulary.org/（原链接已失效）。

3．搜索引擎开发中的知识库扩散

知识库是一种信息仓库，旨在收集、组织、共享、搜索并使用信息。知识库不仅能被机器处理，也可供人类用户使用，MusicBrainz 就是这样一种知识库。主流搜索引擎支持特定领域中的知识库。Bing 支持对娱乐、体育和旅游领域的知识库进行搜索。Google 通过收购 Freebase[①]实现了对 LOD 的支持，并将关联数据的应用扩展到 Freebase 之外。2012 年 5 月，Google 引入了知识图谱（Knowledge Graph）[②]，后者从用户每天在网络上进行的搜索、查询会话、单击等操作中收集信息。对这一领域的研究仍在进行，这从 2012 年 11 月 Microsoft 获得的一项专利[③]中可见一斑。

4．LOD 云的增长

LOD 项目始于 2007 年，从那时起，在 LOD 云上发布的数据集数量每年以 200%的速度递增。Datahub[④]从一个侧面反映了 LOD 云的迅猛发展。LOD 云已有超过 310 亿个三元组，这个数字每天都在增长。表 11.1 列出了一些知名的数据集。截至本书写作时，Datahub 已收集了超过 5165 个数据集。

表 11.1　LOD 数据集示例

源	URL
Bioportal	http://datahub.io/group/bioportal
由加拿大公民倡导、致力于推动开放数据的努力	http://www.datadotgc.ca/
经济	http://datahub.io/group/economics
LOD 云	http://datahub.io/group/lodcloud

5．Facebook 使用 RDFa 并创建 RDF 数据

用户每次单击网页中的 Facebook 点赞按钮时，都会产生两组 RDF 三元组。其中一组被发送到 Facebook 的数据库，另一组被发送到显示该网页的企业。作为对关联数据的进一步支持，Facebook 使用开放图谱协议（Open Graph Protocol）在企业的 Facebook 页面中嵌入 RDFa。

6．RDFa 和 GoodRelations 的应用

越来越多的企业正在效仿 Best Buy 的做法，将 RDFa 嵌入到它们的网页中。不少企业通过 GoodRelations 词表来实现这一目标。使用 RDFa 的知名企业包括 Google、Sears、Kmart 以及 Facebook。Schema.org 也选择采用 GoodRelations，这将进一步促进该词表的应用。

[①] 参见 https://developers.google.com/freebase/。Freebase API 已于 2016 年 8 月停止服务，所有数据被迁移至 Wikidata。——译者注

[②] 参见 https://googleblog.blogspot.ca/2012/05/introducing-knowledge-graph-things-not.html。

[③] *Generating content to satisfy underserved search queries*（生成内容以满足服务不足的搜索查询），参见 http://www.google.com.pg/patents/US8311996。——译者注

[④] 参见 http://datahub.io/。

7. 开放政务数据

建立开放政务数据（open government data）的目的是便于共享描述政府活动且机器可读的数据集。这是各国通力合作的成果，其中最大的 4 个开放政务数据网站由美国[1]、英国[2]、法国[3]与新加坡[4]创建并维护。用户可以通过 IOGDS（国际开放政务数据集搜索）查找所需的数据集和目录[5]。

与发布报告相比，门户网站通过开放政务数据发布数据的成本较低，因而开放政务数据受到各国政府的青睐。这些数据集通常采用异构结构与格式（heterogeneous structure and format），它们不是五星数据。

语义社区（Semantic Community）[6]支持关联数据和语义网技术的应用，以便用户能更好地使用 Data.org 的数据。用户可以参与协同政务数据的访问、汇总来自不同机构的数据、将原始数据转换为 RDF 格式、自定义应用程序，也可以提供反馈以提高发布数据的质量。截至本书写作时，Data.gov 已收集了 185 个美国政府机构的 40 多万个数据集，健康[7]、能源[8]、法律[9]、教育[10]等领域的数据均已加入 Data.gov。此外，健康和能源部门都在使用开放关联数据。开放政务数据以及语义社区为消费者和更广泛的社区提供了有用的信息，这是一项积极的举措。这些组织提供了不少机会，使得社区能参与改进现有数据的访问方式以及具体应用的开发。实际上，第 7 章介绍的天气应用程序就是从开放政务数据库中访问 EPA（美国国家环保局）和 NOAA（美国国家海洋和大气管理局）提供的数据，并将它们聚合在一起。

11.2　未来展望

20 世纪 90 年代早期，人们渴望发布和共享文档。如今，人们渴望共享数据。在这个时代，数据已无处不在。如果能轻松共享数据并将大量不同的数据集集成在一起，就可能获得巨大的收益，关联数据恰好可以满足这一需求。一个有趣的事实是，语义技术已开始渗透到许多行业乃至消费产品中。

语义网技术在各个领域都得到了广泛应用，如 Apple Siri、IBM Watson[11]、Google 知识图谱、Facebook 实体图谱（Entity Graph）、金融系统、在线支付系统、NASA 库存系统、出版社的工作

---

① 参见 https://www.data.gov/。

② 参见 https://data.gov.uk/。

③ 参见 http://www.data.gouv.fr/fr/。

④ 参见 https://data.gov.sg/。

⑤ 参见 https://logd.tw.rpi.edu/demo/international_dataset_catalog_search。

⑥ 参见 https://www.data.gov/developers/（原链接跳转至此）。

⑦ 参见 https://www.data.gov/health/。

⑧ 参见 https://www.data.gov/energy/。

⑨ 参见 https://www.data.gov/law/。

⑩ 参见 https://www.data.gov/education/。

⑪ IBM 研发的一种人工智能系统，集高级自然语言处理、信息检索、知识表示、自动推理、机器学习等技术于一体。——译者注

流程、制药公司的药物发现、癌症研究、政务透明度刊物等。

换言之，语义技术是相当水平化的。那么关联数据呢？人们猜测，它将成为在各种社交网络上软化——可能并非"打破"——信息孤岛的中坚力量。显然，用户不仅希望在 Google+、Facebook 和 Twitter 之间共享数据，也希望在尚不了解的市场新入者之间共享数据。这些网络都存在跨域数据互操作性（cross-domain data interoperability）问题。目前而言，关联数据是解决这个问题的最佳手段。

人们已开始着手规划关联数据今后的应用。显而易见，关联数据未来的发展将远远超出学术界的研究范畴。接下来，我们将讨论一些示例。

11.2.1　Google 扩展富摘要

目前，系统根据单个网页的内容显示富摘要，今后，经过扩展的富摘要可以从不同信源合并数据。这种应用模型称为内容中心网络（Content-Centric Networking），使用 RDF 三元组。由此产生的富摘要可能包含嵌入的视频、参加活动的人员名单、电影上映的位置等信息。实验已经证明，当多个用户对同一内容感兴趣时，内容中心网络将大放异彩。对于大量用户感兴趣的网页，可以利用网络上海量的三元组传播（triple propagation）来推动它的发展。

11.2.2　数字问责和透明度立法

开放政务数据资源的应用，今后将有助于美国政府优化联邦开支。美国国会对《数字问责和透明度法案》（Digital Accountability and Transparency Act）进行了审查。尽管该法案未能通过，但确实提高了公众对这个问题的兴趣和认识。我们期待类似的法案能在不久的将来获得通过。该法案将设立一个独立委员会，对所有联邦开支进行跟踪。来自加利福尼亚州的众议员 Darrell Issa 与来自弗吉尼亚州的参议员 Mark Warner 是 2012 年度《数字问责和透明度法案》的倡导者，他们相信该法案有助于防止浪费和滥用联邦资金。总部位于俄亥俄州代顿（Dayton）的 Teradata 是对这一领域感兴趣的一家私营企业，这家全球领先的 IT 服务提供商建议将来自多个联邦机构的数据集加以整合，以便对聚合后的数据进行分析和审查。Teradata 希望这些数据有助于曝光联邦采购制度中存在的滥用行为。截至本书写作时，Teradata 开发的系统已部署在亚利桑那州、爱荷华州、马里兰州、密歇根州、密苏里州、新泽西州、俄亥俄州、俄克拉荷马州和德克萨斯州，为政府累计挽回了 18 亿美元的损失。

11.2.3　广告的影响

2011 年，Facebook 实现了 31 亿美元的广告收入。分析人士预计，Facebook 在 2012 年的广告收入将达到 50.6 亿美元。关联数据在其中发挥了重要作用。对单击点赞按钮所累积的 RDF 数据进行分析，能让广告命中目标受众。与之类似，汇总并分析用户的浏览习惯有助于广告商发现潜在客户。请读者继续关注这一领域的进展。

11.2.4　强化的搜索

Google 和 Facebook 都在为下一代搜索引擎构建知识库。人们希望下一代搜索引擎能理解隐藏在查询背后的概念，并在用户表达自己的需求之前就预测到用户的意图。Facebook 实体图谱和 Google 知识图谱都在积极地获取数据。

Facebook 实体图谱对于 Facebook 社交图谱搜索（Graph Search）服务至关重要，不过这项服务尚未在所有国家开通。与传统的搜索引擎不同，社交图谱搜索可以理解用户输入短语的含义，并直接显示符合条件的结果。搜索结果是人物、地点、图书或电影，而不是网页链接。从纽约的餐厅到哲学的概念以及这些概念之间的联系，实体图谱无所不有。Facebook 依靠用户贡献数据并确保其准确性。通过提示用户标记重复的内容，Facebook 实体图谱可以"学习"到用户引用同一事物的不同方式。例如，"NPR"和"National Public Radio"都表示"美国国家公共电台"。

传统的搜索引擎基于匹配的单词和短语，而不是术语的实际含义。Google 知识图谱是一个庞大的数据库，Google 的产品可以借此识别人物、地点、事物数据之间的关系。知识图谱包含 5 亿多个条目，以及这些条目之间的 35 亿多个链接。

尽管 Google 和 Facebook 正在以不同方式构建各自的知识库，但两种知识库都代表了关联数据。两家互联网企业的目标一致，它们都对下一代搜索引擎表现出了浓厚的兴趣。

11.2.5 巨头的参与

目前，IBM、EMC、Oracle 等 IT 巨头以及其他大型软件厂商都是 W3C 关联数据平台工作组（Linked Data Platform Working Group，LDP WG）[①]的成员，IBM 还担任了工作组的共同主席。LDP WG 负责为企业软件产品的互操作性定义通用的 RESTful Web Service（API），后者的相关信息请参考 IBM 网站[②]。

IBM 的不少产品都支持关联数据。例如，DB2 10.1 在 DB2 的基础上提供对 RDF 和 SPARQL 引擎的支持。此外，EMC 在其大数据开源 RDF 数据库平台中使用了关联数据技术，Oracle 将 RDF 存储作为 Oracle 11g 企业版的可选功能推向市场。这些企业对参与 LDP WG 的工作表现出很大的兴趣，以期制订必要的标准以及相应的惯例和良好实践。IBM、EMC、Oracle 等企业的参与有助于减少分歧和增进协作，从而使部署流程得以简化。制订标准将促进关联数据社区的发展。

11.3 小结

关联数据的应用已超出 LOD 云的范畴，它正在成为许多领域数据共享的基础。随着数据共享领域的不断扩大，我们希望万维网上的数据交互也能随之发展。与 Tim Berners-Lee 等人设想的一样，我们相信，无论现在还是将来，都不存在纯粹的语义网。相反，随着万维网的不断发展，它将包含更多的语义。目前，关联数据中使用的超链接具有很强的语义。RDF 中的超链接是有意义的，它们既可以命名万维网上的资源，也可以定义资源之间的关系。今后，Web 浏览器可能会更频繁地使用语义，从而进入人们的主流生活——时间将证明一切。

---

① 2015 年 2 月，LDP 1.0 成为 W3C 正式推荐标准（W3C Recommendation）。2015 年 7 月，LDP WG 停止
　运作，相关工作转移到 LDP Next 社区组（LDP Next Community Group）。——译者注

② 参见 https://www.ibm.com/developerworks/webservices/library/ws-restful/。

附录 A　开发环境

本书示例使用以下工具和软件包，附录 A 将介绍它们的设置方法。
- cURL
- Python
- ARQ
- Fuseki
- Callimachus

A.1　cURL

cURL 是一种使用 URL 语法获取或发送文件的命令行工具，用户可以对这种完全开源和免费的软件进行修改与重新分发，也可以不受限制地将其用于商业项目。cURL 根据 MIT/X 派生许可协议获得授权，用户可以从 cURL 网站下载副本[1]，并选择其中一种 cURL 可执行安装包。单击 curl executable 链接，从 Show package for 下拉菜单中选择操作系统，然后按提示下载预构建 cURL 二进制文件并解压。务必注意 curl.exe 所在的路径，因为之后可能需要使用该文件。可以通过以下命令检查安装正确与否：

- `man curl`：显示 cURL 的手册页面；
- `curl http://www.google.com >> ~/google.txt`：cURL 解析 Google 主页的 URL，并将结果添加到主目录中的 google.txt 文件中。

为更好地了解 cURL 的使用，请参考在线教程[2]。

A.2　Python

Python 是一种功能强大的动态编程语言，广泛应用于各个领域。Python 的显著特点有清晰易

---

① 参见 https://curl.haxx.se/dlwiz。
② 参见 https://quickleft.com/blog/command-line-tutorials-curl 和 https://curl.haxx.se/docs/httpscripting.html。

读的语法、完全模块化和支持的分层包、基于异常的错误处理机制、高级和动态的数据类型、为数众多的标准库和第三方模块等。此外，无需对源代码进行修改，Python 就能支持所有主要的操作系统。

读者可以从 Python 网站[1]下载 Python 解释器，并参考新手指南[2]选择所需的安装包。

此外，读者还应下载并安装 RDFLib[3]、Lingfo[4]、html5lib[5]等 3 个免费的库。下载的库应保存在[PYTHON HOME]/lib 中。

A.3　ARQ

ARQ 是一种 SPARQL 处理程序，支持命令行界面操作。读者可以从 Apache Jena 网站[6]下载 ARQ，或从 Apache 网站检索适用于各种操作系统的二进制可执行文件[7]。务必注意 ARQ 文件的解压位置。

ARQ 的设置并不复杂，它通过一个环境变量 ARQROOT 确定安装目录的位置。清单 A.1 显示了如何为各种操作系统设置 ARQ。可以看到，在类 UNIX 系统中，假定 ARQ 文件被解压到 /Applications/ARQ-2.8.8；在 Windows 系统中，假定 ARQ 文件被解压到 C:\MyProjects。用户也可以选择其他目录，但请注意其路径，因为需要相应设置 ARQROOT 变量。

清单 A.1　设置 ARQ

```
# For Unix-like systems, including Linux and OS X:
$ export ARQROOT='/Applications/ARQ-2.8.8'
$ /Applications/ARQ-2.8.8/bin/arq -h

# For Windows:
set ARQROOT=c:\MyProjects\ARQ
c:\MyProjects\ARQ\bat\arq.bat /h
```

获取 ARQ 的帮助信息

设置 ARQ 环境

为验证 ARQ 环境的安装和设置正确与否，请切换至 ARQ 目录，然后对之前保存的 RDF 数据（sampleData.rdf）执行之前保存的 SPARQL 查询（如 sample.rq）：

```
/bin/arq --query sample.rq --data sampleData.rdf
```

---

① 参见 https://www.python.org/。

② 参见 https://wiki.python.org/moin/BeginnersGuide/Download。

③ 参见 https://github.com/RDFLib/rdflib。

④ 参见 http://www.lexicon.net/sjmachin/xlrd.htm。安装时请参考教程：https://wiki.python.org/moin/CheeseShopTutorial。

⑤ 参见 https://github.com/html5lib/（原链接跳转到该链接）。

⑥ 参见 http://jena.apache.org/。

⑦ 参见 http://www.apache.org/dist/jena/。

A.4　Fuseki

Fuseki 是一个轻量级内存数据库，适合处理少量 RDF 数据。Fuseki 支持用于查询和更新的 SPARQL 协议，不仅能表示 RDF 数据，也可以通过 HTTP 对 SPARQL 查询作出应答。Fuseki 还能实现 SPARQL 图谱存储 HTTP 协议（SPARQL Graph Store HTTP Protocol）。

有关 Fuseki 的附加文档以及安装和执行说明，请浏览 Apache Jena 网站[①]。由于不同操作系统的 Fuseki 安装过程有所不同，请参考相应的帮助文件。

A.5　Callimachus

开发人员将 Callimachus 定义为关联数据管理系统，我们也可以将其视为关联数据的应用服务器。Callimachus 是一个根据 Apache 2.0 许可发布的开源软件，提供基于浏览器的开发工具，能轻松创建使用 RDF 数据的 Web 应用程序。Callimachus 支持使用关联数据进行导航、可视化、构建应用程序等操作。数据既可以保存在本地，也可以从万维网上采集，甚至可以在载入 Callimachus 时进行转换。

读者可以从 Callimachus 网站[②]下载最新的安装文件和相关文档，Callimachus 发行版的自述文件中包括安装与配置指南。然后启动服务器，并在 Web 浏览器中解析服务的 URL。如果安装成功，将显示 Callimachus 欢迎页面。

---

① 参见 http://jena.apache.org/documentation/fuseki2/（原链接跳转至此）。

② 参见 http://callimachusproject.org。

附录 B SPARQL 结果格式

本附录内容

- SPARQL XML 结果格式
- SPARQL JSON 结果格式
- SPARQL CSV 与 TSV 结果格式

附录 B 将介绍 SPARQL 查询可用的各种输出格式。在应用程序中执行 SPARQL 查询时，这些格式具有高度的灵活性。我们将介绍每种格式的一般结构，读者可以从 W3C 网站获取更详细的信息。

附录 B 中所有的示例结果均以第 5 章讨论的第 1 个 SPARQL 查询（清单 5.1）为基础，这是一个非常简单的查询。如果查询变得越来越复杂，相应的结果也会越来越复杂。为便于参考，我们再次列出清单 5.1 所示的 SPARQL 查询（见清单 B.1）。

清单 B.1 SPARQL 查询（清单 5.1）

```
prefix foaf: <http://xmlns.com/foaf/0.1/>
prefix pos: <http://www.w3.org/2003/01/geo/wgs84_pos#>
select ?name ?latitude ?longitude
from <http://3roundstones.com/dave/me.rdf>
from <http://sw-app.org/foaf/mic.rdf>
where {
  ?person foaf:name ?name ;
          foaf:based_near ?near .
  ?near pos:lat ?latitude ;
        pos:long ?longitude .
}
LIMIT 10
```

B.1 SPARQL XML 结果格式

XML 格式的 SPARQL 查询结果属于 W3C 正式推荐标准（W3C Recommendation），它定义了使用 XML 语法表示 SPARQL 查询结果的概念。有关这种规范的详细信息，请参考 W3C 网站[①]。XML 格式主要由 head 和 results 两部分构成，二者均封装在 SPARQL 定义中。由此可以引申出许多选项来进一步定义和表示查询结果的概念，不过本附录只讨论基本结构。

如清单 B.2 所示，所有 SPARQL XML 结果必须封装在 SPARQL document 元素中。

清单 B.2　SPARQL XML document 元素

```
<?xml version="1.0"?>
<sparql xmlns="http://www.w3.org/2005/sparql-results#">
...
</sparql>
```

head 和 results 元素在 SPARQL document 元素中的位置

SPARQL document 元素中必须包括 head 和 results 这两个元素。对返回一系列变量的 SELECT 查询而言，所有变量必须按它们在 SELECT 查询语句中请求的顺序进行定义。可以看到，附录 B 的示例查询（清单 5.1）依次选择?name、?latitude、?longitude。通过变量标签建立相互之间的关系，其中 name 属性对应于查询中的变量名。在 document 元素（清单 B.2）中加入 head 元素，代码如清单 B.3 所示。

清单 B.3　SPARQL XML head 元素

```
<?xml version="1.0"?>
<sparql xmlns="http://www.w3.org/2005/sparql-results#">
  <head>
    <variable name="name"/>
    <variable name="latitude"/>
    <variable name="longitude"/>
  </head>
...
</sparql>
```

results 元素的位置

SPARQL document 元素中包含的第二个元素是 results，后者用于保存实际的查询结果。通过 SELECT 语句检索到的每一个值，都采用父级 results 元素的一个 results 元素进行描述。通过一个带有 name 属性（匹配变量名）的绑定标签，可以将查询结果与 head 元素（包含在 SPARQL document 元素中）描述的变量相互绑定。清单 B.4 显示了完整的 SPARQL XML 结果集（result set），包括变量定义以及与这些变量绑定的查询结果。

清单 B.4　完整的 SPARQL XML 结果集

```
<?xml version="1.0"?>
<sparql xmlns="http://www.w3.org/2005/sparql-results#">
```

---

① 参见 https://www.w3.org/TR/rdf-sparql-XMLres/。

```
<head>
  <variable name="name"/>
  <variable name="latitude"/>
  <variable name="longitude"/>
</head>
<results>
  <result>
    <binding name="name">Michael G. Hausenblas</binding>
    <binding name="latitude">47.064</binding>
        <binding name="longitude">15.453</binding>
  </result>
  <result>
    <binding name="name">David Wood</binding>
    <binding name="latitude">38.300</binding>
      <binding name="longitude">-77.466</binding>
  </result>
</results>
</sparql>
```

通过在 binding 元素中使用不同的 document 元素标签，可以进一步指定结果绑定。这些标签包括 URI（<uri>）、字面量（<literal>）、带有语言标签的字面量（<literal xml:lang="…">）、类型字面量（<literal datatype="…">）或空节点（<bnode>）。清单 B.5 显示了一个使用<binding>标签的示例。

清单 B.5　SPARQL XML 结果 binding 类型示例

```
<?xml version="1.0"?>
<sparql xmlns="http://www.w3.org/2005/sparql-results#">
...
  [[
  <binding name="name"><literal>David Wood</literal></binding>
  ]]
...
</sparql>
```

有关 SPARQL XML 结果格式的详细信息，请参考 W3C 网站[①]。

B.2　SPARQL JSON 结果格式

JSON 格式的 SPARQL 查询结果属于 W3C 提案推荐标准（W3C Proposed Recommendation），它定义了使用 JSON 语法表示 SPARQL 查询结果。这种规范的当前状态请参考 W3C 网站，它很快就会成为 W3C 正式推荐标准[②]。与 XML 格式类似，JSON 格式同样主要由 head 和 results

---

① 参见 https://www.w3.org/TR/rdf-sparql-XMLres/。
② 参见 https://www.w3.org/TR/sparql11-results-json/。2013 年 3 月，该规范已成为 W3C 正式推荐标准。
　　——译者注

两部分构成，二者包含在单个父级 JSON 对象中。由此可以引申出许多选项来进一步定义和表示查询结果，不过本附录只讨论基本结构。

父级 JSON 对象包括 head 和 results 两个成员对象。清单 B.6 显示了一个 head 元素。

清单 B.6   SPARQL JSON head 元素

包含 head
成员的父级
JSON 对象
的起始位置

```
{
    "head": {
    "vars": [ "name" , "latitude", "longitude" ]
        },
        ...
    }
```

vars 成员数组定义
了在 results 成员
中使用的变量名

results 成员对
象的位置

定义变量之后，就能描述相应的查询结果，该结果也是 results 成员出现的位置。results 成员对象包括 binding 成员数组，它为每个查询结果创建一个 JSON 对象。清单 B.7 显示了一个 results 元素及其包含的 binding 数组。

清单 B.7   SPARQL JSON results 元素

第一个 results
JSON 对象的起
始位置，其中包
含查询结果的类
型和值

定义 latitude
变量的查询结果

```
"results": {
        "bindings" : [
            {
                "name" : { ... },
                "latitude" : { ... },
                "longitude" : { ... },
            }
        ]
    }
```

bindings JSON 对象的起始位置，
其中包含每个结果的 JSON 对象

定义 name 变量
的查询结果

定义 longitude
变量的查询结果

通过每个 JSON 对象定义的键值对中的键，可以将结果与 head 元素中定义的变量相互绑定。如清单 B.8 所示，可以将两个元素合并到父级 JSON 对象中，以构成完整的 SPARQL JSON 结果集。

清单 B.8   完整的 SPARQL JSON 结果集

父级 JSON 对象的起始
位置，其中包含 head 和
results 成员

head JSON 对象的起始
位置，用于声明变量名

```
{
    "head": { "vars": [ "name" , "latitude", "longitude" ]
        },
```

results JSON 对象的起始位置, 其中包含查询结果

定义 longitude 变量的查询结果

定义 name 变量的查询结果

定义 latitude 变量的查询结果

```
"results": {
    "bindings": [
        {
            "name": {"type": "literal" , "value": "Michael G. Hausenblas
            "latitude": {"type": "literal" , "value": "47.064"},
            "longitude": {"type": "literal" , "value": "15.453"}
        },
        {
            "name": {"type": "literal" , "value": "David Wood"},
            "latitude": {"type": "literal" , "value": "38.300"},
            "longitude": {"type": "literal" , "value": "-77.466"}
        }
    ]
}
}
```

可以看到, JSON 格式所用的元素与 XML 格式基本相同, 只是语法略有不同。head 元素包含变量定义, results 元素包含查询结果。此外, 变量绑定在 binding 元素中, 可以定义它们的类型和值。

B.3 SPARQL CSV 与 TSV 结果格式

逗号分隔值 (comma-separated value, CSV) 与制表符分隔值 (tab-separated value, TSV) 格式的 SPARQL 查询结果属于 W3C 提案推荐标准, 它们定义了使用 CSV 与 TSV 结构表示 SPARQL 查询结果。两种格式的当前状态请参考 W3C 网站, 它们很快就会成为 W3C 正式推荐标准[①]。

SPARQL CSV 结果格式与 XML 或 JSON 完全不同。由于 CSV 的固有结构, 采用 RDF 编码的所有信息都无法成功传输给 CSV。XML 和 JSON 可以对查询返回的值进行类型编码, 而 CSV 只能返回字符串字面量, 且必须推断类型。SPARQL CSV 格式的语法和结构与其他 CSV 文件并无二致。在第 1 行, 变量按 SELECT 子句中出现的顺序进行定义; 从第 2 行开始, 每一行表示一个查询结果, 每个结果值绑定到相应的变量 (根据变量在第一行的相对位置)。清单 B.9 显示了一个 CSV 结果集。

清单 B.9 完整的 SPARQL CSV 结果集

第 1 行指定变量的顺序, 之后都遵循这种顺序

```
name, latitude, longitude
    Michael G. Hausenblas, 47.064, 15.453
    David Wood, 38.300, -77.466
```

第 1 个值是 name 变量, 第 2 个值是 latitude 变量, 第 3 个值是 longitude 变量

TSV 在结构上与 CSV 相同, 但支持采用与 SPARQL 和 Turtle 相同的语法对 RDF 类型进行

[①] 参见 https://www.w3.org/TR/sparql11-results-csv-tsv/。2013 年 3 月, 该规范已成为 W3C 正式推荐标准。——译者注

序列化。如果值为 URI，则使用尖括号（<URI>）；如果值为字面量，则使用单引号或双引号
（"literal"），且可以为其添加语言标签（@lang）或数据类型（^^）。清单 B.10 显示了一个
SPARQL TSV 结果集（请用实际的制表符替换<TAB>）。

清单 B.10   完整的 SPARQL TSV 结果集

第 1 行指定
变量的顺序，
之后都遵循
这种顺序

```
name<TAB>latitude<TAB>longitude
  "Michael G. Hausenblas"@en<TAB>47.064<TAB>15.453
  "David Wood"@en<TAB>38.300<TAB>-77.466
```

第 1 个值（"name"）是带有语言标签
（@en）的字面量，第 2 和第 3 个值是无
类型的裸字符串（bare string）；如有必要，
可以添加一个 XSD:datatype

XML、JSON、CSV、TSV 这 4 种格式在结构、语法和应用上既有相同点，也存在差异性。
选择满足应用程序需要的序列化格式至关重要。

词汇表

本词汇表列出了常见的关联数据术语及其定义。关联数据的发展日新月异，相应的术语在不断增加，与之相关的语言也在不断演变。

Apache Jena[①]

语义网开发框架的开源软件实现，支持 RDF 信息的存储、检索与分析。

Callimachus[②]

关联数据管理系统（也可将其视为关联数据的应用服务器），支持构建关联数据应用程序。

conneg

另见 Content negotiation（内容协商）。

Content negotiation（内容协商）

在 HTTP 中，使用消息头指定客户端接收的响应格式。内容协商支持 HTTP 服务器提供不同版本的资源表示，以便对任何给定的 URI 请求作出响应。

Controlled vocabularies（受控词表）

经过甄选以描述信息单位的术语集合，用于创建叙词表（thesauri）、分类法（taxonomy）和本体（ontology）。

CSV

另见 Comma-separated values format（逗号分隔值格式）。

Comma-separated values format（逗号分隔值格式）

一种表格数据格式（tabular data format），信息列之间通过逗号隔开。

---

① 参见 http://jena.apache.org/。
② 参见 http://callimachusproject.org/。

cURL

一种开源且免费的命令行工具，支持使用多种协议在服务器和客户端之间传输数据（包括机器可读的 RDF）。

Data modeling（数据建模）

通过某种方式组织数据和信息，以真实再现特定知识领域的过程。

Dataset（数据集）

RDF 数据的集合，包括由单个提供者发布、维护并聚合的一个或多个 RDF 图谱。在 SPARQL 中，RDF 数据集表示 RDF 图谱的集合，可以对其执行查询。

DBpedia

维基百科中保存的元数据的 RDF 表示，可以在万维网上使用 SPARQL 进行查询。

DCMI

另见 Dublin Core Metadata Initiative（都柏林核心元数据倡议）。

Directed graph（有向图谱）

一种节点之间的链接为有向的图谱（链接只能从一个节点指向另一个节点）。RDF 采用有向图谱表示事物（名词）以及它们之间的关系（动词）。在 RDF 中，通过分配 URI 来区分链接。

Dublin Core Metadata Element Set（都柏林核心元数据元素集）

用于资源描述的词表，包括 15 种属性，通常应用于图书馆的卡片编目（作者、出版社等）。它是语义网应用中最常用的词表。

Dublin Core Metadata Initiative[1]（都柏林核心元数据倡议）

负责制订互操作性元数据标准的开放国际组织，包括都柏林核心元素集（Dublin Core Element Set）与都柏林核心元数据术语（Dublin Core Metadata Terms）。

Dublin Core Metadata Terms[2]（都柏林核心元数据术语）

描述实体出版物和电子出版物的书目术语的词表，它除都柏林核心元数据元素集（Dublin Core Metadata Element Set）列出的基本术语以外的一组扩展术语。

Entity（实体）

就实体-属性-值（entity-attribute-value）模型而言，实体与 RDF 三元组的主体并无二致。另见 Triple（三元组）。

---

① 参见 http://dublincore.org/。

② 参见 http://dublincore.org/documents/dcmi-terms/。

FOAF

另见 Friend of a Friend（朋友的朋友）。

Friend of a Friend（朋友的朋友）

在资源描述中，用于描述人物及其关系的一种语义网词表。

Graph（图谱）

对象（由节点表示）的集合，任何两个对象之间都能通过链接相连。另见 Directed graph（有向图）。

Internationalized resource identifier (IRI)（国际化资源标识符）

W3C 和 IETF 共同定义的一种全局标识符，用于标识 Web 资源。IRI 可以在万维网上解析，也可能无法解析。IRI 是对 URI 的泛化（generalization），支持使用通用字符集（Unicode）中的字符，正在逐渐取代 URI。另见 URI（统一资源标识符）、URL（统一资源定位符）。

IRI

另见 Internationalized resource identifier（国际化资源标识符）。

JavaScript Object Notation (JSON)（JavaScript 对象表示法）

一种表示简单数据结构的数据格式，和所用的语言无关。

JavaScript Object Notation for Linking Data (JSON-LD)（关联数据所用的 JSON）

一种基于 JSON、表示关联数据的数据格式，和所用的语言无关。JSON-LD 可以对任何 RDF 图谱或数据集进行序列化，大部分（但非全部）JSON-LD 文档都能直接转换为 RDF。

JSON

另见 JavaScript Object Notation（JavaScript 对象表示法）。

JSON-LD

另见 JavaScript Object Notation for Linking Data（关联数据所用的 JSON）。

Linked Data[①]（关联数据）

采用语义网技术（特别是 RDF 和 URI）、在机器可读的数据集之间实现超链接的一种模式。支持对数据集进行分布式 SPARQL 查询，并通过某种浏览或发现机制来查找信息（与搜索策略相比）。

Linked Data API（关联数据 API）

一种 REST API，数据发布者可以借此提供事物列表的 URL，以便客户端从这些 URL 中检索机器可读的数据。

---

① 参见 https://www.w3.org/DesignIssues/LinkedData.html。

Linked Data client（关联数据客户端）

支持 HTTP 内容协商的 Web 客户端，以便从 URL 或 SPARQL 端点检索关联数据。

Linked Data Platform (LDP)[①]（关联数据平台）

W3C 制订的一项规范，定义了读写关联数据所用的 REST API，供企业应用程序集成使用。

Linked Open Data (LOD)（关联开放数据）

在公共万维网上发布的关联数据，采用某种允许重用的开放内容许可进行授权。

Linked Open Data cloud（关联开放数据云）（LOD 云）

一种口语化短语，用于描述在万维网上发布的所有关联数据。

Linking Open Data cloud diagram[②]（关联开放数据云图）

表示关联开放数据项目（2007 年到 2011 年）发布的数据集的图表。受数据集的总量所限，由于无法再在一张图中有意义地表示单个数据集，关联开放数据云图现已停止更新。

Linking Open Data project（关联开放数据项目）

一个开放社区项目，致力于通过 URI 和 RDF 实现 Web 数据之间的互联。

Linkset（链接集）

两个数据集之间的 RDF 链接的集合。

Machine-readable data（机器可读的数据）

无需访问专有库就能被计算机程序解析的数据格式。例如，CSV、TSV 和 RDF 格式是机器可读的，PDF 和 Excel 则不是。

Metadata（元数据）

用于管理、描述、保存、显示、使用、链接资源（特别是知识资源）中其他信息的信息，既可以是物理的，也可以是虚拟的。可以将元数据进一步划分为多种类型，包括通用元数据（general metadata）、访问元数据（access metadata）、结构元数据（structural metadata）等。

N-Quads[③]

一种基于行的格式，用于编码可能由多个 RDF 图谱构成的 RDF 数据集，由 W3C 制订。

N-Triples[④]

Turtle 的一个子集，定义基于行的格式以编码单个 RDF 图谱，主要作为 RDF 数据的交换格

---

① 2015 年 2 月，LDP 1.0 成为 W3C 正式推荐标准（W3C Recommendation）。2015 年 7 月，关联数据平台工作组（LDP WG）停止运作，相关工作转移到 LDP Next 社区组（LDP Next Community Group）。——译者注
② 参见 http://lod-cloud.net/state/。
③ 参见 https://www.w3.org/TR/n-quads/。
④ 参见 https://www.w3.org/TR/n-triples/。

式使用，由 W3C 制订。

Namespace（命名空间）

另见 Namespace IRI（命名空间 IRI）。

Namespace IRI（命名空间 IRI）

在给定词表或本体中，由所有术语共享的基准 IRI。

Object（客体）

RDF 陈述的最后一项。另见 Triple（三元组）。

Ontology（本体）

一种形式化模型（formal model），用于表示某个特定领域的知识。

Persistent uniform resource locator (PURL) 持久化统一资源定位符

在动态和变化的 Web 基础设施中充当永久标识符使用的 URL。PURL 重定向到特定 Web 内容的当前位置。

Predicate（谓词）

RDF 陈述的中间项（连接或动词）。另见 Triple（三元组）。

Provenance（溯源）

处理数据在何时、何地、以何种方式获得的过程。

Protocol（协议）

通过网络在两台计算机之间传输数据的一组指令，定义了消息格式以及发送和接收这些消息的规则。最常见的一种互联网协议是 HTTP。

PURL

另见 Persistent uniform resource locator（持久化统一资源定位符）。

Quad store（四元组存储）

一种口语化短语，用于描述存储 RDF 三元组以及其他信息元素的 RDF 数据库，通常用于将陈述分组。

RDF

另见 Resource Description Framework（资源描述框架）。

RDFa

另见 Resource Description Framework in Attributes（属性中的资源描述框架）。

RDF database（RDF 数据库）

专为存储和检索 RDF 信息而设计的一种数据库，包括 Triple store（三元组存储）、Quad store（四元组存储）等实现形式。

RDF/JSON

JSON 中一种简单的 RDF 三元组序列化格式。另见 JSON-LD。

RDF link（RDF 链接）

主体和客体包含在不同数据集中的 RDF 三元组。数据集可能位于不同的服务器。

RDF Schema

另见 Resource Description Framework Schema（资源描述框架模式）。

RDF/XML

采用 XML 格式编码的 RDF 语法，是 W3C 制订的一项标准。

Referenceable URI（可引用的 URI）

在 RDF 图谱中用作标识符的 URI，也可以在万维网上解析为 URL。

Request（请求）

客户端使用特定协议向服务器请求响应的行为。在 HTTP 中，"请求"与术语"URL 解析"（URL resolution）是同义词。另见 Response（响应）。

Resource（资源）

在 RDF 语境中，资源可以指 RDF 图谱描述的任何内容。

Resource Description Framework (RDF)（资源描述框架）

用于规范 Web 数据交换的一系列国际标准，由 W3C 制订。

Resource Description Framework in Attributes (RDFa)（属性中的资源描述框架）

在 HTML 文档中编码的 RDF 语法，是 W3C 制订的一项标准。

Resource Description Framework Schema (RDFS)（资源描述框架模式）

W3C 制订的一项标准，是最简单的 RDF 词表描述语言。与简单知识组织系统（SKOS）或 Web 本体语言（OWL）相比，RDFS 的描述能力较差。

Response（响应）

服务器对客户端请求作出回应的行为。在 HTTP 中，响应向调用客户端提供资源表示。另见 Request（请求）。

REST

另见 Representational State Transfer（表述性状态转移）。

Representational State Transfer (REST)（表述性状态转移）

万维网上使用的信息系统的一种架构风格，它解释了万维网的一些重要特性，如极端可扩展性（extreme scalability）和抗扰动性（robustness to change）。

REST API

采用 HTTP 和 REST 原则实现的 API，支持对 Web 资源进行操作。最常见的操作包括创建、检索、更新和删除资源。

Semantic Web（语义网）

万维网的组成部分，也可视为对万维网本质的一种变革。由机器可读的数据（RDF 格式）构成，能以标准方式对信息进行查询（如通过 SPARQL）。

Sindice[①]

一种关联数据搜索引擎，可以对所知的数据进行搜索和查询，并提供专门的 API 和工具来表示关联数据摘要。

SPARQL

另见 SPARQL Protocol and RDF Query Language（SPARQL 协议与 RDF 查询语言）。

SPARQL endpoint（SPARQL 端点）

一种 SPARQL 服务，它接受 SPARQL 查询，并以 SPARQL 结果集（result set）的形式返回关于查询的应答。

SPARQL Protocol and RDF Query Language[②]（SPARQL 协议与 RDF 查询语言）

语义网中 RDF 数据所用的查询语言标准，类似于关系数据库所用的结构化查询语言（SQL）。SPARQL 是 W3C 制订的一系列标准。

Subject（主体）

RDF 陈述的初始项。另见 Triple（三元组）。

Tab-separated values format（制表符分隔值格式）

一种表格数据格式（tabular data format），信息栏之间通过制表符隔开。

TriG[③]

对 Turtle 格式的一种扩展，用于编码 RDF 数据集，由 W3C 制订。另见 N-Quads 和 Turtle。

Triple（三元组）

一种 RDF 陈述，由两个元素（主体和客体）以及二者之间的关系（动词或谓词）组成。这种主体-谓词-客体（subject-predicate-object）三元组构成了可能的最小 RDF 图谱（大部分 RDF 图谱由许多这样的陈述构成）。

---

① 2014 年 5 月，创始团队宣布停止对 Sindice 提供支持，Sindice.com 目前已无法访问。——译者注

② 参见 https://www.w3.org/TR/sparql11-overview/。

③ 参见 https://www.w3.org/TR/trig/。

Triplestore（三元组存储）

一种口语化短语，用于描述存储 RDF 三元组的 RDF 数据库。

TSV

另见 Tab-separated values format（制表符分隔值格式）。

Turtle[①]

一种便于人类用户阅读的 RDF 语法，是 W3C 制订的一项标准。

Uniform resource identifier (URI)[②]（统一资源标识符）

W3C 和 IETF 共同定义的一种全局标识符，用于标识 Web 资源。URI 可以在万维网上解析，也可能无法解析。另见国际化资源标识符（IRI）和统一资源定位符（URL）。

Uniform resource locator (URL)（统一资源定位符）

W3C 和 IETF 共同定义的一种全局标识符，用于定位 Web 资源。URL 可以在万维网上解析，一般将其称为网址。另见国际化资源标识符（IRI）和统一资源标识符（URI）。

URI

另见 Uniform resource identifier（统一资源标识符）。

URL

另见 Uniform resource locator（统一资源定位符）。

Vocabulary（词表）

描述某种特定内容的术语集合，如 RDF Schema、FOAF、都柏林核心元数据元素集等。"词表"和"本体"的用法有重合之处。

Vocabulary alignment（词表对齐）

对多个词表进行分析，以确定其中常用的术语并记录它们之间的关系。

VoID (Vocabulary of Interlinked Datasets) 互联数据集词表

一种 RDF Schema 词表，用于表达 RDF 数据集的元数据，是 W3C 制订的一项标准。

Web of Data（数据网）

万维网的一个子集，包括关联数据。

Web of Documents（文档网）

最初（或传统）的万维网形态，所发布的资源几乎都是文档。

---

① 参见 https://www.w3.org/TR/turtle。

② 参见 https://tools.ietf.org/html/rfc3986 和 https://www.w3.org/DesignIssues/Architecture.html。

欢迎来到异步社区！

异步社区的来历

异步社区（www.epubit.com.cn）是人民邮电出版社旗下 IT 专业图书旗舰社区，于 2015 年 8 月上线运营。

异步社区依托于人民邮电出版社 20 余年的 IT 专业优质出版资源和编辑策划团队，打造传统出版与电子出版和自出版结合、纸质书与电子书结合、传统印刷与 POD 按需印刷结合的出版平台，提供最新技术资讯，为作者和读者打造交流互动的平台。

社区里都有什么？

购买图书

我们出版的图书涵盖主流 IT 技术，在编程语言、Web 技术、数据科学等领域有众多经典畅销图书。社区现已上线图书 1000 余种，电子书 400 多种，部分新书实现纸书、电子书同步出版。我们还会定期发布新书书讯。

下载资源

社区内提供随书附赠的资源，如书中的案例或程序源代码。

另外，社区还提供了大量的免费电子书，只要注册成为社区用户就可以免费下载。

与作译者互动

很多图书的作译者已经入驻社区，您可以关注他们，咨询技术问题；可以阅读不断更新的技术文章，听作译者和编辑畅聊好书背后有趣的故事；还可以参与社区的作者访谈栏目，向您关注的作者提出采访题目。

灵活优惠的购书

您可以方便地下单购买纸质图书或电子图书，纸质图书直接从人民邮电出版社书库发货，电子书提供多种阅读格式。

对于重磅新书，社区提供预售和新书首发服务，用户可以第一时间买到心仪的新书。

用户账户中的积分可以用于购书优惠。100 积分 =1 元，购买图书时，在 里填入可使用的积分数值，即可扣减相应金额。

纸电图书组合购买

社区独家提供纸质图书和电子书组合购买方式，价格优惠，一次购买，多种阅读选择。

社区里还可以做什么？

提交勘误

您可以在图书页面下方提交勘误，每条勘误被确认后可以获得 100 积分。热心勘误的读者还有机会参与书稿的审校和翻译工作。

写作

社区提供基于 Markdown 的写作环境，喜欢写作的您可以在此一试身手，在社区里分享您的技术心得和读书体会，更可以体验自出版的乐趣，轻松实现出版的梦想。

如果成为社区认证作译者，还可以享受异步社区提供的作者专享特色服务。

会议活动早知道

您可以掌握 IT 圈的技术会议资讯，更有机会免费获赠大会门票。

加入异步

扫描任意二维码都能找到我们：

异步社区	微信服务号	微信订阅号	官方微博	QQ 群：436746675

社区网址：www.epubit.com.cn

投稿 & 咨询：contact@epubit.com.cn